Simon Sinek

Das unendliche Spiel

Liebe Oma,

weil du so gelebt hast, als gäbe es
keine Ziellinie.
Auf dass wir alle lernen, so zu leben.

In Liebe,
Simon

Simon Sinek

Das unendliche Spiel

Strategien für dauerhaften Erfolg

Übersetzung aus dem Englischen
von Petra Pyka

REDLINE | VERLAG

Bibliografische Information der Deutschen Nationalbibliothek:
Die Deutsche Nationalbibliothek verzeichnet diese Publikation in der Deutschen Nationalbibliografie; detaillierte bibliografische Daten sind im Internet über **http://d-nb.de** abrufbar.

Für Fragen und Anregungen:
info@m-vg.de

4. Auflage 2024

Übersetzung: Petra Pyka, Rednitzhembach
Redaktion: Ulrike Kroneck, Melle-Buer
Umschlaggestaltung: Laura Osswald, München
Satz: Helmut Schaffer, Hofheim a.Ts.
Druck: GGP Media GmbH, Pößneck
Printed in Germany

Wir produzieren nachhaltig
www.m-vg.de

ISBN Print 978-3-86881-746-1
ISBN E-Book (PDF) 978-3-96267-104-4
ISBN E-Book (EPUB, Mobi) 978-3-96267-105-1

INHALT

An einer Weggabelung steht ein Schild.

Darauf weist ein Pfeil mit der Aufschrift »Sieg« in die eine Richtung. In eine andere Richtung zeigt ein Pfeil mit der Aufschrift »Erfüllung«. Wir müssen uns für eine Richtung entscheiden. Welche wählen wir?

Schlagen wir den Weg zum Sieg ein, ist unser Ziel, zu gewinnen!

Wir erleben die Spannung eines Wettrennens auf die Ziellinie zu. Immer mehr Menschen versammeln sich, um uns zuzujubeln! Und plötzlich ist alles vorbei. Alle gehen nach Hause.

(Wir können nur hoffen, dass uns das noch einmal gelingt.)

Wählen wir die Straße zur Erfüllung, steht uns eine lange Wanderschaft bevor.

Dabei müssen wir manchmal aufpassen, wo wir hintreten, manchmal können wir stehenbleiben, um die Aussicht zu genießen. Wir gehen weiter. Immer weiter.

Immer mehr Menschen schließen sich uns an.

Und ist unser Leben zu Ende, gehen all jene, die sich mit uns auf den Weg zur Erfüllung gemacht haben, ohne uns weiter und animieren andere, mitzukommen.

WARUM ICH DIESES BUCH GESCHRIEBEN HABE

Eigentlich erstaunlich, dass es dieses Buch überhaupt geben muss. Im Laufe der Menschheitsgeschichte haben wir schon so oft erlebt, wie viel es bringt, wenn wir unserem Denken keine Grenzen setzen. Der Aufstieg großer Kulturen, Errungenschaften in Wissenschaft und Medizin und die Erforschung des Weltalls – all das konnte geschehen, weil sich größere Gruppen von Menschen, geeint in einem gemeinsamen Anliegen, bewusst entschlossen haben zusammenzuarbeiten, ohne ein klares Ziel im Blick zu haben. Stürzt eine Rakete ab, die ins All fliegen sollte, finden wir heraus, was schiefgelaufen ist, und versuchen es noch einmal … und wieder … und wieder. Und auch wenn wir Erfolg haben, machen wir weiter. Das tun wir aber nicht etwa, weil uns am Jahresende ein Bonus winkt – sondern weil wir das Gefühl haben, zu etwas Größerem beizutragen – etwas Wertvollem, das uns noch lange überlebt.

Es spricht zwar viel dafür, auf endlose, langfristige Sicht zu handeln, doch das ist nicht so einfach. Es erfordert viel Mühe. Wir Menschen neigen von Natur aus dazu, Sofortlösungen für lästige Probleme zu suchen und vor allem auf den schnellen Erfolg zu setzen, um uns unseren ehrgeizigen Zielen näherzubringen. Wir teilen die Welt ein in Erfolge und Fehlschläge, Gewinner und Verlierer. Diese »werkseitige« Einstellung kann uns kurzfristig durchaus dienlich sein. Als Strategie für den Betrieb eines Unternehmens oder einer Organisation ist sie aber manchmal auf längere Sicht verhängnisvoll.

Wozu diese Standardeinstellung führt, ist uns nur allzu vertraut: Jedes Jahr entlassen wir massenhaft Mitarbeiter, um willkürlichen Hochrechnungen zu entsprechen, wir arbeiten unter mörderischen Bedingungen, kriechen vor den Aktionären und vernachlässigen dabei die Bedürfnisse von Beschäftigten und Kunden, pflegen unehrliche und unethische Geschäftspraktiken, belohnen leistungsstarke, aber sozial unverträgliche Teammitglieder und blenden die Schäden aus, die sie dem übrigen Team zufügen, und honorieren Führungskräfte, die sich selbst ganz offensichtlich weit wichtiger nehmen als ihre Leute. Das alles untergräbt Loyalität und Engagement und steigert die Unsicherheit und die Angst, die zu viele von uns heute empfinden. Dieser unpersönliche, geschäftsmäßige unternehmerische Ansatz ist offenbar seit der Industriellen Revolution auf dem Vormarsch – und in unserem digitalen Zeitalter umso mehr. Tatsächlich scheint unsere gesamte Auffassung von Geschäft und Kapitalismus in den Bann einer kurzfristigen, endlich orientierten Denkweise geraten zu sein.

Zwar beschweren sich viele von uns über diesen Zustand, doch leider scheint es, als interessiere sich der Markt mehr dafür, den Status quo aufrechtzuerhalten, als für Veränderungen. Aussagen wie »der Mensch ist wichtiger als der Profit« stoßen häufig auf Widerspruch. Unter denjenigen, die großen Einfluss auf das bestehende System ausüben – also unsere derzeitige Führungselite –, erklären uns viele für naiv und meinen, wir verstünden nichts von der geschäftlichen »Realität«. Das lässt viele von uns resignieren. Wir finden uns damit ab, dass uns schon morgens beim Aufstehen vor dem Arbeitstag graut, dass wir uns am Arbeitsplatz unsicher fühlen und Probleme haben, ein erfülltes Leben zu leben. Es ist bereits so weit, dass das Streben nach der schwer erreichbaren Work-Life-Balance zu einer eigenen Industrie geworden ist. Da drängt sich mir förmlich die Frage auf: Gibt es denn keinen anderen gangbaren Weg?

Vielleicht – nur vielleicht – muss die »Realität«, von der die Zyniker immer reden, ja nicht zwingend so aussehen. Vielleicht ist unser derzeitiges Geschäftsverkehrssystem nicht das »richtige« und schon gar nicht das »beste«, sondern eben bloß das System, an das wir gewöhnt sind – und das von einer Minderheit bevorzugt und propagiert wird, nicht von der Mehrheit. Sollte das der Fall sein, dann hätten wir die Chance, eine andere Realität zu leben.

Wir haben es tatsächlich in der Hand, eine Welt zu erschaffen, in der die allermeisten von uns jeden Tag erwartungsvoll aufwachen, sich bei der Arbeit wohl fühlen und am Abend erfüllt nach Hause kommen. Die Veränderungen, für die ich eintrete, sind nicht leicht herbeizuführen. Doch sie sind möglich. Mit guten – herausragenden – Führungskräften kann diese Vision Wirklichkeit werden. Herausragende Führungskräfte sind solche, die nicht »kurzfristig« denken, sondern »langfristig«. Sie wissen, dass es nicht um das nächste Quartal oder die nächste Wahl geht, sondern um die nächste Generation. Herausragende Führungskräfte stellen ihre Organisationen so auf, dass diese auch noch erfolgreich sind, wenn sie selbst nicht mehr da sind. Gelingt ihnen das, ist der Nutzen enorm – für uns, für die Wirtschaft und auch für die Aktionäre.

Ich habe dieses Buch nicht geschrieben, um die Verfechter des Status quo zu bekehren. Vielmehr möchte ich damit all jene um mich scharen, die bereit sind, den Istzustand infrage zu stellen und ihn durch eine neue Realität zu ersetzen – eine Realität, die unserem tiefverwurzelten menschlichen Bedürfnis nach Sicherheit, danach, zu etwas Größerem beizutragen und für uns und unsere Familien zu sorgen, eher Rechnung trägt. Eine Realität, die unseren Interessen als Menschen, als Unternehmen, als Gesellschaft und als Spezies besser gerecht wird.

Wenn wir an eine Welt glauben, in der wir uns jeden Tag aufs Neue inspiriert, sicher und erfüllt fühlen können, wenn wir glauben, dass es die Führungskräfte sind, die diese Vision umsetzen können, dann ist es unsere gemeinsame Pflicht, Führungskräfte zu finden, heranzubilden und zu unterstützen, die ein Führungsideal verfolgen, das eher dazu angetan ist, dieser Vision Leben einzuhauchen. Eine Voraussetzung dafür: Wir müssen lernen, was es bedeutet, in einem unendlichen Spiel eine Führungsrolle zu übernehmen.

Simon Sinek

4. Februar 2019

London, England

GEWINNEN

Am 30. Januar 1968 startete Nordvietnam morgens eine Überraschungsoffensive gegen die US-Amerikaner und ihre alliierten Streitkräfte. Im Laufe der nächsten 24 Stunden griffen über 85.000 nordvietnamesische Soldaten und Vietkong-Einheiten über 125 Ziele im ganzen Land an. Die amerikanischen Truppen waren absolut unvorbereitet. Manche der kommandierenden Offiziere waren nicht einmal auf ihren Posten, als der Angriff begann. Sie feierten Tết in der nächstgelegenen Stadt. Die sogenannte Tết-Offensive nahm ihren Lauf.

Tết ist der Beginn des neuen Mondjahres und für die Vietnamesen ein so bedeutender Feiertag wie Weihnachten in der westlichen Hemisphäre. Und wie den Weihnachtsfrieden im Ersten Weltkrieg gab es in Vietnam die jahrzehntealte Tradition, dass an diesem Tag nicht gekämpft wurde. Doch weil die nordvietnamesische Führung eine Gelegenheit sah, die amerikanischen Streitkräfte zu überrumpeln und den Krieg schnell zu beenden, entschloss sie sich, mit der Tradition zu brechen, und plante ihre Überraschungsoffensive.

Das Erstaunliche daran: Die Vereinigten Staaten konnten jede einzelne Attacke abwehren. Jede. Mehr noch, sie dezimierten die Angreifer dabei spürbar. Als der größte Ansturm vorüber war – etwa eine Woche nach dem ersten Angriff –, hatte Amerika nicht einmal 1000 Soldaten verloren. Nordvietnam dagegen hatte über 35.000 Gefallene zu beklagen. In der Stadt Huế, in der sich die Kampfhandlungen noch fast einen Monat lang hinzogen, starben 150 amerikanische Marines, doch schätzungsweise 5.000 Nordvietnamesen.

Eine eingehende Analyse des gesamten Vietnamkriegs liefert ein bemerkenswertes Bild. Tatsächlich gewannen die Amerikaner die allermeisten Gefechte. Im Verlauf der zehn Jahre, in denen die US-Streitkräfte im Vietnamkrieg kämpften, fielen 58.000 Amerikaner. Nordvietnam dagegen verlor über drei Millionen Menschen.[1] Auf Amerika im Jahr 1968 übertragen, hätte das 27 Millionen Toten entsprochen.

Da stellt sich die Frage: Wie kann es sein, dass ein Land fast jede Schlacht für sich entscheidet, den Feind dezimiert und dennoch den Krieg verliert?

Erstes Kapitel

ENDLICHE UND UNENDLICHE SPIELE

Ein Spiel ist im Gang, wenn mindestens zwei Spieler vorhanden sind. Und es gibt zwei Arten von Spielen: endliche und unendliche.

Bei endlichen Spielen sind die Spieler bekannt. Sie richten sich nach festgelegten Regeln, und es gibt ein vereinbartes Ziel. Wird es erreicht, ist ein endliches Spiel vorüber. Fußball ist ein Beispiel für ein solches endliches Spiel. Die Spieler tragen alle dasselbe und sind leicht erkennbar. Es gibt bestimmte Regeln und Schiedsrichter, die die Einhaltung dieser Regeln überwachen. Die Spieler haben sich bereit erklärt, nach diesen Regeln zu spielen und bei Regelverstößen die verhängten Strafen zu akzeptieren. Alle sind sich einig: Das Team, das am Ende des festgelegten Zeitraums mehr Punkte hat, wird zum Sieger erklärt. Dann ist das Spiel vorbei, und alle gehen nach Hause. Bei endlichen Spielen gibt es stets einen Anfang, einen Mittelteil und ein Ende.

Unendliche Spiele dagegen werden von bekannten und unbekannten Spielern gespielt. Es gibt keine genauen oder vereinbarten Regeln. Es kann zwar Konventionen oder Gesetze geben, die regeln, wie sich die Spieler verhalten, doch innerhalb dieser weit gesteckten Grenzen können sie tun und lassen, was sie wollen. Und sie können auch gegen solche Konventionen verstoßen. Wie ein einzelner Spieler spielt, bleibt ganz ihm überlassen. Und jeder Spieler kann seine Spielweise jederzeit aus beliebigen Gründen verändern.

Unendliche Spiele laufen ohne zeitliche Begrenzung. Und weil es keine Ziellinie gibt, kein eindeutiges Ende des Spiels, kann man so ein unendliches Spiel auch nicht »gewinnen«. Hauptziel eines solchen Spiels ist es, im Spiel zu bleiben – für alle Zeit.

Was ich über diese beiden Arten von Spielen weiß, habe ich vom Meister des Fachs gelernt – von Professor James P. Carse, der 1986 *Finite and Infinite Games: A Vision of Life as Play and Possibility* verfasste (Deutsche Fassung: *Endliche und unendliche Spiele: Die Chancen des Lebens*, 1999). Carses Buch brachte mich erstmals dazu, über Gewinnen und Verlieren hinauszudenken – und auch über Unentschieden und Patt. Je genauer ich mir die Welt durch Carses Linse der endlichen und unendlichen Spiele betrachtete, desto klarer erkannte ich die vielen unendlichen Spiele, die um uns herum im Gang sind – Spiele ohne Ziellinien und ohne Sieger. So kann beispielsweise in der Ehe oder in einer Freundschaft niemand der Erste sein. Die Schulzeit ist fraglos endlich, doch in der Bildung kann man nicht gewinnen. Bei der Bewerbung um eine Stelle oder eine Beförderung können wir Konkurrenten schlagen, doch im Beruf wird niemand zum Sieger gekrönt. Länder können weltweit mit anderen Ländern um Land, Einfluss oder wirtschaftliche Vorteile in den Wettbewerb treten, doch in der Weltpolitik gibt es keinen Gewinner. Ganz gleich, wie erfolgreich wir in unserem Leben auch sind – wenn wir sterben, wird keiner von uns zum Lebenssieger erklärt. Bei all diesen Beispielen handelt es sich um Entwicklungen, nicht um Ereignisse.

Hören wir aber, was so viele unserer Leitfiguren heute von sich geben, so drängt sich der Eindruck auf, dass ihnen nicht klar ist, was für ein Spiel sie spielen. Sie reden ständig vom »Gewinnen«. Sie sind besessen davon, die »Konkurrenz aus dem Feld zu schlagen«. Sie posaunen in die Welt hinaus, dass sie »die Besten« sind. Nur leider ist das alles in Spielen ohne Ziellinie gar nicht möglich.

Wer mit einer endlichen Einstellung in einem unendlichen Spiel antritt, wird ganz unterschiedlich geartete Probleme verursachen – allen voran einen Schwund von Vertrauen, Kooperationsgeist und Innovation. Wer dagegen mit der richtigen Mentalität in ein unendliches Spiel geht, korrigiert effektiv unseren Kurs. Menschen mit einer solchen Grundhaltung wird weitaus mehr Vertrauen, Kooperationsbereitschaft und Innovationsdynamik entgegenbracht – inklusive aller Vorteile, die sich daraus ergeben. Da wir alle immer wieder in unendliche Spiele hineingezogen werden, liegt es in unserem ureigenen Interesse, zu merken, was für ein Spiel wir spielen, und zu erkennen, was eine Führungspersönlichkeit mit der richtigen Einstellung ausmacht. Genauso wichtig ist es aber für uns, die Anzeichen für endliches Denken wahrzunehmen, damit wir korrigierend eingreifen können, bevor größerer Schaden entsteht.

Das unendliche Spiel der Wirtschaft

Die Wirtschaft entspricht per definitionem einem unendlichen Spiel. Dabei sind nicht immer alle Spieler bekannt und es können jederzeit neue hinzukommen. Sämtliche Spieler bestimmen ihre Strategien und Taktiken selbst. Es gibt kein festes Reglement, zu dem sich alle bekennen – abgesehen vom jeweils geltenden Recht (und selbst das kann sich von Land zu Land unterscheiden). Anders als bei einem endlichen Spiel gibt es keinen von vornherein festgelegten Anfang, keine Mitte und kein Ende der Wirtschaft. Zwar rechnen viele von uns zur Bewertung unserer eigenen Leistung im Vergleich zu anderen Akteuren in bestimmten Zeiträumen – beispielsweise in Geschäftsjahren –, doch diese stellen lediglich Marker im Spielverlauf dar und kennzeichnen keinesfalls das Ende des eigentlichen Spiels. In der Wirtschaft gibt es keine Ziellinie.

Unternehmen treten zu einem Spiel an, das nicht zu gewinnen ist. Dennoch verhalten sich zu viele Unternehmenslenker so, als wäre dies möglich. Sie behaupten nach wie vor, sie seien die »Besten« oder die »Nummer eins«. Solche Behauptungen sind inzwischen so gängig, dass wir uns kaum mehr bewusst machen, wie lächerlich manche davon sind. Sobald ein Unternehmen den Anspruch erhebt, die Nummer eins beziehungsweise der Beste zu sein, werfe ich stets einen Blick ins Kleingedruckte und sehe nach, welche Rosinen es sich zu diesem Zweck aus den Kennzahlen herausgepickt hat. So rühmte sich etwa British Airways über Jahre in ihrer Werbung, die »beliebteste Fluggesellschaft der Welt« zu sein.[2] Richard Bransons Konkurrenzunternehmen Virgin Atlantic reichte dagegen Beschwerde bei der britischen Werbeaufsichtsbehörde ein: Auf der Grundlage der jüngsten Umfragen unter Passagieren konnte das nämlich nicht stimmen. Die Behörde erlaubte British Airways jedoch, dies auch weiterhin zu behaupten. Die Begründung: Sie befördere mehr internationale Passagiere als jede andere Fluggesellschaft. Das Attribut »beliebtest« werde von British Airways im dem Sinne verwendet, dass ihr Geschäft Wachstum verzeichne – nicht unbedingt im Sinne von »bevorzugt«.

Ein Unternehmen sieht sich vielleicht als die Nummer eins, weil es so viele Kunden hat. Ein anderes könnte sich dabei auf Umsatz, Aktienkursentwicklung, Beschäftigtenzahl oder Anzahl der Niederlassungen weltweit berufen. Unternehmen, die solche vollmundigen Behauptungen aufstellen, können sogar selbst bestimmen, für welchen Zeitrahmen sie ihre Berechnungen anstellen: für ein Quartal, für acht Monate oder für ein Jahr. Oder auch für fünf Jahre – oder ein Dutzend. Aber sind denn überhaupt alle Branchenakteure mit dem betreffenden Zeitraum als Vergleichsgrundlage einverstanden? In endlichen Spielen gibt es die eine vereinbarte Kennzahl, die zwischen Gewinnern und Verlierern unterscheidet – geschossene Tore, Geschwindigkeit oder Stärke. In unendlichen Spielen gibt es viele verschiedene Kennzahlen, weshalb wir nie einen eindeutigen Sieger bestimmen können.

Ein endliches Spiel ist vorüber, wenn die festgelegte Zeit um ist. Der Spieler kann dann an einem anderen Tag wieder antreten (sofern es sich bei dem Spiel nicht um ein Duell gehandelt hat). Bei einem unendlichen Spiel ist das ganz anders. Das Spiel geht weiter, während die Zeit der Spieler abläuft. Weil man ein unendliches Spiel nicht gewinnen oder verlieren kann, steigen die Spieler ganz einfach aus, wenn sie keine Lust mehr haben oder wenn ihnen die Mittel ausgehen. In der Wirtschaft heißt das Konkurs oder auch Fusion oder Übernahme. Dabei gilt: Wer im unendlichen Spiel der Wirtschaft Erfolg haben will, darf nicht länger darüber nachdenken, wer gewinnt oder der Beste ist. Er muss sich stattdessen darauf konzentrieren, wie sich so starke, solide Organisationen aufbauen lassen, dass sie über viele Generationen im Spiel bleiben können. Ironie des Schicksals: Die Vorteile, die das bringt, stärken Unternehmen oft auch auf kurze Sicht.

Eine Geschichte von zwei Spielern

Vor ein paar Jahren war ich als Referent von Microsoft auf eine Spitzenkonferenz zum Thema Bildung eingeladen. Ein paar Monate später trat ich in derselben Funktion bei Apple auf. Auf der Microsoft-Veranstaltung drehten sich die Präsentationen der meisten Redner schwerpunktmäßig darum, wie sie Apple überrunden wollten. Auf der Apple-Veranstaltung widmeten 100 Prozent der Vortragenden 100 Prozent ihrer Zeit dem Thema, wie Apple Lehrern lehren und Schülern lernen helfen konnte. Die einen schienen besessen von der Vorstellung, einen Konkurrenten aus dem Feld zu schlagen, die anderen waren beseelt von der Sache.

Nach meinem Vortrag bei Microsoft erhielt ich ein Geschenk – den Zune (als dieser noch ein Gerät war). Dabei handelte es sich um Microsofts Antwort auf den iPod von Apple – den seinerzeit dominanten Faktor auf dem Markt für MP3-Player. Microsoft wollte sich nicht abhängen lassen und führte den Zune ein, um seinem Erzrivalen Marktanteile abzuluchsen. Das war im Jahr 2006, und der damalige Microsoft-CEO Steve Ballmer war zuversichtlich, dass Microsoft Apple früher oder später »schlagen« könnte – wenngleich ihm klar war, dass das nicht einfach werden würde.[3] Wäre es nur auf die Produktqualität angekommen, wäre Ballmers Optimismus durchaus berechtigt gewesen. Die Zune-Version, die mir von Microsoft überreicht wurde – der Zune HD – war, wie ich zugeben muss, wirklich hervorragend. Das Design war elegant, die Bedienoberfläche einfach, intuitiv und benutzerfreundlich. Der Zune gefiel mir richtig gut. (Der Vollständigkeit halber: Ich habe das Gerät an einen Freund verschenkt – aus dem einfachen Grund, weil es, anders als mein iPod, der mit Microsoft Windows kompatibel war, nicht mit iTunes konnte. So gern ich das Gerät verwendet hätte – es war mir schlicht nicht möglich.)

Nach meinem Auftritt bei der Apple-Konferenz teilte ich mir auf der Rückfahrt ins Hotel ein Taxi mit einem Apple-Spitzenmanager – dem mit der Personalnummer 54, um genau zu sein. Das bedeutete, er war von Anfang an dabei gewesen und in der Apple-Kultur und -Mentalität zu Hause. Als wir so zusammen im Taxi saßen und ich mir seiner Aufmerksamkeit sicher war, konnte ich mir nicht verkneifen, ein bisschen zu sticheln. Also sagte ich zu ihm: »Wissen Sie … ich habe kürzlich bei Microsoft gesprochen und dort den neuen Zune bekommen, und ich muss Ihnen sagen, der ist UM LÄNGEN BESSER als Ihr iPod touch.« Der Apple-Mann sah mich an, lächelte und meinte: »Da haben Sie sicher Recht.« Das war alles. Damit war das Thema durch.

Dass Microsoft über das bessere Produkt verfügte, ließ den Apple-Manager absolut kalt. Vielleicht sprach aus ihm ja die Arroganz des Marktführers. Vielleicht spielte er mir auch etwas vor (dann aber richtig gut). Vielleicht verhielt es sich aber auch ganz anders. Mir war das damals zwar nicht bewusst, doch seine Antwort entsprach genau der einer Führungskraft mit der richtigen Mentalität für die Unendlichkeit.

Die Vorteile der richtigen Einstellung

Im unendlichen Spiel bemisst sich der wahre Wert einer Organisation nicht nach dem Erfolg in Bezug auf einen Satz willkürlicher Kennzahlen für willkürliche Zeiträume. Der eigentliche Wert einer Organisation wird vielmehr danach beurteilt, wie engagiert andere zur Fähigkeit der Organisation beitragen möchten, auch weiterhin Erfolg zu haben – und zwar nicht nur zu ihrer Amtszeit, sondern weit darüber hinaus. Eine Führungskraft mit einer auf Endlichkeit getrimmten Mentalität arbeitet, um mehr aus Beschäftigten, Kunden und Aktionären herauszuholen und dadurch willkürliche Vorgaben zu erfüllen. Ein weiter denkender Manager setzt sich dagegen energisch dafür ein, dass Beschäftigte, Kunden und Aktionäre auch weiterhin dazu angeregt werden, durch ihren Einsatz, ihr Geld und ihre Investitionen selbst einen Beitrag zu leisten. Akteure, die auf Unendlichkeit spielen, möchten ihre Organisationen in besserer Verfassung hinterlassen, als sie sie vorgefunden haben. Lego hat Spielzeug erfunden, das sich langfristig bewährt. Das war aber kein glücklicher Zufall. Der Erfolg von Lego beruht vielmehr darauf, dass so gut wie jeder, der bei dem Unternehmen arbeitet, dazu beitragen möchte, dass ihn das Unternehmen überlebt. Die Lego-Leute werden nicht von dem Gedanken geleitet, im Quartalsvergleich besser abzuschneiden, sondern wollen »auch weiterhin innovative Spielerfahrungen entwickeln und jedes Jahr mehr Kinder erreichen«.[4]

Carse zufolge spielt ein Unternehmenslenker mit endlicher Einstellung, um das Spiel zu beenden – um zu gewinnen. Wenn aber einer gewinnen will, muss ein anderer verlieren. Solche Spieler spielen für sich selbst und möchten andere Akteure besiegen. Bei allen ihren Plänen und Aktionen steht der Gedanke an den Sieg im Vordergrund. Fast immer glauben sie, so handeln zu *müssen*, obwohl das gar nicht stimmt. Es gibt keine Regel, die ihnen das vorschreibt. Sie werden von ihrer Mentalität dazu getrieben.

Carses auf Unendlichkeit orientierte Spieler dagegen spielen, um im Spiel zu bleiben. In der Wirtschaft bedeutet das, eine Organisation aufzubauen, die ihre Lenker überleben kann. Carse geht ferner davon aus, dass solche Akteure zum Wohle des Spiels agieren. In der Wirtschaft ist das gleichbedeutend mit einem Weitblick, der über das Betriebsergebnis hinausreicht. Während ein endlichkeitsbezogener Spieler Produkte herstellt, die sich seiner Ansicht nach gut verkaufen, produziert der längerfristig orientierte Akteur, was die Menschen kaufen wollen. Der eine fokussiert sich vor allem darauf, wie das Unternehmen vom Produktabsatz profitiert, der andere darauf, was die Käufer von den Produkten haben.

Endlich orientierte Spieler richten sich in aller Regel nach Standards, die ihnen helfen, ihre persönlichen Ziele zu erreichen – ungeachtet der Nachwirkungen, die das auslösen kann. Die Frage »Was ist für mich das Beste?« zeugt von endlichkeitsgeprägtem Denken. Um Unendlichkeit geht es dagegen, wenn gefragt wird: »Was ist für uns am besten?«. Ein für das unendliche Spiel konzipiertes Unternehmen denkt nie nur an sich. Es berücksichtigt die Auswirkungen seiner Entscheidungen auf seine Belegschaft, die Gesellschaft, die Wirtschaft, das Land und die ganze Welt. Es agiert zum Wohle des Spiels. Kodak-Gründer George Eastman lebte für seine Vision, das Fotografieren leicht zu machen und es jedermann zu ermöglichen. Er erkannte auch, dass die Umsetzung dieser Vision eng mit dem Wohlergehen seiner Mitarbeiter und der Gemeinschaft verknüpft war, in der sie lebten. 1912 bezahlte Kodak seine Beschäftigten als erstes Unternehmen dividendenbasiert nach der Leistung.[5] Ein paar Jahre später gab Kodak Wertpapiere aus, die wir heute als Aktienoptionen bezeichnen. Außerdem erhielten die Mitarbeiter großzügige Nebenleistungen, Krankengeld (damals ein ganz neues Konzept) und Beihilfen zur Weiterbildung, wenn sie Kurse an örtlichen Colleges belegen wollten. (Das alles wurde später von vielen anderen Unternehmen kopiert. Man könnte also sagen, es war nicht nur gut für Kodak, sondern für das gesamte Wirtschaftsspiel.) Kodak schuf nicht zur zigtausend Arbeitsplätze, sondern Eastman baute auch ein Krankenhaus, gründete eine Musikschule und unterstützte großzügig Einrichtungen für weiterführende Bildung wie das Mechanics Institute of Rochester (das später in Rochester Institute of Technology umgetauft wurde) und die University of Rochester.

Auf Endlichkeit ausgerichtete Spieler haben laut Carse eine Abneigung gegen Überraschungen und fürchten jede Störung, weil sie auf einen Endpunkt hinspielen. Was sie nicht prognostizieren oder steuern können, könnte ihre Pläne torpedieren und ihre Gewinnchancen verschlechtern. Ein Spieler, dem es um Unendlichkeit geht, rechnet dagegen mit Überraschungen, ja, begrüßt diese sogar, und ist bereit, sich von ihnen grundlegend verändern zu lassen. Er freut sich über die Freiheit des Spiels und ist aufgeschlossen für alle Möglichkeiten, im Spiel zu bleiben. Statt Wege zu suchen, auf bereits Geschehenes zu reagieren, hält er Ausschau nach Gelegenheiten, etwas ganz Neues auszuprobieren. Eine unendliche Perspektive befreit uns aus der Fixierung auf das, was andere Unternehmen tun, sodass wir uns auf eine übergeordnete Vision konzentrieren können. Statt darauf zu reagieren, wie neue Technologien unser Geschäftsmodell infrage stellen, gelingt es weiter denkenden Topmanagern besser, die Anwendungsmöglichkeiten neuer Technologien vorherzusehen.

Unter diesem Aspekt ist nachvollziehbar, warum sich der Apple-Manager, mit dem ich damals im Taxi saß, vom gut konzipierten Microsoft-Produkt Zune nicht aus der Ruhe bringen ließ. Ihm war klar, dass im unendlichen Spiel der Wirtschaft mal Apple mit dem besseren Produkt vorpreschen würde und mal ein Mitbewerber. Es ging ihm nicht darum, Microsoft zu übertrumpfen. Bei Apple suchte man vielmehr Wege, sich selbst zu übertreffen. Das Unternehmen dachte bereits daran, was nach dem iPod kommen würde. Durch Apples unendlichkeitsorientierte Mentalität konnten seine Mitarbeiter nicht nur in die Quere denken, sondern auch in die Länge. Rund ein Jahr nach der Markteinführung von Zune stellte Apple das erste iPhone vor. Damit definierte es die gesamte Kategorie der Smartphones neu. Zune und der iPod waren praktisch überholt. Obwohl das manche glauben, konnte Apple weder die Präferenzen der Verbraucher vorhersagen noch in die Zukunft sehen. In Wirklichkeit war es die unendliche Perspektive des Unternehmens, die ihm eine Innovationsfähigkeit ermöglichte, wie sie Unternehmen mit einer eher auf Endlichkeit ausgerichteten Führung schlicht versagt bleibt.

Ein auf endliche Ziele fokussiertes Unternehmen kann sich zwar »innovative« Möglichkeiten einfallen lassen, den Gewinn zu steigern, doch solche Entscheidungen kommen in aller Regel nicht der Organisation, den Beschäftigten, den Kunden und der Gesellschaft zugute – sondern nur dem Gewinn. Und sie stellen die Organisation auch für die Zukunft nicht unbedingt besser auf – aus einem ganz einfachen Grund: weil solche Entscheidungen nämlich in erster Linie für diejenigen vorteilhaft sind, die sie getroffen und dabei nicht an die Unendlichkeit gedacht haben, sondern lediglich an die nahe Zukunft. Führungskräfte mit Weitblick drängen ihre Leute nicht, sich auf endliche Ziele zu fixieren, sondern halten sie vielmehr dazu an, möglichst einer endlosen Zukunftsvision Vorschub zu leisten, die allen Beteiligten zugutekommt. Die endlichen Ziele werden dann lediglich zu Meilensteinen für die Umsetzung dieser Vision. Richten sich alle auf diese unendliche Vision aus, führt das nicht nur zu Innovation, sondern treibt auch die Zahlen in die Höhe. Tatsächlich können Unternehmen, deren Führungsteams sich durch eine solche Mentalität auszeichnen, oft mit rekordhohen Gewinnen aufwarten. Das ist aber noch nicht alles. Die Inspiration, Innovation, Kooperationsbereitschaft, Markenbindung und Gewinnentwicklung, die aus einer auf Unendlichkeit abgestellten Führung hervorgehen, leisten Unternehmen nicht nur in stabilen Phasen gute Dienste, sondern auch dann, wenn es hart auf hart kommt. Was einem Unternehmen in guten Zeiten hilft, zu überleben und zu florieren, macht es in schlechten Zeiten stark und widerstandsfähig.

Ein auf Widerstandsfähigkeit getrimmtes Unternehmen ist für die Ewigkeit gebaut. Darin unterscheidet es sich von einem auf Stabilität ausgerichteten Unternehmen. Bei Stabilität geht es per definitionem darum, dass alles so bleiben soll, wie es ist. Eine stabile Organisation kann theoretisch einem Sturm trotzen und geht am Ende unverändert daraus hervor. Das Attribut »stabil« soll in Bezug auf ein Unternehmen in der Praxis meist betonen, dass sich dieses von einem riskanten und leistungsstärkeren Unternehmen unterscheidet. »Es wächst zwar langsam, ist aber solide«, lautet die gängige Auffassung. Doch ein von vornherein auf Stabilität angelegtes Unternehmen hat nicht verstanden, worum es bei dem unendlichen Spiel eigentlich geht, denn es ist kaum auf das Unvorhersagbare vorbereitet – auf neue Technologien, neue Konkurrenten, Marktveränderungen oder globale Ereignisse, die seine Strategie von jetzt auf gleich aus der Bahn werfen können. Ein auf Unendlichkeit abzielender Unternehmenslenker will nicht nur ein Unternehmen aufbauen, das Veränderungen verkraften kann – sondern eines, das sich davon umgestalten lässt. Er möchte ein Unternehmen errichten, das Überraschungen freudig begrüßt und sich anpasst. Widerstandsfähige Unternehmen gehen aus Umbrüchen manchmal vollkommen verwandelt hervor (und sind dafür oft sogar dankbar).

Für das Schweizer Unternehmen Victorinox – der Hersteller des berühmten Schweizer Soldatenmessers – hatte der 11. September dramatische Auswirkungen auf sein Geschäft. Das allgegenwärtige

Utensil, das Unternehmen gern zu Werbezwecken verschenkten und das bei Anlässen wie Ruhestand, Geburtstag oder Schulabschluss als Klassiker auf dem Gabentisch galt, war plötzlich im Handgepäck nicht mehr zulässig. Während die meisten Unternehmen in solchen Fällen in die Defensive gehen – indem sie sich auf den Schlag konzentrieren, der ihrem traditionellen Geschäftsmodell versetzt wurde, und auf die damit verbundenen Kosten –, entschied sich Victorinox für eine offensive Gangart. Dort begrüßte man die böse Überraschung als Chance, statt sie zu fürchten – ein ausgesprochen charakteristischer Zug eines auf Unendlichkeit orientierten Akteurs. Statt die Kosten drastisch zu senken und Mitarbeiter zu entlassen, entwickelte die Geschäftsleitung von Victorinox innovative Ideen, wie sich die Arbeitsplätze retten ließen (sodass bei der Belegschaft gar keine Einschnitte vorgenommen wurden), erhöhte die Investitionen in die Entwicklung neuer Produkte und animierte die eigenen Mitarbeiter dazu, sich zu überlegen, wie sie ihre Marke auf neuen Märkten nutzen konnten.

Victorinox hatte in guten Zeiten vorgesorgt und Liquiditätsreserven aufgebaut.[6] Schließlich wusste man, dass auch wieder schlechtere Zeiten kommen würden. Wie CEO Carl Elsener sagt: »Ein Blick auf die Geschichte der Weltwirtschaft verrät: Es war noch nie anders. Nie! Und es wird auch in Zukunft immer so sein. Es geht niemals immer nur aufwärts oder immer nur abwärts. Es ist ein einziges Auf und Ab. Immer wieder. … Wir denken nicht in Quartalen, sondern in Generationen.« Diese auf Unendlichkeit ausgerichtete Mentalität versetzte Victorinox philosophisch und finanziell in die Lage, in Angriff zu nehmen, was für ein anderes Unternehmen unter Umständen eine verhängnisvolle Krise gewesen wäre. Und das Ergebnis war ganz erstaunlich: Victorinox ist heute ein anderes, noch stärkeres Unternehmen als vor dem 11. September. Früher entfiel der Gesamtumsatz des Unternehmens zu 95 Prozent auf Messer, davon allein 80 Prozent auf Schweizer Soldatenmesser. Diese machen heute nur noch 35 Prozent des Gesamtumsatzes aus, doch der Absatz von

Reisegepäck, Uhren und Düften trug dazu bei, dass Victorinox seinen Umsatz gegenüber der Zeit vor dem 11. September nahezu verdoppeln konnte. Victorinox ist kein stabiles Unternehmen, sondern ein widerstandsfähiges.

Wer mit der richtigen Mentalität für die Unendlichkeit antritt, hat eindeutige Vorteile – in vieler Hinsicht. Doch was passiert, wenn wir das unendliche Spiel der Wirtschaft mit einer endlichen Geisteshaltung spielen?

Endliche Mentalität in einem unendlichen Spiel: die Nachteile

Jahrzehnte nach dem Vietnamkrieg hatte der damalige US-Verteidigungsminister Robert McNamara Gelegenheit, Nguyen Co Thach kennenzulernen, der von 1960 bis 1975 im nordvietnamesischen Außenministerium Chef-US-Experte war. McNamara begriff schockiert, wie falsch die Amerikaner ihre Gegner damals eingeschätzt hatten. »Sie haben offenbar nie ein Geschichtsbuch gelesen«, rügte Thach, wie McNamara berichtet.[7] »Sonst hätten Sie gewusst, dass wir weder Marionetten der Chinesen noch der Russen waren. … Ist Ihnen denn nicht klar, dass wir die Chinesen schon seit tausend Jahren bekämpfen?«, setzte Thach hinzu. »Wir kämpften um unsere Unabhängigkeit! Und zwar bis zum letzten Mann! Dazu waren wir absolut entschlossen. Und davon hätte uns kein Bombenhagel und kein noch so starker Druck seitens der USA abgebracht!« Die Nordvietnamesen waren mit Blick auf die Ewigkeit angetreten – und mit der entsprechenden Einstellung.

Für die Vereinigten Staaten war der Vietnamkrieg dagegen ein endliches Unterfangen, weil das bei den meisten Kriegen tatsächlich so ist. In einem Krieg gibt es meist ein zu eroberndes Territorium oder ein anderes leicht messbares endliches Ziel. Gehen die Parteien mit konkreten politischen Zielen in den Krieg, wird derjenige, der sein

Endziel zuerst erreicht, zum Sieger erklärt. Es wird ein Abkommen unterzeichnet, und der Krieg ist vorbei. Das ist jedoch nicht immer so. Hätte die amerikanische Führung genauer hingeschaut, dann hätten die Amerikaner vielleicht eher erkannt, worum es sich beim Vietnamkrieg in Wirklichkeit handelte. Hinweise gab es genug.

Zum einen lag kein klarer Anfang des Vietnameinsatzes der Amerikaner vor, keine Mitte und kein Ende. Es gab auch kein konkretes politisches Ziel, bei dessen Erreichen sie sich zum Sieger erklären und ihre Soldaten nach Hause holten konnten. Und selbst wenn – die Nordvietnamesen hätten dem nie zugestimmt. Die Amerikaner haben allem Anschein nach auch nicht begriffen, gegen wen sie damals kämpften. Für sie war der Konflikt mit Vietnam ein Stellvertreterkrieg gegen China und die Sowjetunion. Dabei behaupteten die Nordvietnamesen nachdrücklich, sie seien keine Marionetten einer fremden Regierung. Vietnam hatte sich jahrzehntelang gegen imperialistische Einflüsse zur Wehr gesetzt – im Zweiten Weltkrieg gegen die Japaner, danach gegen die Franzosen. Für die Nordvietnamesen war der Krieg gegen die Vereinigten Staaten kein verlängerter Kalter Krieg, sondern ein Kampf gegen eine weitere interventionistische Macht. Selbst die Art und Weise, wie die Nordvietnamesen kämpften – ihre Neigung, gegen die Konventionen klassischer Kriegführung zu verstoßen und ihre Weigerung, aufzugeben, ganz gleich, wie hoch ihre Verluste waren – hätte der amerikanischen Führung signalisieren müssen, dass sie den Charakter des Spiels, das sie spielten, falsch einschätzten.

Treten wir mit einer endlichen Mentalität in einem unendlichen Spiel an, steigt die Wahrscheinlichkeit, dass wir uns in einen Sumpf manövrieren und uns rasch der Wille und die Ressourcen ausgehen, die wir brauchen, um das Spiel fortzusetzen. Genau das ist Amerika in Vietnam passiert. Die Vereinigten Staaten gingen so vor, als sei das Spiel endlich. Sie bekämpften aber einen Gegner, der die richtige Einstellung für das unendliche Spiel mitbrachte, das in Wirklichkeit lief. Während Amerika kämpfte, um »zu gewinnen«, kämpften die Nordvietnamesen um ihr Leben. Und beide Gegner trafen entsprechende strategische Entscheidungen. Trotz ihrer weit überlegenen Streitmacht konnten sich die Vereinigten Staaten so nicht durchsetzen. Amerikas Einsatz in Vietnam wurde nicht durch einen militärischen oder politischen Sieg oder Fehlschlag beendet, sondern durch den öffentlichen Druck im eigenen Land. Das amerikanische Volk konnte einen anscheinend nicht zu gewinnenden und teuren Krieg in der Ferne nicht länger mittragen. Amerika hat also nicht den Vietnamkrieg »verloren«, sondern vielmehr den Willen und die Mittel, weiterzuspielen .... und deshalb musste es aus dem Spiel aussteigen.

Das Vietnam-Dilemma in der Wirtschaft

Als Microsoft den Zune auf den Markt brachte, gab es keine übergeordnete Vision, der dieses Produkt Vorschub leistete. Man hatte nicht daran gedacht, welche Möglichkeiten die Zukunft bereithielt. Es war lediglich ein Wettlauf um Marktanteile und um Geld – in dem Microsoft nicht besonders gut abschnitt. Ballmers Prophezeiung, der Zune könne den iPod »schlagen«, hätte kaum abwegiger sein können. Der Zune gewann zwar auf Anhieb einen Marktanteil von 9 Prozent, doch dann ging die Nachfrage kontinuierlich zurück – bis auf 1 Prozent im Jahr 2010.[8] Im Jahr darauf wurde die Produktion eingestellt. Der iPod dagegen konnte sich im selben Zeitraum eines Marktanteils von 70 Prozent erfreuen.

Manche meinen, der Zune habe versagt, weil Microsoft zu wenig in Werbung investierte. Diese These lässt sich jedoch nicht erhärten. Spanx, Sriracha und GoPro sind gleich drei Marken, die nur durch Mundpropaganda und die Macht der Sozialen Medien ins Bewusstsein der Verbraucher eindrangen.[9] Alle drei schafften es nicht nur ohne klassische Werbung, bekannt zu werden, sondern sich auch weiterhin zu halten. Andere sagen, der Zune sei zum Flop geworden, weil Microsoft auf dem Markt für MP3-Player zu spät dran gewesen sei. Diese Theorie ist nicht viel überzeugender. Auch Apple hat den iPod erst eingeführt, als MP3-Player schon fünf Jahre lang eine etablierte Produktkategorie waren. Marken wie Rio, Nomad und Sony entwickelten diese Technologie bereits weiter und erzielten hohe Umsätze. Doch vier Jahre nach seiner Einführung 2001 hatte sich der iPod den Löwenanteil am US-Markt für digitale Musikabspielgeräte gesichert ... mit steigender Tendenz.[10]

So toll das Microsoft-Produkt Zune auch gewesen sein mochte, das Problem bestand nicht im Design, im Marketing oder im Timing des Produkts. Es braucht mehr als all das, um im unendlichen Spiel der Wirtschaft zu überleben und erfolgreich zu sein. Es ist die Unternehmensführung, die über den langfristigen Erfolg einer Organisation bestimmt. Indem sie Vergleiche und Gewinnen über alles andere stellen, richten auf Endlichkeit gepolte Führungskräfte die Unternehmensstrategie, die Produktstrategie, die Anreizstrukturen und die Personalentscheidungen an endlichen Zielen aus. Hat sich eine solche Mentalität erst in allen Organisationsbereichen eingebürgert, entsteht eine Art Tunnelblick. Die Folge ist, dass sich innerhalb der Organisation fast alle nur um Dringliches kümmern statt um wirklich Wichtiges. Die Führung reagiert instinktiv nur auf bekannte Faktoren, statt unbekannte Möglichkeiten zu ergründen und auszuloten. Manchmal ist die Chefetage – in der falschen Überzeugung, stets umgehend reagieren zu müssen – so besessen von den Aktivitäten der Konkurrenz, dass sie blind wird für viele bessere Möglichkeiten, die eigene Organisation zu stärken. Das ist, als würde man versuchen, ein Spiel aus der Defensive heraus zu gewinnen. Durch eine auf Endlichkeit getrimmte Geisteshaltung verführt, fand sich Microsoft in einem endlosen Whack-a-Mole-Spiel wieder.

Die Führung von Microsoft erkannte das unendliche Spiel, das sie spielte, nicht als solches – und auch nicht die darauf ausgerichtete Mentalität, mit der Apple antrat. Wie andere auf Endlichkeit orientierte Manager, die sich der Sprache der Unendlichkeit bedienen, sprach auch Steve Ballmer immer wieder von »Vision« und »langer Sicht«, doch er tat das nahezu ausschließlich im endlichen Kontext von Rankings, Aktien-Performance, Marktanteilen und Geld. Microsoft ging mit der falschen Einstellung an das eigene Spiel heran und jagte dadurch einem unerreichbaren Ziel nach – »zu gewinnen«. Wie Amerika in Vietnam verschleuderte Microsoft Energie und Ressourcen, die nötig sind, um im Spiel zu bleiben, und geriet prompt in Schwierigkeiten.

Offenbar hatte das Unternehmen aus der Geschichte mit dem iPod nichts gelernt. Als 2007 das iPhone auf den Markt kam, unterstrich Ballmers Reaktion darauf seine begrenzte Perspektive. In einem Interview auf das iPhone angesprochen, spottete er: »Das iPhone hat keine Aussicht auf nennenswerte Marktanteile – nicht die geringste. ... Schon möglich, dass sie gut daran verdienen. Doch schaut man sich die 1,3 Milliarden Handys mal genauer an, die über den Ladentisch gehen, dann ist mir die Tatsache, dass 60, 70 oder 80 Prozent davon mit unserer Software laufen, mehr wert als die zwei oder drei Prozent, die sich Apple vielleicht sichern kann.«[11] Eingeengt durch eine endlichkeitsgeprägte Mentalität, war Ballmer mehr auf die relativen Zahlen fokussiert, die das iPhone möglicherweise für sich verbuchen konnte, statt darauf, wie es den gesamten Markt verändern ... oder sogar die Rolle, die Handys in unserem Leben spielen, vollkommen neu definieren könnte. Was folgte, muss Ballmer kräftig zugesetzt haben: Nachdem das iPhone nur fünf Jahre auf dem Markt war, erzielte Apple damit höhere Umsätze als Microsoft mit allen seinen Produkten zusammen.[12]

Auf seiner letzten Pressekonferenz als Microsoft-CEO brachte Steve Ballmer seine Karriere 2003 in einer Weise auf den Punkt, wie sie nicht endlichkeitsorientierter sein könnte. Er definierte Erfolg auf der Grundlage der von ihm ausgewählten Kennzahlen in Bezug auf den Zeitraum seiner Amtszeit. »In den letzten fünf Jahren hat Apple vermutlich mehr verdient als wir«, erklärte er. »Doch ich wette, dass wir in den letzten 13 Jahren mehr verdient haben als so ziemlich jedes andere Unternehmen weltweit. Und ganz ehrlich: Das erfüllt mich mit großem Stolz.«[13] Offenbar wollte Ballmer damit sagen, dass sein Unternehmen in den 13 Jahren unter seiner Leitung »gewonnen« habe. Überlegen Sie mal, wie anders die Pressekonferenz hätte ablaufen können, wenn Ballmer, statt auf eine Bilanz zurückzublicken, darauf abgehoben hätte, was Microsoft alles erreicht hatte und noch erreichen konnte, um Bill Gates' ursprüngliche auf Unendlichkeit angelegte Vision voranzutreiben: »Jede Person und jedes Unternehmen auf dem Planeten zu befähigen, mehr zu erreichen.«[14]

Eine auf Endlichkeit ausgerichtete Führungskraft verweist auf die Unternehmensleistung, um den Wert der eigenen Karriere deutlich zu machen. Ein auf Unendlichkeit gepolter Manager nutzt seinen Werdegang, um den langfristigen Unternehmenswert zu steigern … und dieser Wert lässt sich nur zum Teil in Geld bemessen. Das Unternehmen spielt auch ohne ihn weiter. Im unendlichen Spiel ist der persönliche finanzielle Erfolg des Unternehmenschefs weit weniger wichtig als die Frage, ob er das Unternehmen kulturell so aufgestellt hat, dass es die nächsten 13 Jahre überleben und florieren kann. Oder die nächsten 33 oder 300 Jahre. Nach diesem Maßstab hat Ballmer verloren.

Im unendlichen Spiel der Wirtschaft können Führungskräfte mit endlicher Mentalität oder solche, die zu viel Wert auf endliche Ziele legen, nach einer willkürlich ausgewählten Kennzahl über einen willkürlich festgelegten Zeitraum durchaus an der Spitze liegen. Das bedeutet aber nicht unbedingt, dass sie tun, was nötig ist, um dafür zu sorgen, dass das Unternehmen so lange wie möglich im Spiel bleiben kann. Meist schaden ihre Handlungen sogar den internen Abläufen des Unternehmens und beschleunigen seinen endgültigen Niedergang, wenn niemand eingreift.

Weil auf Endlichkeit orientierte Führungskräfte kürzerfristigen Ergebnissen unverhältnismäßig hohe Bedeutung beimessen, setzen sie oft eine Strategie oder Taktik ein, die ihnen hilft, ihre Vorgaben zu erreichen. Zu den bevorzugten Optionen gehören die Kürzung von Investitionen in Forschung und Entwicklung, extreme Kostensenkungsmaßnahmen (zum Beispiel regelmäßige Entlassungswellen, die Entscheidung für billigere, qualitativ minderwertige Zutaten zu Produkten sowie Abstriche in der Produktion und der Qualitätssicherung), Wachstum durch Übernahmen und Aktienrückkäufe. Solche Entscheidungen können ihrerseits die Unternehmenskultur erschüttern. Die Menschen merken, dass nichts und niemand sicher ist. Darauf reagieren manche instinktiv, indem sie auf Selbsterhaltungstrieb umschalten. Sie halten dann möglicherweise Informationen zurück, vertuschen Fehler, gehen vorsichtiger vor und meiden Risiken. Aus Selbstschutz vertrauen sie keinem. Andere wieder setzen vermehrt auf das Überleben des Stärkeren. Sie gehen unter Umständen zu aggressiv vor und haben ihr Ego nicht mehr im Griff. Sie gewöhnen sich an, mit Blick nach oben zu agieren, um sich das Wohlwollen der Chefetage zu sichern. Dabei sabotieren sie manchmal sogar ihre eigenen Kollegen. Auch sie vertrauen niemandem, um sich selbst zu schützen. Ob nun aus Selbstschutz oder um voranzukommen – in der Summe trägt solches Verhalten unternehmensübergreifend zu einem generellen Schwund des Teamgeistes bei, was wiederum alle wirklich neuen oder innovativen Ideen stagnieren lässt. Das ist bei Microsoft passiert.

Wegen der Fixierung auf das endliche Spiel griff in der Softwareschmiede eine Besessenheit von den Quartalszahlen um sich.[15] Viele Mitarbeiter der ersten Stunde beklagten einen Verlust von Motivation, Fantasie und Innovationsgeist. Vertrauen und Teamgeist litten, als einzelne Gruppen begannen, einander intern zu bekämpfen, statt sich gegenseitig zu unterstützen. Und als ob große Konzerne nicht schon genug Probleme mit der Silomentalität hätten, legten es die einzelnen Bereiche von Microsoft aktiv darauf an, einander zu unterminieren. Während Microsoft früher ein Arbeitgeber gewesen war, dessen Mitarbeiter sich gefühlt hatten wie Kreuzritter, mutierte es nun zu einem Unternehmen, das die besten und fähigsten Bewerber mieden wie die Pest. Ein Unternehmen, das einst eine »schlanke Wettbewerbsmaschine unter der Leitung junger Visionäre mit beispiellosen Fähigkeiten« gewesen war, wie *Vanity Fair* berichtete, »verwandelte sich in einen aufgeblähten, überbürokratisierten Apparat mit einer internen Kultur, die unbeabsichtigt solche Manager belohnt, die innovative Ideen abwürgen, weil sie die etablierte Ordnung gefährden könnten.«[16] Man könnte auch sagen: Eine auf Endlichkeit abgestellte Mentalität hatte das Unternehmen ins kulturelle Chaos gestürzt.

Es kann dauern, bis ein richtig großes Unternehmen unter einem endlichkeitsorientierten Chef die Energie und die Ressourcen aufgebraucht hat, die sein auf Unendlichkeit ausgerichteter Vorgänger hinterlassen hat. Auch unter Ballmer war Microsoft nach wie vor ein dominanter Akteur – vor allem bei Firmenkunden. Das war jedoch vor allem den vom eher auf Unendlichkeit fokussierten Bill Gates gelegten Grundlagen zu verdanken. Wäre Ballmer am Ruder geblieben oder durch einen anderen endlich geprägten Spitzenmanager ersetzt worden, hätten sich die Energie der Belegschaft, weiter für das Gute zu kämpfen, und die Ressourcen, die das Unternehmen brauchen würde, um im Spiel zu bleiben, früher oder später erschöpft. Dass ein Unternehmen eine gewisse Größe hat und in der Vergangenheit finanziellen Erfolg verbuchen konnte, bedeutet nicht, dass es auch stark genug ist für die Zukunft.

Mit dieser Erfahrung steht Microsoft aber nicht allein. Die Wirtschaftsgeschichte ist reich an ähnlichen warnenden Beispielen. Die Besessenheit von General Motors von Marktanteilen auf Kosten des Gewinns hätte das Unternehmen beispielsweise ruiniert, wenn der Staat nicht eingesprungen wäre. Sears, Circuit City, Lehman Brothers, Eastern Airlines und Blockbuster Video hatten nicht so viel

Glück. Das sind nur ein paar weitere Beispiele für vordem starke, fest etablierte Unternehmen, deren Management sich vom Reiz des Spiels mit einer endlichen Mentalität verführen ließ, das eigene Unternehmen auf einen selbstzerstörerischen Kurs zu bringen.

Unglücklicherweise hat sich endlichkeitsorientierte Führung in der modernen Wirtschaft als Standard durchgesetzt. Sie wird von der Wall Street begrüßt und an den betriebswirtschaftlichen Fakultäten gelehrt. Gleichzeitig scheint die Lebenserwartung von Unternehmen immer kürzer zu werden. Einer McKinsey-Studie zufolge ist die durchschnittliche Lebenserwartung eines S&P-500-Unternehmens zwischen den 50er- und 90er-Jahren von im Schnitt 61 auf den aktuellen Wert von nicht einmal 18 Jahren zurückgegangen.[17] Professor Richard Foster von der Yale University bezeichnet das Tempo des Wandels als »höher denn je«.[18] Zugegebenermaßen tragen zu diesen Zahlen verschiedene Faktoren bei. Aber dennoch gilt, dass zu viele Topmanager heutzutage Unternehmen aufbauen, die nicht auf Dauer angelegt sind. Die Ironie dabei ist, dass selbst der zielorientierteste und endlichkeitsgeprägteste Unternehmenslenker einräumen muss: Je länger eine Organisation überleben und erfolgreich tätig sein kann, desto wahrscheinlicher ist, dass sie *alle* ihre Ziele erreicht.

Doch nicht nur Unternehmen leiden unter zu stark auf Endlichkeit ausgerichteter Führung. Je mehr solche Autoritätspersonen es in allen Lebensbereichen gibt, desto größer wird der Druck auf eine Veränderung der öffentlichen Ordnung, um diese Mentalität noch tiefer einzuschleifen. Bald schon wird unsere gesamte Wirtschaft innerhalb der Grenzen eines endlichkeitsbestimmten Weltbilds funktionieren und nach Regeln spielen, die für unser Spiel gar nicht gelten. Diese Situation ist untragbar. Das bestätigen auch die Daten. Nach dem Börsencrash von 1929, der die Weltwirtschaftskrise auslöste, wurde beispielsweise der Glass-Steagall Act verabschiedet – ein Gesetz, das verschiedene eher auf Endlichkeit orientierte Verhaltensweisen von Unternehmen eindämmen sollte, die seinerzeit die Märkte destabilisiert hatten.[19] Wohlgemerkt gab es nach der Verabschiedung des Glass-Steagall-Gesetzes bis in die 1980er- und 1990er-Jahre, als es quasi ausgehöhlt wurde, um die Finanzmärkte zu öffnen, nicht einen einzigen Kurssturz an der Börse. Seither waren es allerdings bereits drei: Der Schwarze Montag 1987, das Platzen der Dotcom-Blase im Jahr 2000 und die Finanzkrise von 2008.

Wer im unendlichen Spiel mit der falschen Einstellung antritt, wird laufend Entscheidungen treffen, die die eigenen Ziele sabotieren – wie jemand, der es »sich gutgehen« lässt, zu viel Süßes isst und dadurch zum Diabetiker wird. Entstehen die Voraussetzungen für einen Börsencrash, so ist das ein Extrembeispiel dafür, was passiert, wenn zu viele Spieler im Spiel sind, die endlich orientiert spielen. Das führt aller Voraussicht nach zu einem generellen Rückgang des Vertrauens, des Teamgeistes und der Innovationsfähigkeit in einer Organisation, was es ihr wiederum viel schwieriger macht, in einer schnelllebigen Geschäftswelt ihr Überleben und ihr Wohlergehen zu sichern. Wer glaubt, dass Vertrauen, Kooperationsbereitschaft und Innovationsvermögen für die langfristigen Aussichten unserer Organisationen wichtig sind, der hat nur eine Möglichkeit: zu lernen, mit der richtigen Einstellung zu spielen – sprich der, die auf die Unendlichkeit abzielt.

Führung mit Blick auf die Unendlichkeit

Bei der Entscheidung, wie wir führen wollen, müssen wir stets drei Faktoren berücksichtigen:

1. Wir können uns nicht aussuchen, ob wir ein endliches oder ein unendliches Spiel spielen.

2. Wir können aber entscheiden, ob wir an dem Spiel teilnehmen oder nicht.

3. Spielen wir mit, können wir bestimmen, mit welcher Einstellung wir antreten – einer endlichen oder einer unendlichen.

Spielen wir ein endliches Spiel, dann wollen wir uns natürlich nach den richtigen Regeln richten, um unsere Gewinnchancen zu erhöhen. Es ist nicht sinnvoll, uns auf Basketball vorzubereiten, wenn wir Fußball spielen wollen. Dasselbe gilt für alle, die sich in einem unendlichen Spiel hervortun wollen. Wir haben immer dann bessere Überlebens- und Erfolgschancen, wenn wir so spielen, wie es das jeweilige Spiel erfordert.

Die Entscheidung für auf Unendlichkeit ausgerichtete Führung gleicht nicht so sehr der Vorbereitung auf ein Fußballspiel, sondern eher der Entscheidung, sich wieder in Form zu bringen. Das geht auch nicht von heute auf morgen. Wir können nicht einfach für neun Stunden ins Fitnessstudio gehen und erwarten, danach wieder topfit zu sein. Trainieren wir dort aber jeden Tag 20 Minuten lang, bringt das auf jeden Fall etwas. Ausdauer ist wichtiger als Intensität. Das Problem dabei: Keiner weiß genau, wann sich erste Ergebnisse abzeichnen. Und diese stellen sich auch noch bei jedem anders ein. Wir wissen aber, dass es funktioniert. Möglicherweise peilen wir endliche Fitnessziele an. Doch wenn wir so gesund wie möglich leben wollen, hat der Lebensstil, den wir uns angewöhnen, eine ungleich größere Bedeutung als die Tatsache, ob wir unsere Ziele an den willkürlich festgelegten Terminen erreichen. Jedes Gesundheitsprogramm legt bestimmte Voraussetzungen fest – mehr Gemüse essen, regelmäßig Sport treiben und ausreichend schlafen zum Beispiel. Genauso verhält es sich mit einer auf Unendlichkeit ausgerichteten Einstellung.

Jede Führungskraft, die sich eine solche aneignen möchte, muss fünf wesentliche Praktiken pflegen:

- Für eine gerechte Sache eintreten
- Vertrauensvolle Teams aufbauen
- Ernstzunehmende Konkurrenten im Blick haben
- Sich auf existenzielle Flexibilität einstellen
- Mut zur Führung beweisen

Bei einem Programm für gesünderes Leben können wir uns ein paar Praktiken aussuchen und andere weglassen – wir können zum Beispiel Sport treiben, aber kein Gemüse essen. Auch in diesem Fall stellen wir vielleicht positive Effekte fest. Die ganze Wirkung entfaltet sich aber nur, wenn wir uns an alle Vorgaben halten. Genauso ist es mit dem auf Unendlichkeit gepolten Denken: Auch hierbei profitieren wir, wenn wir nur ein paar Punkte umsetzen. Doch wenn wir eine Organisation von Grund auf für ein langes, gesundes Leben im unendlichen Spiel ausrüsten möchten, müssen wir alle Kriterien erfüllen.

Eine auf Unendlichkeit orientierte Einstellung dauerhaft zu leben, ist nicht leicht. Es ist sogar ausgesprochen schwer. Vermutlich werden wir hin und wieder vom vorgezeichneten Weg abkommen. Wir sind Menschen und machen Fehler. Wir werden immer wieder von Gier, Angst, Ehrgeiz, Ignoranz, äußerem Druck, rivalisierenden Interessen, unserem Ego und vielem anderen beeinflusst. Um die Dinge noch zu komplizieren, sind endliche Spiele sehr verführerisch: Sie machen Spaß, sorgen für Spannung und haben manchmal sogar Suchtpotenzial. Wie beim Glücksspiel setzt jeder Gewinn und jedes erreichte Ziel einen Dopaminstoß im Körper frei und animiert uns zur nächsten Runde. Der Drang, erneut zu gewinnen, ist stark – und wir müssen ihm widerstehen.

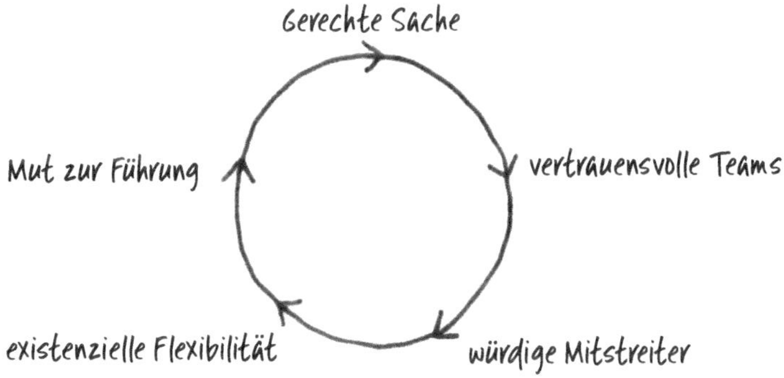

Wir dürfen nicht davon ausgehen, dass wir oder *alle Leiter* mit einer vollkommenen auf Unendlichkeit ausgerichteten Mentalität führen oder dass *irgendeine* Führungspersönlichkeit mit unendlichkeitsorientierter Einstellung in der Lage ist, diese unter allen Umständen aufrechtzuerhalten. Es ist leichter, sich auf ein festgelegtes endliches Ziel zu fokussieren als auf eine unendliche Zukunftsvision – und entsprechend ist es auch einfacher, ein Unternehmen mit auf Endlichkeit ausgerichteter Mentalität zu führen. Das gilt vor allem für schwierige Zeiten, wenn es abwärts geht. Bei jedem der in diesem Kapitel angeführten Beispiele, selbst bei den absolut positiven, kam es irgendwann vor, dass ein Manager von den unendlichkeitsorientierten Grundlagen abgewichen ist, auf denen das Unternehmen aufgebaut war, um sich eher endlichen Vorhaben zu widmen. Diese endlichkeitsorientierte Mentalität hat stets beinahe zum Untergang der betreffenden Unternehmen geführt. Lediglich die Glücklichen, die von einem auf Unendlichkeit gepolten Manager gerettet wurden, konnten sich kräftigen, ihre Beschäftigten besser motivieren und für ihre Kunden attraktiver werden.

Ganz gleich, zu welchem Spiel wir uns entschließen, wir müssen uns selbst und anderen gegenüber in Bezug auf unsere Entscheidung auf jeden Fall ehrlich sein, denn wofür wir uns entscheiden, hat Auswirkungen. Und unsere Kollegen, Kunden und Investoren – unser Umfeld also – können ihre Erwartungen und Verhaltensweisen nur dann entsprechend anpassen, wenn sie wissen, was gespielt wird. Nur wenn sie die Mentalität kennen, die wir uns angeeignet haben, können sie herausfinden, was das für sie kurz- und langfristig bedeutet. Es steht ihnen zu, zu erfahren, wie wir spielen, damit sie klügere Entscheidungen darüber treffen können, für wen sie arbeiten, von wem sie kaufen oder worin sie investieren möchten. Merken sie, dass wir die fünf Praktiken der auf Unendlichkeit ausgerichteten Führung übernommen haben, dann können sie sich darauf verlassen, dass wir wissen, wo wir hinwollen, und uns auf dem Weg dahin engagiert füreinander einsetzen. Sie können auch sicher sein, dass wir kurzfristigen Versuchungen nach Kräften widerstehen und ethisch einwandfreies Verhalten an den Tag legen werden, da wir unsere Organisationen so aufstellen wollen, dass sie sehr, sehr lange Bestand und Erfolg haben.

Uns – also all jenen, die sich für eine auf Unendlichkeit ausgerichtete Mentalität entscheiden – steht eine Reise bevor, auf der wir uns jeden Morgen inspiriert, am Arbeitsplatz sicher und am Abend erfüllt fühlen. Wenn es für uns an der Zeit ist, aus dem Spiel auszusteigen, werden wir auf unser Leben und unsere berufliche Laufbahn zurückblicken und sagen: »Mein Leben war lebenswert.« Vor allem aber werden wir mit Blick auf die Zukunft erkennen, wie viele Menschen wir dazu angeregt haben, diesen Weg auch ohne uns fortzusetzen.

EINE GERECHTE SACHE

Erst verspeisten sie die Tiere aus dem Zoo. Dann aßen sie ihre Hunde und Katzen. Manche verzehrten in ihrer Not sogar Tapetenbrei und gekochtes Leder. Dann geschah das Unvorstellbare. »Ein kleiner Junge starb, er war erst drei Jahre alt«, schrieb Daniil Granin, einer der Überlebenden. »Seine Mutter legte seinen Körper zwischen die Scheiben des Doppelfensters und schnitt jeden Tag ein Stück ab, um ihr anderes Kind zu ernähren.«[1]

Zu solchen Extremen wurden die Bürger Leningrads während der 900 Tage dauernden Belagerung der Stadt durch die Nazis vom September 1941 bis zum Januar 1944 getrieben. Über eine Million Menschen starben, darunter 400.000 Kinder – viele an Hunger. Was kaum einer wusste: Die ganze Zeit über lagerten mitten in der Stadt im Verborgenen gewaltige Mengen an Saatgut, tonnenweise Kartoffeln, Reis, Nüsse und Getreide.

Etwa 25 Jahre vor Beginn der Belagerung begann ein junger Botaniker namens Nikolai Wawilow mit dem Aufbau seiner Saatgutsammlung. Aufgewachsen in einer Zeit, in der Russland von schweren Hungersnöten heimgesucht wurde, widmete er sein Leben und seine Arbeit der Beendigung des Hungers und der Verhütung künftiger

Umweltkatastrophen. Was aus Idealismus begonnen hatte, wurde für Wawilow letztlich zu dem Anliegen, worauf er sich mit aller Kraft konzentrierte. Er bereiste die Welt, um verschiedene Arten von Nutzpflanzen zu sammeln und mehr darüber zu erfahren, warum manche widerstandsfähiger waren als andere. Bald hatte er Saatgut für mehr als 6.000 verschiedene Arten von Nutzpflanzen zusammen. Er befasste sich auch mit Genforschung und experimentierte mit der Entwicklung von Pflanzensorten, die weniger anfällig waren für Schädlinge oder Krankheiten, schneller wuchsen, unwirtlichen Bedingungen standhielten oder höhere Erträge brachten. Im Zuge seiner Arbeit kristallisierte sich Wawilows Vision von einer Genbank heraus. Wie wir für den Fall eines Systemabsturzes wichtige Daten sichern, wollte Wawilow Saatgutreserven für alle pflanzlichen Nahrungsmittel der Erde vorhalten, falls eine Art ausstarb oder aufgrund von verheerenden Naturereignissen oder menschengemachten Katastrophen nicht mehr angebaut werden konnte.

1920 hatte sich Wawilow schon einen gewissen Ruf aufgebaut (und eine noch größere Saatgutsammlung). Da verabschiedete er sich vom Leben als Akademiker und übernahm die Leitung des Allunionsinstituts für angewandte Botanik in Leningrad. Mit Hilfe von Staatsgeldern konnte Wawilow ein ganzes Team von Wissenschaftlern zusammenstellen, die ihn bei seiner Arbeit unterstützten und sein Anliegen vorantrieben. Als Wawilow in das Institut eintrat, schrieb er: »Ich möchte daraus eine unverzichtbare Einrichtung machen, die der Allgemeinheit möglichst viel Nutzen bringt. Ich würde gern die Sortenvielfalt der ganzen Welt einfangen, [sie alle ordnen] und das Institut in eine Schatzkammer für alle Getreidesorten und sonstige Flora verwandeln.« Und wie jeder gute, auf Unendlichkeit ausgerichtete Visionär schloss er: »Wie das ausgeht, ist ungewiss. … Aber ich möchte es dennoch versuchen.«[2]

Doch innerhalb von zwei Jahren sollte sich alles ändern. In Josef Stalins Sowjetunion war niemand sicher, nicht einmal der hoch angesehene Wawilow. Stalin soll während seiner Regierungszeit von 1922 bis zu seinem Tod im Jahr 1953 für den Tod von über 20 Millionen seiner Landsleute verantwortlich gewesen sein. Bedauerlicherweise fand sich auch der Wissenschaftler, der sein Leben dem Anliegen gewidmet hatte, den Menschen in seinem Land zu helfen, auf der Liste der von Stalin aus politischen Gründen Verfolgten wieder. Er wurde 1940 unter dem Vorwand der Spionage verhaftet und über vierhundert brutalen Verhören unterzogen, die zum Teil 13 Stunden dauerten und darauf angelegt waren, ihn zu brechen und zu dem Geständnis zu zwingen, dass er mit Stalingegnern sympathisiere. Doch Wawilow war nicht so leicht kleinzukriegen – auch nicht unter extremen Bedingungen. Er räumte die falschen Anschuldigungen gegen sich nie ein. Tragischerweise starb der visionäre Botaniker und Pflanzengenetiker, der sich sein Leben lang dem Kampf gegen den Hunger verschrieben hatte, mit nur 55 Jahren im Gefängnis an Unterernährung.

Als Wawilow starb, wurde Leningrad bereits belagert. Mitten im Kriegsgebiet, versteckt in einem unauffälligen Bau am Isaaksplatz, lagerten die Aufzeichnungen über die gesamte Arbeit von Wawilows Team und natürlich ihre kostbare Saatgutsammlung, die inzwischen aus Hunderttausenden Pflanzensorten bestand. Abgesehen von der offensichtlichen Bedrohung durch Bombenangriffe war die Genbank auch durch eine explosive Vermehrung der Ratten in der Stadt bedroht (die hungernden Menschen hatten alle Katzen aufgegessen, die die Rattenpopulation unter normalen Umständen unter Kontrolle gehalten hätten). Als wäre das noch nicht genug, hatte Wawilows Sammlung auch das Interesse der Nazis erregt. In seiner Besessenheit von Eugenik und seiner eigenen Gesundheit war Hitler sich des Werts der Genbank bewusst, und er wollte sie für sich und für Deutschland. Das Problem: Hitler wusste zwar, dass sie existierte, aber nicht, wo sie sich befand. Deshalb beauftragte er eine Spezialeinheit damit, sie zu finden.

Trotz aller Gefahren und der unmenschlichen Bedingungen, unter denen alle Einwohner Leningrads lebten, setzte Wawilows Team seine Arbeit während der Belagerung fort. So wagten sich die Botaniker beispielsweise mitten im Winter hinaus, um auf einem Feld in Frontnähe heimlich Kartoffeln anzupflanzen. Es gelang ihnen, Teile ihrer Arbeit aus der Stadt zu schmuggeln. Alles Übrige hielten sie wachsam unter Verschluss. Die Wissenschaftler nahmen so viel Anteil an Wawilows Vision, dass sie bereit waren, die Saatgutbank um jeden Preis zu schützen – selbst wenn es sie das Leben kosten sollte. Umgeben von Hunderttausenden Samen und Tonnen von Kartoffeln, Reiskörnern, Nüssen, Getreide und anderen Nutzpflanzen, die sie zu essen sich weigerten, verhungerten neun der Wissenschaftler.

Von Wawilow ist folgendes Zitat im Zusammenhang mit seinem Anliegen überliefert: »Und wenn sie uns auf dem Scheiterhaufen verbrennen – wir halten an unseren Überzeugungen fest.«[3] Und alle, die er für seine Sache gewinnen konnte, nahmen Wawilows Worte sehr ernst und lebten danach. Wadim Lechnowitsch, einer der Überlebenden, der geholfen hatte, die Saatkartoffeln auszubringen, und sie bewacht hatte, während ihm die Kugeln um die Ohren flogen, wurde später gefragt, warum sie denn angesichts des Überflusses nichts davon gegessen hätten: »Es fiel uns schwer, einen Fuß vor den anderen zu setzen. Wir schafften es kaum, jeden Morgen aufzustehen und unsere Hände und Füße zu bewegen, doch es war überhaupt nicht schwer, uns zurückzuhalten und unsere Sammlung nicht aufzuessen. Sie zu essen, war für uns *undenkbar.* Schließlich ging es um unser Lebenswerk und um das Leben unserer Kameraden.«[4]

Die Forscher, die Wawilows Arbeit während der Belagerung weiterführten, waren Teil von etwas Größerem. Die gerechte Sache, eine »Mission für die ganze Menschheit«, wie es Wawilow formuliert hatte, gab ihrer Arbeit und ihrem Leben einen Sinn und eine Bedeutung, die weit über das Persönliche oder über die ausgesprochen realen Probleme zur Zeit der Belagerung hinausgingen. Selbst satt zu werden oder die vielen hungernden Einwohner der Stadt zu ernähren, wäre eine endliche Lösung für ein endliches Problem gewesen. Sie hätten sicherlich manchen, die womöglich trotzdem gestorben wären, das Leben verlängern oder anderen das Leben retten können, doch Wawilows Team blickte über den unmittelbaren Horizont hinaus. Seine Leute dachten nicht an die paar Menschen, die sie in Leningrad retten konnten, sondern an eine Zukunft, in der ihre Arbeit vielleicht ganze Zivilisationen retten könnte. Sie widmeten sich nicht der Aufgabe, durchzuhalten, bis die Belagerung vorüber war, sondern wollten die menschliche Rasse so lange wie möglich erhalten.

Eine gerechte Sache – was ist das?

Howards Little-League-Mannschaft war eine der schlechtesten, wenn nicht gar die schlechteste der Liga. Am Ende jedes verlorenen Spiels sagte der Trainer zu den Spielern: »Es kommt nicht darauf an, wer gewinnt oder verliert, sondern darauf, wie wir gespielt haben.« Da meldete sich der kleine Howard vorlaut zu Wort und fragte: »Wieso zählen wir dann überhaupt die Punkte?«

In einem endlichen Spiel geht es um den Sieg. Selbst wenn wir in der Hoffnung antreten, gut zu spielen und Spaß zu haben, spielen wir nicht, um zu verlieren. In einem unendlichen Spiel ist die Motivation eine ganz andere: Ziel ist nicht zu gewinnen, sondern im Spiel zu bleiben. Es geht darum, etwas voranzubringen, das größer ist als wir selbst oder unsere Organisationen. Und jede Führungskraft, die im unendlichen Spiel an der Spitze mitmischen möchte, muss ein eindeutiges würdiges Anliegen haben.

Eine gerechte Sache ist eine konkrete Vision einer Zukunft, die noch nicht eingetreten ist, aber so reizvoll, dass Menschen bereit sind, Opfer zu bringen, um sie umzusetzen. Wie Wawilows Wissenschaftler sind Menschen manchmal sogar bereit, ihr Leben dafür zu geben. Das muss aber nicht sein. Manchmal entscheidet sich auch jemand gegen eine besser bezahlte Stelle, weil er lieber für eine Organisation arbeiten möchte, die eine gerechte Sache vertritt, an die er glaubt. Oder er macht Überstunden oder nimmt häufige Geschäftsreisen auf sich. Die Opfer, die wir bringen müssen, gefallen uns nicht immer, doch wir finden, dass es die gerechte Sache wert ist.

»Gewinnen« verschafft ein vorübergehendes Hochgefühl, das unserem Selbstbewusstsein einen kräftigen, wenn auch flüchtigen Schub versetzt. Niemand kann sich das tolle Gefühl bewahren, dass das Erreichen eines Ziels, die Beförderung oder das vor einem Jahr gewonnene Turnier vermittelt. Solche Gefühle vergehen. Um sie erneut zu empfinden, müssen wir ein weiteres Mal gewinnen. Arbeiten wir dagegen für eine gerechte Sache, aus Motiven, die größer sind als ein bestimmter Erfolg, verbringen wir unsere Zeit sinnvoller und erfüllter. Solche Gefühle halten wochen-, monate- und jahrelang an. In einer Organisation, die auf ein endliches Ziel ausgerichtet ist, macht uns die Arbeit vielleicht manchmal Spaß, aber wir tun sie nicht wirklich *gern*. Arbeiten wir dagegen für eine Organisation, die sich für eine gerechte Sache einsetzt, macht uns die Arbeit manchmal Spaß, aber wir tun sie immer gern. Das ist wie mit unseren Kindern: An manchen Tagen machen sie uns mehr Spaß als an anderen, aber wir lieben sie immer gleich.

Die Frage nach dem Warum zielt immer auf die Vergangenheit ab. Dabei geht es um Ursachen. Darum, wer wir sind – um die Summe unserer Werte und Überzeugungen. Eine gerechte Sache aber dreht sich um die Zukunft. Sie legt fest, wo wir hinwollen. Sie beschreibt die Welt, in der wir zu leben hoffen, und tut etwas für ihren Aufbau. Auf die Frage nach dem Warum gibt es für jeden seine eigene Antwort (die jeder in Erfahrung bringen kann, der ihr nachgehen möchte). Doch es muss nicht für jeden eine eigene gerechte Sache geben.

Wir können uns für das Anliegen eines anderen einsetzen. Wir können selbst eine Bewegung begründen, oder aber wir schließen uns einer vorhandenen an und machen sie zu der unseren. Es kann nur ein Warum geben, doch wir können uns für mehr als eine gerechte Sache stark machen. Unser Warum ist festgelegt und nicht veränderbar. Bei einer gerechten Sache geht es dagegen um etwas Unvollendetes, von dem wir noch nicht genau wissen, welche Form es annimmt. Wir können unermüdlich daran arbeiten, es nach unseren Wünschen zu gestalten und dabei laufend zu verbessern. Sehen Sie das Warum als Fundament eines Hauses an – als Ausgangspunkt. Es gibt allem, was wir darauf aufbauen, Stärke und Beständigkeit. Unsere gerechte Sache ist die Idealvision des Hauses, das wir darauf errichten möchten. Wir können ein Leben lang daran bauen und werden es trotzdem nie fertigstellen. Doch das Ergebnis unserer Arbeit verleiht dem Haus seine Gestalt. Im Zuge seiner Umsetzung inspiriert es andere, sich der Sache anzuschließen und die Arbeit weiterzuführen ... bis in alle Ewigkeit. Mein Warum ist beispielsweise, Menschen dazu anzuregen, etwas Motivierendes zu tun, sodass wir unsere Welt gemeinsam jeweils zum Besseren verändern. Das ist mein ganz und gar persönliches Warum. Meine gerechte Sache ist dagegen, eine Welt zu erschaffen, in der die allermeisten Menschen inspiriert aufwachen, sich bei der Arbeit sicher fühlen und abends erfüllt nach Hause kommen. Und ich versuche, so viele Menschen wie möglich zu finden, die sich mit mir dieser Sache verschreiben.

Es ist die gerechte Sache, an deren Umsetzung wir arbeiten, die unserer Arbeit und unserem Leben einen Sinn verleiht. Eine gerechte Sache regt uns dazu an, über endlichen Lohn und persönlichen Gewinn hinaus fokussiert zu bleiben. Die gerechte Sache liefert den Kontext für alle endlichen Spiele, die wir im Zuge dessen spielen müssen. Eine gerechte Sache hält unser Interesse am Weiterspielen wach. Ob in der Wissenschaft, in der Politik oder in der Wirtschaft – Führungspersönlichkeiten, die möchten, dass wir uns ihrem unendlichen Anliegen anschließen, müssen uns unmissverständlich eine klare, konkrete Vision der idealen künftigen Zustände anbieten, wie sie ihnen vorschwebt.

Als die Gründerväter der Vereinigten Staaten beispielsweise ihre Unabhängigkeit von Großbritannien erklärten, wussten sie, dass ein solch radikales Vorgehen eine Erklärung zu einer gerechten Sache erforderte. »Wir halten diese Wahrheiten für ausgemacht, daß alle Menschen gleich erschaffen worden, daß sie von ihrem Schöpfer mit gewissen unveräußerlichen Rechten begabt worden, worunter sind Leben, Freyheit und das Bestreben nach Glückseligkeit«[5], schrieben sie in der Unabhängigkeitserklärung. Die von ihnen vorgetragene Vision war nicht einfach die von einer durch Grenzen definierten Nation, sondern die von einem idealen zukünftigen Staat, definiert durch die Grundsätze von Freiheit und Gleichheit für alle. Und die 56 Männer, die am 4. Juli 1776 ihre Unterschrift unter diese Vision setzten, sicherten einander zu, »uns unter einander unser Leben, unser Vermögen und unser geheiligtes Ehrenwort« zu verpfänden. So viel war ihnen das wert. Sie waren bereit, ihr eigenes endliches Leben und ihre Interessen aufzugeben, um die unendliche Idee und die Ideale einer neuen Nation weiterzutragen. Ihr Opfer inspirierte wiederum nachfolgende Generationen, sich demselben Anliegen zu verschreiben und es mit ihrem eigenen Blut, ihrem Schweiß und ihren Tränen weiter voranzutreiben.

Wir wissen, dass eine Sache gerecht ist, wenn wir uns ihr in dem Vertrauen verpflichten, dass andere unser Vermächtnis weiterführen. Für Amerikas Staatengründer galt das allemal. Und für Nikolai Wawilow ebenso. Wawilows Vision einer Welt, in der ganze Bevölkerungen, ja, sogar die gesamte Menschheit stets etwas zu essen haben und in der dafür gesorgt wird, dass wir so lange wie möglich am Leben bleiben, besteht bis heute fort. Weltweit gibt es in über 100 Ländern fast 2000 Genbanken, die die Arbeit fortsetzen, die Wawilow vor einem Lebensalter begonnen hat. Zu den größten zählt das Svalbard Global Seed Vault in Norwegen. In der von Natur aus temperierten arktischen Umwelt werden über eine Milliarde Samen von fast 6000 Pflanzenarten aufbewahrt. Dadurch soll gesichert werden, dass wir im schlimmsten Fall eine Nahrungsquelle haben, um unsere Spezies am Leben zu erhalten. Marie Haga, Geschäftsführerin des Crop Trust – der Organisation, die in Partnerschaft mit den Vereinten Nationen die Arbeit globaler Saatgutbanken unterstützt – verweist auf Wawilow als mutmaßlichen Begründer der Sache: »Hundert Jahre nach [Wawilows] ersten Reisen bereist eine neue Generation engagierter Unterstützer der Nutzpflanzendiversität die Welt, um nicht nur Keimplasma zu bewahren, sondern auch das Erbe Wawilows.«[6]

Viele Arbeitgeber haben heute bereits eine erklärte Unternehmensmission, eine Vision und/ oder ein offizielles Leitbild, die propagiert werden und von denen man sich in der Chefetage erhofft, dass sie uns inspirieren. In den seltensten Fällen erfüllen diese aber die Kriterien einer gerechten Sache. Im besten Fall sind sie banal und harmlos, im schlimmsten leiten sie uns dazu an, weiter mit begrenztem Horizont zu spielen. Selbst die in bester Absicht abgefassten Exemplare sind so endlichkeitsbezogen, allgemein, egozentrisch oder vage formuliert, dass sie in einem unendlichen Spiel unbrauchbar sind. Im Regelfall enthalten sie Aussagen wie: »Wir nehmen Ihnen ab, was Sie nicht so gern tun, damit Sie sich auf die Dinge konzentrieren können, die Ihnen Spaß machen.« Das mag ja sogar stimmen, doch es trifft auf zu viele Situationen zu – vor allem im Business-to-Business-Bereich. Außerdem ist das kein sehr effektiver Schlachtruf. Eine weitere übliche und sehr allgemeine Vision lautet ungefähr folgendermaßen: »Es sollen Produkte von höchster Qualität mit bestmöglichen Preis-Leistungs-Verhältnis angeboten werden.« Und so weiter und so fort. Für alle, die uns im unendlichen Spiel anführen wollen, sind solche Aussagen von geringem Nutzwert. Sie sind nicht inklusiv. Sie sind egozentrisch – ganz auf das eigene Unternehmen ausgerichtet. Sie schauen nach innen und nicht in die Zukunft, zu der Produkte oder Dienstleistungen beitragen.

So heißt es beispielsweise auf der Website des kalifornischen Fernseher- und Lautsprecherherstellers Vizio, er existiere, um »starke Leistungen und intelligentere Produkte mit den neuesten Innovationen zu Kostenvorteilen zu liefern, die wir an unsere Kunden weitergeben können.«[7] Ich nehme das den Leuten durchaus ab und will davon ausgehen, dass sie das alles auch tun. Doch sind das Worte, die andere *wirklich* inspirieren, mit Blut, Schweiß und Tränen daran mitzuwirken? Wird einer, der das liest, dazu angeregt, sich lieber heute als morgen um eine Stelle zu bewerben? Wenn überhaupt, dann kriegen dabei nur ganz wenige eine Gänsehaut oder fühlen sich unwillkürlich dazu hingezogen, Teil eines solchen Unternehmens zu werden. Solche Aussagen vermitteln uns weder ein Anliegen, für das wir uns engagieren möchten, noch einen Eindruck vom eigentlichen Zweck, und beides ist für das unendliche Spiel unabdingbar.

Noch einmal: Eine gerechte Sache ist eine konkrete Vision von einer Zukunft, die noch nicht existiert. Und damit uns eine gerechte Sache bei unserer Arbeit Orientierung geben, uns zu Opferbereitschaft animieren und nicht nur jetzt, sondern über Generationen immer wieder motivieren kann, muss sie fünf Kriterien erfüllen. Wer nicht sicher ist, ob es sich bei der eigenen Mission, dem Leitbild oder der erklärten Vision um eine gerechte Sache handelt, oder wer gern mit einer gerechten Sache führen möchte, der kann diese Kriterien als einfachen Test heranziehen.

Eine gerechte Sache muss:

- **positiv sein:** Bestätigung und Zuversicht vermitteln.

- **inklusiv sein:** aufgeschlossen für alle, die dazu beitragen möchten

- **serviceorientiert sein:** hauptsächlich anderen nützen

- **resilient sein:** politischen, technischen und kulturellen Wandel überdauern
- **idealistisch sein:** ehrgeizig, kühn und letztlich unerreichbar

Positiv sein: Bestätigung und Zuversicht vermitteln

Eine gerechte Sache ist etwas, wofür wir eintreten und woran wir glauben – nicht etwas, das wir ablehnen. Führungspersönlichkeiten können leicht andere *gegen* etwas auf die Barrikaden bringen. Sie können sie sogar regelrecht aufhetzen. Die Gefühle kochen schnell hoch, wenn wir wütend werden oder Angst haben. Doch wer *für* eine Sache ist, der fühlt sich inspiriert. *Dafür* sein regt den menschlichen Geist an und erfüllt uns mit Hoffnung und Optimismus. *Gegen* etwas zu sein heißt, es zu verunglimpfen, zu verteufeln oder abzulehnen. *Für* etwas zu sein bedeutet, alle aufzufordern, sich gemeinsam für diese Sache einzusetzen. Sind wir *gegen* etwas, fokussiert sich unsere Aufmerksamkeit auf Dinge, die wir sehen können, um Reaktionen hervorzurufen. Sind wir *für* etwas, richtet sich unser Augenmerk auf die noch unausgeformte Zukunft, um unsere Fantasie anzuregen.

Stellen Sie sich vor, wir würden nicht *gegen* Armut kämpfen, sondern uns *für* das Recht jedes Menschen einsetzen, seine Familie zu versorgen. Im ersten Fall gibt es einen gemeinsamen Gegner, gegen den wir antreten. Unser Anliegen wird so dargestellt, als könnten wir »gewinnen«, quasi als endliches Spiel. Dabei drängt sich uns der Eindruck auf, wir könnten die Armut ein für alle Mal besiegen. Im zweiten Fall haben wir ein Anliegen, das wir fördern können. Die perspektivischen Unterschiede sind mehr als eine semantische Spitzfindigkeit. Sie wirken sich darauf aus, wie wir das Problem/die Vision betrachten, was wiederum unsere Vorstellungen davon beeinflusst, wie wir zur Lösung/Umsetzung beitragen können. Im ersten Fall gibt es ein Problem, das ausgeräumt werden muss, im zweiten eine Vision von Möglichkeit, Würde und Selbstbestimmung. Wir sind nicht aufgefordert, Armut zu »verringern«, sondern die Zahl der Menschen zu »steigern«, die in der Lage sind, selbst für sich und ihre Familien zu sorgen. Ob man für oder gegen etwas ist, ist ein feiner, aber grundlegender Unterschied, dessen sich die Verfasser der Unabhängigkeitserklärung intuitiv bewusst waren.

Die Männer, die Amerika in die Unabhängigkeit geführt haben, waren kurzfristig *gegen* Großbritannien. Tatsächlich waren die amerikanischen Kolonisten zutiefst gekränkt über die Behandlung, die ihnen England angedeihen ließ. Die Unabhängigkeitserklärung setzt sich zu 60 Prozent aus konkreten Beschwerden über den König zusammen. Das Anliegen, *für* das sie eintraten, war aber die eigentliche Quelle bleibender Inspiration, und dies stand in der Unabhängigkeitserklärung an erster Stelle. Es ist der erste Gedanke, den wir aus diesem Dokument herauslesen. Es liefert den Kontext für den restlichen Inhalt der Erklärung und die Orientierung für künftiges Handeln. Es ist das Ideal, auf das wir persönlich Bezug nehmen und das wir leicht verinnerlichen können. Bis auf ein paar Akademiker und übereifrige Hobbyhistoriker kann kaum ein Amerikaner auch nur einen der Vorwürfe nennen, die an späterer Stelle in diesem Dokument aufgeführt sind – zum Beispiel: »Er hat die Bevölkerung dieser Staaten zu verhindern gesucht; zu dem Zweck hat er die Gesetze zur Naturalisation der Ausländer gehindert; andere, zur Beförderung ihrer Auswanderung hieher, hat er sich geweigert heraus zu geben, und hat die Bedingungen für neue Anweisungen von Ländereyen erhöhet[8].« Dagegen können die allermeisten Amerikaner problemlos daraus zitieren, dass »alle Menschen gleich erschaffen« wurden und ebenso die drei Grundsätze »Leben, Freyheit und das Bestreben nach Glückseligkeit«. Diese Worte haben sich unauslöschlich in die kulturelle Seele eingebrannt. Sie werden von Patrioten und Politikern immer wieder bemüht und rufen uns Amerikanern ins Gedächtnis, wer wir sein wollen und auf welchen Idealen unsere Nation gegründet wurde. Sie sagen uns, wo*für* wir stehen.

Inklusiv sein: aufgeschlossen für alle, die dazu beitragen möchten

Wir Menschen möchten Teil von etwas Größerem sein. Wir sehnen uns nach Zugehörigkeit. Wir sind gern Mitglieder einer Gruppe – beispielsweise, wenn wir zur Kirche gehen, an einer Parade oder Demonstration teilnehmen oder im Stadion das Trikot unserer Lieblingsmannschaft tragen. Eine gerechte Sache ist wie eine Einladung, sich anderen anzuschließen, um ein Anliegen voranzutreiben, das größer ist als wir selbst. Vermittelt uns die Formulierung der gerechten Sache eine klare, positive, alternative Vision von der Zukunft, löst das etwas in uns aus. Wir möchten die Hand erheben, um uns zu melden und uns anzuschließen.

Eine durchdachte Erklärung einer Sache inspiriert uns dazu, unsere Kreativität, unsere Zeit, unsere Erfahrung, unsere Körperkraft – eben alles einzubringen, was die formulierte neue Zukunftsvision voranbringen könnte. Auf diese Weise entstehen Bewegungen. Es fängt mit einer kleinen Gruppe an. Ihre idealisierte Zukunftsvision überzeugt andere. Die Ersten, die sich anschließen, erwarten nichts, sondern wollen etwas geben. Sie wollen helfen. Sie wollen an der Gestaltung der Zukunft mitwirken. Sie machen sich die Sache zu eigen, die sie in ihren Bann gezogen hat.

Organisationen, die pauschal versprechen, »die Welt zu verändern« oder »etwas zu bewegen«, verraten uns herzlich wenig darüber, was sie eigentlich erreichen wollen. Das klingt zwar gut, ist jedoch zu allgemein, als dass es uns als sinnvoller Filter dienen könnte. Noch einmal: Eine gerechte Sache ist eine *ganz konkrete* Vision von einem Zukunftsszenario, das zwar noch nicht existiert, aber so ansprechend ist, dass die Menschen bereit sind, dafür Opfer zu bringen, diese Vision zu realisieren. Wir bezeichnen das als »Vision«, weil es etwas sein muss, was wir »sehen« können. Damit eine gerechte Sache auch wirklich zu einer Einladung wird, müssen die Worte ein klares, realistisches Bild der Wirkung entwerfen, die wir erzielen wollen – beziehungsweise der besseren Welt, wie wir sie uns vorstellen. Erst wenn wir genau vor unserem inneren Auge haben, wie die Welt aussieht, auf die eine Organisation oder eine Führungskraft zustrebt, wissen wir, welcher Organisation oder welcher Leitfigur wir unsere Kräfte und uns selbst widmen möchten. Unsere Leidenschaft entzündet sich an einem eindeutigen Anliegen.

»Wir stellen nur Leute ein, die mit dem Herzen dabei sind«, ist häufig von Personalern zu hören, die für Neueinstellungen zuständig sind. Doch woher wollen sie wissen, ob der Bewerber nur im Vorstellungsgespräch mit dem Herzen dabei ist, aber nicht für die Sache brennt? In Wirklichkeit liegt uns ALLEN irgendetwas am Herzen, aber eben nicht immer dasselbe. Auf Unendlichkeit ausgerichtete Leitfiguren suchen aktiv nach Beschäftigten, Kunden und Investoren, die ihre Leidenschaft für die gerechte Sache teilen. In Bezug auf die Beschäftigten verbirgt sich das in der Aussage: »Ein Bewerber muss in unser Unternehmen passen, alles andere lernt er schon.« Bei Kunden und Investoren wurzelt hier die Liebe und Loyalität zum Unternehmen.

Das auf Salate spezialisierte Schnellrestaurant Sweetgreen steht für mehr als für den Verkauf von Salaten. Und es lädt alle dazu ein, sich seiner Sache anzuschließen, die gern ihren Beitrag leisten würden. Die erklärte Unternehmensmission ist, »durch Möglichkeiten zur richtigen Ernährung das allgemeine Wohlbefinden zu fördern«. Richtige Ernährung nach der Definition von Sweetgreen ist, viele Zutaten aus lokalen Quellen zu beziehen, um die Bauern vor Ort zu unterstützen. Deshalb unterscheidet sich die Speisekarte in den Filialen je nach Region. Viele kaufen sich dort nur deshalb ihren Salat, weil er ihnen schmeckt, doch wem es wichtig ist, lokale Produkte zu verwenden, und wer die örtliche Landwirtschaft fördern will, der interessiert sich womöglich für einen Job bei Sweetgreen oder wird zu einem besonders loyalen Fürsprecher. Solche Menschen bringen auch mal ein Opfer und nehmen Umwege in Kauf oder zahlen mehr, um bei Sweetgreen einzukaufen. Das Unternehmen in irgendeiner Weise oder Form zu unterstützen, gibt ihnen das Gefühl, sich für ihre eigenen Werte und Überzeugungen einzusetzen – für ihre Vision von einer besseren Welt. Sie fühlen sich als Teil der Sache.

Serviceorientiert sein: primär anderen nützen

Zu einer gerechten Sache gehören mindestens zwei Parteien – die Leistungsträger und die Leistungsempfänger. Die Geber und die Nehmer. Wer einen Beitrag leistet, bringt etwas ein – seine Ideen, seine Arbeit oder sein Geld –, um die gerechte Sache zu fördern. Wer diese Beiträge erhält, der profitiert. Damit eine gerechte Sache das Kriterium der Serviceorientierung erfüllt, müssen die Hauptnutznießer der Beiträge der Organisation stets andere sein als diejenigen, die sie erbringen.

Gibt mir mein Chef beispielsweise einen Rat, um meine Karriere zu fördern, dann muss dieser Rat in erster Linie meiner Karriere dienen, nicht seiner. Als Investor muss es mir primär darum gehen, dem Unternehmen zu helfen, seine gerechte Sache voranzubringen. Als Führungskraft muss ich meine Zeit, meine Bestrebungen und Entscheidungen vordringlich denjenigen zugute kommen lassen wollen, die mir unterstellt sind. Als Mitarbeiter im Kundenkontakt muss es meine Absicht sein, meine Arbeit vor allem in den Dienst der Menschen zu stellen, die unsere Produkte oder Leistungen kaufen. Gibt es nur eine Partei – sind wir also selbst die Nutznießer unserer Arbeit – dann ist unsere Sache höchstens selbstgerecht.

Spricht man bei Sweetgreen über die Nutznießer geleisteter Beiträge, dann ist von Gemeinschaften und Menschen die Rede – nicht davon, was es Sweetgreen bringt. Auch die Verfasser der Unabhängigkeitserklärung stellten klar, dass »wir, das Volk«, nicht, »wir, die Anführer« in erster Linie von ihren Bestrebungen und von der Revolution profitieren. Hätten sich diejenigen, die den Kampf anführten, zu den Hauptnutznießern gemacht, wäre aus Amerika vermutlich eine Diktatur oder eine Oligarchie geworden. Aus diesem Blickwinkel erkennen wir sofort, worauf es hinausläuft, wenn ein Unternehmen in den Aktionären die Hauptnutznießer seiner Arbeit sieht – nicht in den Kunden.

Entscheidend ist dabei das Wort »hauptsächlich«. Serviceorientierung ist keinesfalls gleichbedeutend mit Wohltätigkeit. Bei einer Wohltätigkeitsorganisation muss der Nutzen unserer Leistungen weitestgehend, wenn nicht komplett, dem Empfänger zugutekommen. Wer die Leistungen erbringt, hat davon lediglich das gute Gefühl, dass er einen Beitrag geleistet hat. In der Wirtschaft dagegen können wir durchaus berücksichtigen, inwieweit wir von unserer Arbeit profitieren oder unser eigenes Geschick dadurch positiv gestalten. Natürlich können wir erwarten und sogar verlangen, dass wir angemessen vergütet und unsere Bemühungen und Erfolge anerkannt werden. Auch das Anliegen, dass unsere Investoren profitieren sollen, ist legitim – nur eben nicht auf Kosten des Unternehmens, der Menschen, die dort arbeiten, oder der Kunden, die bei uns einkaufen. Kein Nutznießer, kein Kunde sollte sich mit einem minderwertigen Produkt zufrieden geben müssen und kein Mitarbeiter sollte entlassen werden infolge von Kostensenkungsmaßnahmen, die vorgenommen werden, damit ein Aktionär davon profitiert – der ja schließlich nur Teil einer Gruppe von Beitragsleistern ist. Noch einmal: Gerecht ist eine Sache nur, wenn ihr Hauptnutznießer ein anderer ist als die Organisation selbst.

Das ist unter dem Konzept der »Servant Leadership«, also der dienenden Führung, zu verstehen. Es bedeutet, dass der Hauptnutzen der Beiträge »stromabwärts fließt«. In einer Organisation, in der Serviceorientierung gar nicht vorhanden ist (oder Nebensache), fließt der Nutzen dagegen »stromaufwärts«. Investoren setzen ihr Kapital in erster Linie in der Absicht ein, eine Rendite zu erzielen. Führungskräfte treffen Entscheidungen, die zunächst ihrem eigenen Vorteil dienen – nicht ihren Untergebenen. Vertriebskräfte tun alles, um den Abschluss zu machen, der ihnen ihren Bonus sichert – ohne Rücksicht auf die Bedürfnisse ihrer Kunden. So richtet sich der Nutzen heute in so vielen Organisationen aus. Allzu häufig stellen Menschen in unserer Kultur ihre eigenen Interessen und die ihrer Vorgesetzten über die Belange der Menschen, denen sie eigentlich dienen sollten.

Dass eine gerechte Sache serviceorientiert sein muss, entspricht den Spielregeln für unendliche Spiele. In einem unendlichen Spiel setzen sich die Spieler dafür ein, dass das Spiel auch für andere weitergeht. Ein Manager, der eine Organisation aufbauen möchte, die für das unendliche Spiel gerüstet ist, darf nie Entscheidungen nur aus dem Grund treffen, weil er dann selbst mehr verdient. Er sollte sich vielmehr dafür einsetzen, dass die Organisation gewappnet ist für das Spiel, in dem sie antritt. Dabei gilt sogar, dass ein Investor nicht unbedingt der Hauptnutznießer seiner Investition sein muss. Es ist vielmehr die Organisation, an die er glaubt und deren gerechte Sache er gefördert sehen möchte, die von seinem finanziellen Beitrag profitieren muss. Ein unendlich weit denkender Investor möchte zu etwas Größerem beitragen, das im Erfolgsfall enorm rentabel ist. Ein auf Endlichkeit orientierter Investor gleicht dagegen eher einem Spieler, der nur Einsätze bringt, um Gewinne einzustreichen. Zwischen diesen beiden Verhaltensweisen ist sauber zu differenzieren.

Serviceorientierung ist im unendlichen Spiel so wichtig, weil dadurch ein loyaler Stamm an Beschäftigten und Kunden (und Investoren) entsteht, die durch dick und dünn zum Unternehmen halten. Und diese solide Basis der Loyalität ist es, die einer Organisation eine Stärke und Langlebigkeit verleiht, wie sie für Geld allein nicht zu haben ist. Die loyalsten Mitarbeiter leben in dem Gefühl, dass sie ihren Vorgesetzten wirklich am Herzen liegen … und zwar, weil das tatsächlich so ist. Im Gegenzug bringen sie zum Wohle des Unternehmens ihre klügsten Ideen ein, agieren frei und verantwortungsbewusst und bemühen sich, Probleme zu lösen. Die treuesten Kunden sind der Überzeugung, dass ihre Nöte, Bedürfnisse und Wünsche dem Unternehmen wirklich am Herzen liegen … weil das tatsächlich so ist. Deshalb nehmen loyale Kunden auch Unannehmlichkeiten in Kauf oder zahlen einen Aufpreis, um bei diesem Unternehmen einzukaufen und bei keinem anderen. Dasselbe empfehlen sie auch ihren Freunden. Und in optimal geführten Unternehmen herrscht der Eindruck, dass es ihren Investoren wirklich am Herzen liegt, das Unternehmen dabei zu unterstützen, so stark wie möglich zu werden, um die Sache zu fördern – weil das so ist. Das Ergebnis kommt allen Beteiligten zugute.

Resilient sein: politischen, technischen und kulturellen Wandel überdauern

Führungskräfte, die mit Blick auf die Unendlichkeit an ihre Aufgaben herangehen wollen, wären gut beraten, sich das Beispiel der Unabhängigkeitserklärung vor Augen zu führen. Die erklärte Verpflichtung der Gründer zu Gleichheit und unveräußerlichen Menschenrechten ist heute noch so aktuell wie damals. Über mehr als 240 Jahre und obwohl sich die Führung, die Landschaft, die Menschen und die Kultur verändert haben, ist die gerechte Sache noch so maßgeblich und mitreißend wie eh und je. Eine gerechte Sache für alle Zeit eben.

Im unendlichen Spiel der Wirtschaft muss eine gerechte Sache größer sein als die Produkte, die wir herstellen, und die Dienste, die wir anbieten. Unsere Erzeugnisse und Leistungen sind ein Teil dessen, was wir einsetzen, um unsere Sache voranzubringen. Sie sind nicht die Sache selbst. Formulieren wir unsere Sache produktbezogen, hängt die Existenz unseres Unternehmens ganz und gar von der Relevanz dieser Produkte ab. Eine neue Technologie könnte unsere Produkte und damit unsere Sache und im Grunde unser gesamtes Unternehmen über Nacht obsolet werden lassen. Die amerikanischen Eisenbahngesellschaften zählten beispielsweise früher zu den größten Unternehmen des Landes. So lange, bis der Fortschritt in der Automobiltechnik und ein Autobahnnetz den Menschen schnellere und mitunter auch billigere Transportmöglichkeiten bot als die Schiene. Hätten die Eisenbahngesellschaften ihre Daseinsberechtigung ausschließlich am Personen- und Warenverkehr festgemacht statt daran, die Eisenbahn voranzubringen, wären sie heute vielleicht Eigentümer großer Autoschmieden oder Fluggesellschaften. Verlage verorteten sich selbst im Buchgeschäft statt im Geschäft zur Verbreitung von Ideen und verpassten dadurch die Chance, aus neuen Technologien Kapital zu schlagen, um ihre Sache voranzubringen. Sie hätten Amazon oder die digitalen E-Reader erfinden können. Hätte sich die Musikbranche mehr als Musikverbreiter wahrgenommen denn als Verkäufer von Platten, Kassetten und CDs, wäre den betreffenden Unternehmen der Schritt in die Welt des digitalen Streamings leichter gefallen. Wenn sie sich durch eine Sache definiert hätten, die größer ist als ihre abgesetzten Produkte, hätten sie Dienste wie iTunes oder Spotify erfinden können. Haben sie aber nicht … und jetzt bezahlen sie den Preis dafür.

Märkte steigen und fallen, Menschen kommen und gehen, Technologien entwickeln sich weiter, Produkte und Dienstleistungen passen sich dem Zeitgeschmack der Konsumenten und der Marktnachfrage an. Wir brauchen etwas Bleibendes, an dem wir uns festhalten können. Etwas, das Veränderungen und Krisen überdauern kann. Um im unendlichen Spiel zu bleiben, muss unsere Sache langlebig, resilient und zeitlos sein.

Idealistisch sein: ehrgeizig, kühn und letztlich unerreichbar

Als die Unterzeichner der Unabhängigkeitserklärung bekräftigten, dass alle Menschen »gleich erschaffen« und mit »gewissen unveräußerlichen Rechten begabt« sind, dachten sie dabei in erster Linie an weiße angelsächsische protestantische Männer. Ziemlich schnell schlossen sich aber Bestrebungen an, dieses Ideal breiter und inklusiver zu verstehen. Im Unabhängigkeitskrieg untersagte George Washington zum Beispiel in seinen Streitkräften antikatholische Umtriebe und nahm regelmäßig an katholischen Messen teil, um ihnen durch sein Verhalten vorbildhaft zu vermitteln, was er von ihnen erwartete. Knapp 100 Jahre später brachte der Sezessionskrieg das Ende der Sklaverei, und wenig später gestand der 14. Zusatz zur US-Verfassung Afroamerikanern und ehemaligen Sklaven Bürgerrechte und Gleichberechtigung zu. Die Frauenwahlrechtsbewegung unternahm einen weiteren Schritt hin zu Amerikas gerechter Sache, indem sie 1920 das Wahlrecht für Frauen erkämpfte. Das Bürgerrechtsgesetz von 1964 und das Wahlrechtsgesetz von 1965, die Afroamerikaner und andere vor Diskriminierung schützten, waren zwei weitere Schritte. Noch einen Schritt tat das Land 2015 mit der Entscheidung des Obersten US-Gerichtshofs im Fall *Obergefell v. Hodges*, die den durch den 14. Verfassungszusatz gewährten Schutz auch auf die gleichgeschlechtliche Ehe ausweitete.

Hätten sich die Gründer der Vereinigten Staaten lediglich ein Ziel gesetzt – nämlich die Unabhängigkeit –, hätten sie sich nach dessen Erreichen ein Bier holen, sich die Zeit mit Kegeln und anderen Spielen vertreiben und sich dabei gegenseitig vorschwärmen können, wie toll es war, dass sie den Krieg gewonnen hatten. Doch so kam es nicht. Stattdessen setzten sie sich hin und erarbeiteten eine Verfassung (die erst sieben Jahre nach dem offiziellen Ende des Unabhängigkeitskriegs vollständig ratifiziert wurde), um für die Zukunft eine Sammlung beständiger Grundsätze festzuschreiben, die ihre große, kühne, idealistische Zukunftsvision schützen und voranbringen sollten. Und seit Feder und Tinte das Papier berührten, setzen sich Amerikaner dafür ein, diese Vision zu bewahren und zu fördern ... und das werden sie auch weiterhin, solange wir den Willen und die Mittel dazu haben. Amerikas gerechte Sache ist noch nicht vollständig realisiert, und aus praktischen Gründen wird sie das auch niemals sein. Doch wir arbeiten daran, bis wir sterben. Und nur darauf kommt es an.

Tatsächlich sind die Abschaffung der Sklaverei, das Frauenwahlrecht, das Bürgerrechtsgesetz und Schwulenrechte ein paar der ganz großen Schritte, die unser Land vollzogen hat, um seine Sache Wirklichkeit werden zu lassen. Zwar ist jede einzelne der betreffenden Bewegungen für sich genommen unendlich und längst nicht abgeschlossen, doch sie stellen dennoch einen eindeutigen Schritt auf dem Marsch der Nation in Richtung der Ideale dar, die die Unabhängigkeitserklärung verkörpert. Es ist wichtig, unsere Siege zu feiern, doch wir dürfen uns nicht auf unseren Lorbeeren ausruhen. Das unendliche Spiel läuft nämlich weiter, und es ist noch viel zu tun. Die Etappensiege müssen uns als Meilensteine unseres Fortschritts auf dem Weg zu einer idealisierten Zukunft dienen. Sie eröffnen uns einen Blick darauf, wie diese Zukunft aussehen könnte, und inspirieren uns, weiterzumachen.

Genau so fühlt sich die idealisierte Entwicklung einer gerechten Sache an – ganz gleich, wie weit wir bereits gekommen sind, wir haben stets das Gefühl, dass noch ein weiter Weg vor uns liegt. Stellen Sie sich die gerechte Sache als Eisberg vor: Wir sehen immer nur die Spitze, nämlich das bisher Erreichte. In einem Unternehmen sind es oft die Gründer oder ersten Leistungsträger, die das klarste Bild von der unbekannten Zukunft haben, das sonst noch keiner sieht. Je klarer die gerechte Sache formuliert wird, desto wahrscheinlicher zieht sie Innovatoren und frühe Anwender an und desto attraktiver ist sie für diese – also für Menschen, die bereit sind, als Pioniere Risiken einzugehen, um etwas voranzutreiben, das vorerst quasi nur in ihrer

Vorstellungskraft existiert. Mit jedem Erfolg gibt der Eisberg anderen ein bisschen mehr von sich preis – die Vision wird dann für andere sichtbarer. Erleben sie, wie sich eine Vision nach und nach realisiert, werden aus Skeptikern Gläubige. Die Möglichkeiten, die das eröffnet, faszinieren immer mehr Menschen, die bereitwillig Zeit und Kraft, Ideen und Talent opfern, um der Sache weiterzuhelfen. Doch ganz gleich, wie viel wir von dem Eisberg sehen können – unsere Führungsgremien haben die Aufgabe, uns vor Augen zu führen, dass das allermeiste noch unentdeckt unter der Oberfläche schlummert. Ungeachtet aller Erfolge, die wir möglicherweise bereits gefeiert haben, gilt: Die gerechte Sache, für die wir uns einsetzen, liegt nicht hinter uns, sondern noch vor uns.

Sie haben Ihre gerechte Sache gefunden? Dann legen Sie sie schriftlich nieder

Die Gründerväter der Vereinigten Staaten waren überlebensgroß. Sie lebten und atmeten ihre gerechte Sache. Das ist oft auch bei Managern in der Wirtschaft der Fall, die in der Lage sind, andere zu begeistern. Doch was, wenn diese charismatischen Hüter der Sache weiterziehen, ausscheiden oder sterben? Ich bin immer wieder überrascht, wie viele visionäre Führungspersönlichkeiten es nicht für nötig halten, ihre Sache auszuformulieren oder schriftlich niederzulegen. Weil ihnen ihre Vision klar ist, meinen sie, dass das für alle im Unternehmen gilt. Doch ganz so ist das natürlich nicht.

Wird eine gerechte Sache nicht schriftlich ausformuliert, steigt das Risiko, dass sie sich mit der Zeit verwässert oder ganz verflüchtigt. Und ohne die gerechte Sache ist ein Unternehmen wie ein Schiff ohne Kompass – es kommt vom Kurs ab. Der Fokus verlagert sich von jenseits des Horizonts auf die Instrumente vor den Augen. Ohne eine gerechte Sache, die Orientierung gibt, schleicht sich endlichkeitsorientiertes Denken ein. Die Führungsriege feiert sich dafür, wie schnell sie unterwegs ist oder wie viele Meilen sie schon zurückgelegt hat, übersieht dabei aber, dass ihre Reise ziel- und sinnlos ist.

In Papierform kann eine gerechte Sache von einer Generation zur nächsten weitergereicht werden – anders als der Instinkt des Gründers. Wie bei der Unabhängigkeitserklärung erhöht die Niederschrift einer Sache enorm die Chancen, dass sie überlebt und auch künftige Generationen anleitet und inspiriert, wenn die Gründer und alle, die die Gründer persönlich kannten, nicht mehr da sind. Es ist derselbe Unterschied wie zwischen einem mündlichen und einem schriftlichen Vertrag. Beide sind rechtsgültig und durchsetzbar, doch liegt ein Vertrag in Schriftform vor, verhindert das Unklarheiten oder Uneinigkeit über seine Bedingungen ... vor allem im Hinblick auf die Menschen, die nicht dabei waren, als er geschlossen wurde.

Mit dem Kompass in der Hand, den Blick weit über den Horizont hinaus gerichtet, kann die Abfolge von Kapitänen die jeweils geltenden technischen, politischen und kulturellen Normen leichter durchschiffen, wenn der Gründer nicht mehr präsent ist.

Drittes Kapitel

GUTE SACHE ODER SCHLECHTE SACHE – DAS IST HIER DIE FRAGE

Spielen wir schnell eine Runde »Gute Sache. Schlechte Sache.«

Dass allem Anschein nach immer mehr Unternehmen begreifen, wie wichtig es ist, ein konkretes Anliegen ins Zentrum ihrer Tätigkeit zu stellen, ist durchaus positiv. Das Problem dabei: Allzu oft ist das nur Augenwischerei. Manche formulieren ihre Anliegen sogar entsprechend, und diese erfüllen durchaus das eine oder andere Kriterium einer gerechten Sache. Doch wenn nicht alle fünf Kästchen abgehakt sind, ist die Sache eben doch nicht gerecht.

Gelingt es nicht, eine echte gerechte Sache vorzubringen, so liegt das häufig an denselben Ursachen. Manchmal beruft sich der visionäre, von seinem Anliegen getriebene Anführer versehentlich auf das Falsche, weil er nicht die richtigen Worte für seine Zukunftsvorstellungen findet. (Wie das besser geht, haben Sie im zweiten Kapitel erfahren.) In anderen Fällen möchte der Chef seine Leute gerne glauben machen, er sei von einem Anliegen beseelt, während er in Wirklichkeit gar keine Vision hat. Zu den gängigen vorgespielten Anliegen zählen kühne Gedankenspiele, der Drang, »der Beste zu sein«, oder die Verwechslung von »Wachstum« und Zielorientierung. Nicht selten betrachten Organisationen auch ihre soziale Verantwortung (Corporate Social Responsibility oder kurz CSR) fälschlicherweise als gerechte Sache. Im endlichen Spiel kann all das funktionieren oder auch nicht, doch im unendlichen Spiel führt es keinesfalls dazu, dass eine Organisation überlebt und gedeiht.

Diese Fallen müssen unbedingt erkannt werden, denn sie sind Warnhinweise: Eine Organisation wird keineswegs auf die Teilnahme am unendlichen Spiel vorbereitet, wenn sie die betreffenden Ziele verfolgt. Diese sorgen vielmehr unmittelbar dafür, dass sie ihrer auf Endlichkeit gepolten Geisteshaltung verhaftet bleibt. Sie sollten aber noch aus einem ganz anderen Grund aufgedeckt werden: damit wir sicher sagen können, ob wir uns tatsächlich für eine gerechte Sache einsetzen. Andernfalls müssen wir nämlich ans Reißbrett zurückkehren. Vielleicht können wir so von vornherein vermeiden, uns der falschen Sache zu widmen. Eine Organisation im Dienst einer falschen Sache ist nicht von Haus aus schlecht, sondern muss vielleicht nur noch ein bisschen an sich arbeiten. Wer in der Lage ist, zu erkennen, dass er ein falsches Anliegen fördert, kann Investoren, Beschäftigten und Verbrauchern viel Leid ersparen. Merken wir, dass eine Organisation doch keine gerechte Sache verfolgt, können wir das ändern.

Eine wirklich gerechte Sache spricht uns auf zutiefst persönlicher Ebene an und muss auch für alle, die sie vertreten, sehr persönlich sein. Je persönlicher, desto größer die Chance, dass sie unsere Leidenschaft entfachen kann. Wird eine gerechte Sache nur formuliert, um das Image einer Marke zu fördern, engagierte Mitarbeiter anzuwerben oder ein kürzerfristiges Ziel zu erreichen wie eine Kaufentscheidung, ein Abstimmungsergebnis oder eine Fördermaßnahme, dürfte der Effekt schnell verpuffen. Wer bei einer Organisation arbeitet oder mit ihren Mitarbeitern zu tun hat, merkt schnell, ob ihm dort eine gerechte Sache präsentiert wird, von der alle überzeugt sind, oder nur leere Worte.

Der Griff nach den Sternen: keine gerechte Sache

Er bot uns etwas an, woran wir glauben konnten. Etwas, das größer war als wir. Etwas, wofür wir Opfer zu bringen bereit waren. »Wir haben uns entschlossen, zum Mond zu fliegen«, sagte Präsident John F. Kennedy. »Wir haben uns entschlossen, in diesem Jahrzehnt zum Mond zu fliegen ... nicht, weil es einfach ist, sondern weil es schwer ist, weil dieses Ziel dafür sorgt, dass wir unsere Kräfte und Kompetenzen optimal einsetzen und messen, weil wir bereit sind, diese Herausforderung anzunehmen – und zwar jetzt –, und weil wir sie erfolgreich meistern wollen.«[1] Nur reichlich acht Jahre, nachdem Kennedy das Land zum ersten Mal mit dieser Herausforderung konfrontierte, machte Neil Armstrong einen »kleinen Schritt für einen Menschen, aber einen riesigen Sprung für die Menschheit«.

Das sogenannte »Moonshot Thinking« wird oft von Führungspersönlichkeiten heraufbeschworen, die andere dazu animieren möchten, das scheinbar Unmögliche zu versuchen. Und weil solche »Moonshots« in vieler Hinsicht als gerechte Sache durchgehen, funktioniert das gewöhnlich auch. Kennedys »Moonshot« war ebenso affirmativ wie konkret. Er war inklusiv, serviceorientiert und auf jeden Fall ein Opfer wert. Unendlich war er jedoch nicht. So groß die Herausforderung auch war, und so unmöglich es erschien, sie zu bewältigen – der »Moonshot« war ein erreichbares, endliches Ziel. Er ist kein künftiger Idealzustand, sondern eher das, was Jim Collins (Autor von *Good to Great,* deutsche Fassung *Der Weg zu den Besten* und *Built to Last,* deutsch *Immer erfolgreich)* als BHAG (big, hairy, audacious goal) bezeichnet – als kühnes, herausforderndes, »haariges« Fernziel.[2] So ein BHAG lässt sich leicht mit einer gerechten Sache verwechseln, denn es kann in der Tat unglaublich inspirierend sein, und seine Umsetzung nimmt oft mehrere Jahre in Anspruch. Doch das Spiel geht auch dann noch weiter, wenn der Flug zum Mond gelungen ist. Sich einfach ein weiteres großes, kühnes Ziel zu setzen, ist kein unendliches Spiel, sondern schlicht ein nächstes endliches Vorhaben.

Auf den Betriebsversammlungen von GE, den sogenannten Townhall Meetings, äußerten manche Mitarbeiter besorgt, dass das Unternehmen zu sehr auf kurzfristige Ziele ausgerichtet sei. Darauf antwortete der damalige CEO Jack Welch gern: »Langfristig bedeutet nichts anderes als kurzfristig in Serie.«[3] Bringen Beschäftigte bei einem CEO solche Bedenken vor, dann wollen sie vermutlich in Wirklichkeit wissen: Wozu das alles? Was bringt all unsere harte Arbeit außer Kennzahlen und materiellen Gegenleistungen? Mit seiner Antwort machte Welch deutlich, dass es für ihn kein übergeordnetes Anliegen gab. Das Ziel war lediglich, Leistung zu bringen – immer und immer wieder. Welch gab sich mit endlichen Einzelerfolgen zufrieden. Nur leider ist die Wirtschaft ein unendliches Spiel. Das bedeutet: Auf jede kurze Frist folgt eine nächste.

Von einem Ziel zum nächsten zu springen kann eine Zeitlang recht lustig sein, doch wenn das alles ist, löst der Erfolg bald nicht mehr dieselbe Begeisterung aus. Die Spannung geht verloren. Mir begegnen immer wieder Topmanager, die ganz offensichtlich unter »Endlichkeitserschöpfung« leiden. Weil sie Erfolg hatten und für jedes erreichte Ziel fürstlich honoriert wurden, hielten sie sich an dieses Muster. Im Zuge ihrer Karriere gaben sie dann jeden Gedanken daran auf, dass ihre Arbeit zu etwas Größerem beitragen würde – zugunsten eines ewigen Konkurrenzkampfs oder eines Hamsterrades oder einer anderen wenig erfüllenden Metapher von einem gehetzten Nagetier. Ein endlicher Sieg nach dem anderen führt nicht automatisch zur Unendlichkeit.

Eine gerechte Sache muss eine Antwort auf folgende Frage geben: Wie sieht die unendliche, dauerhafte Vision aus, zu der ein »Moonshot« beiträgt? Eine gerechte Sache liefert den Kontext für alle unsere übrigen großen und kleinen Ziele. Sämtliche unserer endlichen Erfolge müssen dazu beitragen, die gerechte Sache voranzubringen. Beschäftigen wir uns zu intensiv mit einem endlichen Ziel – ganz gleich, wie mitreißend dieses ist –, riskieren wir, Entscheidungen zu treffen, die nur unter endlichen Aspekten taugen, doch auf lange Sicht Schaden bringen können.

Kennedys »Moonshot« stand im Zusammenhang mit der größeren unendlichen Vision, die von Amerikas Gründervätern skizziert worden war: dass unser Fortschritt nicht nur ein paar wenigen nützen soll, sondern vielen. Im Vorlauf zu der Herausforderung zum »Moonshot« lieferte Kennedy den unendlichen Kontext für das endliche Ziel: »Wir segeln in dieses unbekannte Gewässer, weil wir daraus neue Erkenntnisse gewinnen und uns neue Rechte aneignen können – und diese müssen für den Fortschritt aller Menschen gewonnen und eingesetzt werden.« Diese Überzeugung stand hinter vielen von Kennedys Zielen – einschließlich des Vorhabens, einen Mann auf den Mond und wieder sicher nach Hause zu befördern. Solche »Moonshots« faszinieren für eine gewisse Zeit, doch diese Faszination hat ein Verfallsdatum. »Moonshots« sind kühne, mitreißende, endliche Ziele *im Rahmen* des unendlichen Spiels – nicht *an seiner Stelle.*

Der Beste sein: keine gerechte Sache

»Wir werden auf allen unseren Märkten weltweit führend sein, und unsere Produkte werden wegen ihres überzeugenden Designs, ihrer überdurchschnittlichen Qualität und des besten Preis-Leistungs-Verhältnisses gefragt sein.«[4] So oder ähnlich liest sich die typische Erklärung zur Vision oder Mission eines Unternehmens. In diesem

Fall stammt sie von Garmin, einem Hersteller von Navigationssystemen für alle möglichen Kunden, vom Läufer bis zum Piloten. Es gibt zwar Dutzende von Abwandlungen, doch die Formel ist im Grunde immer dieselbe: Wir sind die Besten, und alle wollen unsere Produkte, weil unsere Produkte die besten sind ... und »etwas bieten für ihr Geld« (ein unverzichtbarer Punkt).

Noch einmal: Grundsatzerklärungen zur Vision oder Mission fungieren als Kompass. Sie geben uns eine Richtung vor. Weil es aber keine Standards zum Verfassen solcher Erklärungen gibt, sehen diese inzwischen allzu häufig so aus wie gerade beschrieben. Allgemein und pauschal formuliert, haben sie für ein Unternehmen, das weiter denken möchte, wenig Wert. »Die Besten zu sein« und ähnliche Aussagen sind egozentrische Formulierungen, die das Unternehmen (als Hauptnutznießer) in den Mittelpunkt der Vision stellen. Doch dadurch gewinnt es für seine Kunden nicht an Bedeutung. Die Kunden beziehungsweise der ihnen gebotene Wert finden gewöhnlich erst ganz am Ende der Erklärung Erwähnung. Indem die egozentrische Aussage vorangestellt wird, lenkt sie die Aktivitäten der Führungskräfte nach innen – statt auf die Menschen, die das Produkt letztlich (vielleicht) kaufen. Und dass Menschen ein Produkt kaufen oder mögen, heißt noch lange nicht, dass sie an die Sache glauben (oder diese überhaupt kennen).

Für Führungskräfte, die nur bis zu einem bestimmten Ziel denken, ist ein erfolgreiches Produkt häufig gleichbedeutend mit einem starken Unternehmen. Nach der gleichen Logik müssten die Eigentümer der Los Angeles Lakers ihre Mannschaft für herausragend halten, weil LeBron James herausragend ist. Ein Ausnahmespieler, ein Kassenschlager oder eine Killer-App bedeutet nicht, dass wir für das unendliche Spiel gerüstet sind. Visionen, in deren Mittelpunkt ein Produkt steht, sind nur brauchbar, solange kein besseres Produkt auf den Markt kommt, die Marktlage unverändert bleibt und keine neue Technologie erfunden wird. Tritt aber das eine oder andere ein, steht das Unternehmen mit einer Vision da, die es an einem veralteten Geschäftsmodell festhalten lässt, und ist blind für die Chancen, die es nutzen könnte. Genau das ist offenbar bei Garmin passiert.

2007 war Garmin möglicherweise »der Beste« – der globale Marktführer für eingebaute Navigationsgeräte für Autos und Boote. Mit zunehmender Zuverlässigkeit und Leistungsfähigkeit der Smartphones ging der Bedarf an eigenständigen Navigationsgeräten jedoch zurück, und das Unternehmen geriet entsprechend unter Druck. Sein Wert ist seit 2007 um mehr als zwei Drittel zusammengeschmolzen. Wenn Garmin – wie es der Fall war – die Schuld schlicht dem Aufkommen und der Allgegenwart der Smartphones zuschreibt, macht sich das Unternehmen die Sache zu leicht. Was man dort übersah: Es war die eigene Vision, die das Unternehmen auf seine Produkte ausrichtete. Dadurch verpasste es die Chance, die ihm das Smartphone bot. Hätte es sich primär mit dem Wertangebot an seine Kunden beschäftigt, hätte es die Chance ergreifen können, *die* Navigationsapp für Mobilfunkgeräte zu entwickeln, als diese noch offenstand. Die Marke war seinerzeit fraglos stark genug. Stattdessen fokussierte man sich bei Garmin weiter auf das bisherige Geschäftsmodell. Deshalb heißen die Standard-Navigationsapps in unseren Handys jetzt Google Maps oder Apple Maps. Doch so hätte es nicht kommen müssen. Eine gerechte Sache sollte dem Geschäftsmodell vorausgehen – nicht umgekehrt.

Gründet sich die erklärte Vision oder Mission eines Unternehmens auf das Produkt, kann sich das auch negativ auf die Unternehmenskultur auswirken. Stellt ein Unternehmen sein Produkt über alles andere, wie in Technologiefirmen durchaus üblich, kommen sich alle Beschäftigten, die keine Techniker oder Produktdesigner sind, im eigenen Unternehmen wie Mitarbeiter zweiter Klasse vor (und werden manchmal auch so behandelt). Einer Organisation ist aber besser gedient, wenn allen – auch den Buchhaltern, Support-Kräften oder Kundenbetreuern – das Gefühl vermittelt wird, dass sie nicht nur da sind, um die Bedürfnisse der Techniker oder Produktentwicklungsteams zu erfüllen. Sie möchten sich ebenfalls als wertvolle Teammitglieder fühlen, die zusammen auf etwas hinarbeiten, das größer ist als das Produkt – und auch größer als sie selbst.

Der Beste zu sein, kann gar keine gerechte Sache sein, denn selbst wenn wir (unseren willkürlich festgelegten Kennzahlen und Zeithorizonten zufolge) die Besten sind, ist diese Position nicht auf Dauer angelegt. Das Spiel ist nicht vorbei, wenn wir bestimmte Punkte erreicht haben. Es geht noch weiter. Und weil es weitergeht, finden wir uns plötzlich in der Situation wieder, dass wir defensiv spielen müssen, um unsere begehrte Position zu halten. Die Aussage »Wir sind die Besten« mag sich perfekt für Motivationsansprachen zur Teambildung eignen, doch sie ist ein schwaches Fundament, um darauf ein Unternehmen aufzubauen. Manager, die weiter denken, wissen, dass dieses Prädikat nicht von Dauer ist. Sie streben stattdessen danach, »besser« zu sein. »Besser« steht für laufende Optimierung und gibt uns das Gefühl, dass wir dazu aufgefordert sind, unsere Fähigkeiten und Kräfte entsprechend einzubringen. »Besser« ist ein einem unendlichen Spiel besser als »am besten«.

Wachstum: keine gerechte Sache

Stellen Sie sich vor, Sie kommen eines Morgens aus dem Haus und sehen, wie Ihr Nachbar sein Auto vollpackt. »Na, wo soll's denn hingehen?«, fragen Sie. »In den Urlaub«, entgegnet er. »Wie schön. Wohin fahren Sie denn?«, haken Sie neugierig nach. »In den Urlaub. Das habe ich doch schon gesagt«, wiederholt er. »Schon klar«, sagen Sie, »aber wohin?« Darauf Ihr Nachbar leicht genervt: »Na, in den UR-LAUB!«[5]

Sie merken, dass Sie so nicht weiterkommen. Also ändern Sie Ihre Strategie. »Schön, aber welche Strecke fahren Sie denn?« Prompt teilt Ihnen Ihr Nachbar seine Pläne mit: »Ich nehme die I-90 und will jeden Tag 300 Meilen schaffen.«

Lautet die Frage: »Was ist das Anliegen Ihres Unternehmens? Wofür ist es eigentlich da?«, und als Antwort wird Ihnen »Wachstum« angeboten, dann ähnelt das sehr der Replik »Urlaub« Ihres Nachbarn auf die Frage nach seinem Fahrziel. Wenn die Topmanager wachstumsorientierter Unternehmen ihre Wachstumsstrategien und -ziele herunterrasseln, ist das, als würden sie erzählen, welche Route sie nehmen und wie viele Meilen sie pro Tag zurücklegen wollen. Es verrät Ihnen nicht, warum sie sich überhaupt auf den Weg machen oder wohin die Reise gehen soll. Und es vermittelt auch keinen breiteren Kontext oder tieferen Sinn dieses Wachstums.

Geld ist nur der Treibstoff, um eine Sache voranzubringen – nicht die Sache an sich. Wachsen wollen wir, damit wir mehr Treibstoff haben, um unsere Sache voranzubringen. Wir kaufen uns ja auch kein Auto, nur damit wir mehr tanken können. Ebenso müssen Unternehmen mehr Wert bieten als ihre Fähigkeit, Geld zu verdienen. Wie ein Auto ist auch ein Unternehmen für alle Beteiligten mehr wert, wenn es uns irgendwohin befördert, wo wir sonst nicht hinkämen. Unser Ziel ist dabei die gerechte Sache.

Wohlgemerkt sind viele der Ziele, die Unternehmen angeben, in aller Regel sehr willkürlich gewählt oder übertrieben ehrgeizig. Besonders in der Start-up-Welt gilt: Das Streben nach Milliardenbewertungen ist kein Indikator für die Gesundheit eines Unternehmens, das auf Dauer angelegt ist.[6] Diesen Standard haben wir der Wagniskapitalbranche zu verdanken (denn sie verdient an Bewertungen). Eine starke Kultur und die Fähigkeit, sich selbst zu finanzieren (auch als Rentabilität bezeichnet) sind in Wirklichkeit die Grundlage für eine langfristige Existenz. Außerdem sorgt der ständige Drang nach Hyperwachstum auf reifen Märkten für Probleme – also Märkten, auf denen das Produkt, die Technologie oder das Unternehmen nichts Neues oder Besonderes mehr sind, sondern akzeptiert und allgegenwärtig. Für Unternehmen, die auf solchen Märkten tätig sind – wie Sears oder GE –, sind die Optionen nicht reizvoll, wenn sie weiter an einer Wachstum-um-jeden-Preis-Mentalität festhalten.[7] Viele gehen dann in die Defensive, lassen Geld an die Aktionäre zurückfließen, um diese bei Laune zu halten, oder betreiben den Rückkauf eigener Aktien, um ihren Aktienkurs künstlich hoch zu halten. Wachstum durch Fusionen oder Übernahmen ist für reife Unternehmen, die endlich denken, oft die einzige Möglichkeit, weiterhin hohe Wachstumsraten auszuweisen. Dadurch können sie sich vielleicht einen kurzfristigen Höhenflug auf dem Aktienmarkt sichern. Wie *Harvard Business Review* und viele andere berichten, sind »70 bis 90 Prozent aller Übernahmen« aber »katastrophale Fehlschläge«.[8]

Wer Wachstum um seiner selbst willen zur Sache erklärt, ist wie ein Mensch, der nur isst, um dick zu werden. Das Management wird dadurch gedrängt, Strategien in Erwägung zu ziehen, die für Wachstum sorgen, ohne darüber nachzudenken, welchem Zweck dieses Wachstum dient. Wie ein Mensch bekommt auch eine Organisation, die isst, um dick zu werden, erwartungsgemäß früher oder später gesundheitliche Probleme. Wird Wachstum zum Anliegen, so führt das häufig zu einer ungesunden Kultur, in der es nur um kurzfristige Zahlen und Eigennutz geht, während Vertrauen und Gemeinschaftsgeist leiden. Wachstum ist ein Ergebnis – kein Anliegen. Es ist eine Wirkung, kein Daseinszweck. Geht es uns um eine gerechte Sache, dann sind wir bereit, unsere eigenen Interessen hintanzustellen, um die Sache voranzubringen. Ist aber Geld oder Wachstum unser Anliegen, opfern wir vermutlich eher andere oder die Sache selbst, um unsere Interessen zu wahren. Abgesehen davon kann nichts immer nur wachsen. Ballons und Blasen platzen irgendwann … auch finanzielle.

Soziale Verantwortung: keine gerechte Sache

Das Unternehmen warb mit all dem Guten, das es der Gesellschaft getan hat. Es erzählte von den Menschen, die von den Stipendien profitierten, die es finanzierte. Es wollte seine Kunden und Beschäftigten wissen lassen, dass es ihm um die Menschen ging. Und das wäre alles gut und schön gewesen, wenn die 60.000 Menschen, die de facto dort arbeiteten, nicht einer so kopflastigen, toxischen Raubtierkapitalismuskultur ausgeliefert gewesen wären.

Ein Programm für unternehmerische Sozialverantwortung (CSR) ist keine gerechte Sache. Und ein Unternehmen hat sich nicht einer gerechten Sache verschrieben, weil es Walkathons sponsert, Spenden verteilt oder Mitarbeiter für ehrenamtliche Tätigkeiten freistellt. Und auch nicht, weil es seine Produkte an Menschen verschenkt, die sich diese nicht leisten können.

Im Wirtschaftsjargon stehen CSR-Programme meist für gemeinnütziges Engagement. So ein CSR-Programm ist natürlich toll und lobenswert für jedes Unternehmen, das keine Wohltätigkeitsorganisation ist, aber es ist eben nur ein Teil dessen, was dieses Unternehmen tut. Das CSR-Programm muss jedoch in die breitere Strategie einfließen, um die gerechte Sache zu fördern. Wie das Unternehmen sein Geld verdient und ausgibt – beides muss einen Beitrag zur gerechten Sache leisten. »Sachbezogene Arbeit« macht so ein Unternehmen nicht nebenher. Sie muss im Zentrum seines Daseins stehen. Der Dienst am Menschen ist mehr als ein Schönheitsfaktor. Er ist ein Grundpfeiler. Noch so viel soziale Verantwortung kann einen exzessiven, endlich geprägten Fokus nicht ausgleichen, der die übrige Unternehmenskultur durchsetzt.

Auf Endlichkeit orientierte Manager können die besten Absichten haben – ihr Blickwinkel ist oft davon geprägt, »Geld zu verdienen, um Gutes zu tun«. Ein uneingeschränkter Blick auf Dienstleistung sieht jedoch anders aus: »Gutes tun, indem man Geld verdient« (wobei es auf die Reihenfolge ankommt). Ich tue dadurch Gutes, wie ich mein Leben lang mit anderen umgehe und der Gemeinschaft diene, und baue dabei dennoch eine finanzkräftige Organisation auf. Das ist weniger eine Gleichung als ein Lebensstil. Solche Menschen und Unternehmen verstehen sich als fürsorgliche Verwalter der Leben derer, die für sie arbeiten, und der Gemeinschaften, in denen sie tätig sind. Was sie im Laufe und am Ende ihres Lebens weitergeben, ist quasi die logische Folge dessen, was sie jahrzehntelang getan haben – nicht der Versuch, vergangenes Unrecht wiedergutzumachen. Der Unterschied liegt in der Einstellung der Unternehmensführung.

Viertes Kapitel

DIE HÜTER DER SACHE

Sam Walton hatte bei der Gründung von Walmart 1962 eine ganz einfache Vorstellung: Er wollte dem durchschnittlichen amerikanischen Arbeitnehmer zu Diensten sein, indem er ihm »jederzeit und überall die günstigsten Preise« bot. Am Ende seines Lebens beschrieb Walton seine Vision folgendermaßen: »Zusammen können wir die Lebenshaltungskosten für alle senken ... und der Welt die Möglichkeit geben, zu sehen, wie es ist, Geld zu sparen und besser zu leben.«[1] Solange Walton am Ruder stand, wurden alle Entscheidungen beim Aufbau von Walmart – von den Standorten der Filialen bis hin zu ihrer Größe – in erster Linie im Hinblick auf dieses Anliegen getroffen. Die Folge: Die Menschen *liebten* Walmart – und zwar sowohl die Beschäftigten als auch die Kunden. Jeder wollte eine Walmart-Filiale in seiner Heimatstadt haben. Das Unternehmen wuchs, und Walton, der als Heranwachsender die Weltwirtschaftskrise erlebt hatte, wurde zu einem der reichsten Männer Amerikas.

Doch irgendwann verlor die gerechte Sache an Kontur. Als Mike Duke 2009 den CEO-Posten übernahm, war offensichtlich, dass sie nicht länger die Kraft war, die das Unternehmen antrieb. Tatsächlich war Waltons ursprüngliche Vision inzwischen kaum mehr als ein schwaches Echo in den Werbeslogans und ein paar hohle Worte an der Bürowand. Dem Unternehmen ging es nur noch um Profit, Wachstum und Dominanz – auf Kosten genau der Sache, die es eingangs zum Erfolg geführt hatte.

Mike Duke stand bei Walmart in dem Ruf eines Effizienzexperten. Als bekannt gegeben wurde, dass Duke sein Nachfolger werden würde, stammelte der damalige CEO H. Lee Scott Jr. nur: »Ich dachte – und ich glaube, der Verwaltungsrat dachte das auch –, dass man das Unternehmen besser managen könnte. Mike ist nicht nur eine fähige Führungskraft, sondern auch ein richtig guter Manager.« Wenn sich der Verwaltungsrat erhoffte, Managementprobleme in den Griff zu bekommen oder die Performance zu steigern, dann war Mike Duke womöglich der perfekte Kandidat, um die Zügel zu übernehmen … auf kurze Sicht jedenfalls. Ging es dem Verwaltungsrat aber darum, dass Sam Waltons gerechte Sache verwässert worden war, dann war Mike Duke so ungefähr der Letzte, der das Unternehmen wieder auf Kurs bringen konnte.

Dukes eigene Worte, mit denen er seine Berufung annahm, offenbarten die Geisteshaltung, mit der er das Unternehmen führen würde: »[Walmart] ist in der modernen Wirtschaft hervorragend aufgestellt, steigert seinen Marktanteil und seinen Gewinn und ist für seine Kunden wichtiger denn je«, äußerte er in einer Pressemitteilung zu seiner Ernennung. »Unsere Strategie ist solide und unser Managementteam ausgesprochen fähig. Ich bin sicher, dass wir unseren Aktionären auch weiterhin Wertschöpfung bieten, unseren über 2 Millionen Geschäftspartnern immer mehr Chancen und unseren 180 Millionen Kunden weltweit helfen werden, Geld zu sparen und besser zu leben.«[2]

Achten Sie auf die Reihenfolge! Dukes erster Gedanke galt der Steigerung von Marktanteil und Gewinn. Er spricht zwar von der Bedeutung für die Kunden, erwähnt aber erst ganz am Ende seiner Mitteilung, dass es darum geht, ihnen Wert zu liefern. Das ist ein bezeichnender menschlicher Wesenszug: Die Reihenfolge, in der jemand Informationen gibt, verrät meistens, wo seine eigentlichen Prioritäten liegen und worauf seine Strategie ausgerichtet ist. Während Sam Walton die Interessen der Menschen voranstellte, kam bei Mike Duke die Wall Street an erster Stelle.

Unter Dukes Führung stieg der Aktienkurs von Walmart … zumindest eine Zeitlang. Doch wenn Zahlen wichtiger werden als Menschen, fordert das seinen Tribut. Die einst so beliebte Marke sah sich gleich mehrfach in Skandale verwickelt, bei denen es um die Behandlung von Belegschaft und Kunden ging. 2011 geriet Walmart ins Visier der größten Sammelklage gegen Diskriminierung am Arbeitsplatz, die je angestrengt wurde – und zwar von Mitarbeiterinnen, die nach eigenen Angaben Opfer systematischer Benachteiligung bei Bezahlung und Beförderung waren. 2012 kam es zu Arbeitsniederlegungen und Protesten von Beschäftigten. Ihre Forderungen: ein würde- und respektvoller Umgang und ein Lohn, von dem man leben konnte. Hatten sich Kommunen früher dafür stark gemacht, dass bei ihnen ein Walmart angesiedelt werden sollte, gab es inzwischen eine Gegenbewegung. So gerieten Expansionspläne in Denver und New York durch Massenproteste ins Stocken. Außerdem befasste sich der Kongress mit Vorwürfen, Walmart habe im Ausland Amtspersonen bestochen, um sich dort Vorteile zu verschaffen.[3] Dass die Moral im Unternehmen einen Tiefpunkt erreichte und die Liebe, die die Menschen den Läden entgegengebracht hatten, der Verachtung wich, versteht sich von selbst.

Was Walmart passiert ist, ist in börsennotierten Unternehmen keine Seltenheit – selbst in solchen, die sich für eine gerechte Sache einsetzen.[4] Unter dem Druck der Wall Street gelangen allzu oft Manager in höchste Führungspositionen, die auf Endlichkeit orientiert sind. Dabei brauchen wir in Wirklichkeit visionäre Topmanager an der Spitze, die weiter denken. Ein bereits angesprochenes Beispiel war Steve Ballmer. Ein weiteres war John Sculley, der 1983 bei Apple Steve Jobs ablöste. Statt sich weiter der Aufgabe zu widmen, die Sache voranzubringen, konzentrierte sich Sculley verstärkt auf die direkte Konkurrenz mit IBM. Dadurch beschädigte er die Unternehmenskultur so stark, dass Apples Innovationsfähigkeit litt. Bei Home Depot übernahm im Jahr 2000 Robert Nardelli die Führung, nachdem ihm der CEO-Job bei GE verwehrt worden war. (Dort hatte man ihm den Spitznamen »Little Jack« verpasst, weil er so bemüht war, Jack Welch nachzueifern, dem er gern auf den CEO-Sessel gefolgt wäre). Seine erbarmungslose Kostensenkungspolitik hätte die bei Home Depot herrschende Innovationskultur um ein Haar vollständig zerstört. 2004 rückte bei Dell COO Kevin Rollins nach und ersetzte CEO Michael Dell. Im Streben nach Wachstum kam es unter seiner Ägide zu der größten Entlassungswelle in der Unternehmensgeschichte, zu einem Anstieg der Kundenbeschwerden und zu Ermittlungen der Börsenaufsicht zur Bilanzierung. Die Genannten waren ausnahmslos qualifizierte Manager, doch durch ihre endlichkeitsgeprägte Mentalität für die ihnen übertragenen Aufgaben ungeeignet. Im Falle von Apple und Dell richteten Sculley beziehungsweise Rollins in ihren jeweiligen Unternehmen sogar solchen Schaden an, dass ihre weiter vorausschauenden Vorgänger Steve Jobs und Michael Dell zurückgeholt wurden, um zu retten, was zu retten war. Es kommt nicht darauf an, wie kompetent ein Topmanager ist, wenn er zum CEO ernannt wird. Die Frage ist vielmehr, ob er die richtige Mentalität für den Job mitbringt.

Wir brauchen einen neuen Titel

Auf der Chefetage geht aus dem Titel eines jeden Spitzenmanagers hervor, wofür er zuständig ist: Chief FINANCIAL Officer. Chief MARKETING Officer. Chief TECHNOLOGY Officer. Chief OPERATING Officer. Der Titel sagt aus, was der Betreffende zu tun und zu beaufsichtigen hat. Unter anderem soll der Titel sicherstellen, dass jeder Posten mit dem richtigen Kandidaten besetzt wird. So würde wohl kaum jemand für die Position des CFO in Betracht gezogen, der für Zahlen nichts übrig hat und keine Bilanz lesen kann. Und wer Technik verwirrend findet und zu Hause noch einen Videorekorder an seinen Fernseher angeschlossen hat, kommt eher nicht in die engere Auswahl, wenn ein CTO gesucht wird. Stellt sich die Frage: Was genau ist eigentlich ein Chief EXECUTIVE Officer?

Dass es für die Aufgaben und Zuständigkeiten des CEO in unseren Unternehmen keine klare Vorgabe gibt, ist einer der Gründe dafür, dass so viele Unternehmenslenker ein endliches Spiel spielen, obwohl sie eigentlich weiter denken sollten. Allzu oft ist es ihr Titel, der sie so schlecht auf ihren Job vorbereitet hat. Der Begriff »Executive« sagt nicht aus, wofür ein CEO verantwortlich ist.

Begriffe sind wichtig. Sie geben den Dingen eine Richtung und eine Bedeutung. Durch ein falsches Wort können sich Intentionen verändern, und schon läuft es nicht wie erhofft oder erwartet. So hielt Martin Luther King Jr. die berühmte »I have a dream«-Rede. Darin ging es nicht um einen Plan. Natürlich brauchte er einen Plan. Wir wissen, dass er sich mit anderen traf, um den Plan zu diskutieren. Doch als »CEO« der Bürgerrechtsbewegung war Dr. King nicht für die Planung zuständig, sondern für den Traum – und dafür, dass die für die Planung Zuständigen darauf hinarbeiteten, dass der Traum verwirklicht wurde.

General Lori Robinson zufolge, die bei ihrem Ausscheiden aus der US-Luftwaffe 2018 die höchstrangige Offizierin in der Geschichte der Vereinigten Staaten war, ist der Spitzenmanager in einer Organisation dafür verantwortlich, über die Organisation hinauszublicken. »Ich gehe nach oben und nach außen. Sie müssen nach unten und nach innen gehen«, beschrieb sie regelmäßig ihr Aufgabe, wenn sie ein neues Kommando übernahm.[5] Muss sich der Mann oder die Frau an der Spitze nach »oben und außen« ausrichten, dann sollte diese wichtigste aller Aufgaben auch aus dem Titel hervorgehen.

Im unendlichen Spiel sind Unternehmenschefs besser für ihre Aufgaben gerüstet, wenn sie wissen, dass sie die Rolle eines »Chief Vision Officers« übernehmen müssen – kurz CVO. Das ist die Hauptaufgabe der Person ganz oben an der Spitze. Sie muss die Vision bewahren, kommunizieren und schützen. Ihr Job ist es, dafür zu sorgen, dass alle klare Vorstellungen von der gerechten Sache haben und dass sich alle anderen Topmanager innerhalb der Organisation engagiert dafür einsetzen, diese Sache voranzutreiben. Das heißt aber nicht, dass einem auf Unendlichkeit ausgerichteten Chef die endlichen Interessen des Unternehmens gleichgültig sind. Als Hüter der Sache ist er vielmehr dafür verantwortlich, zu entscheiden, wann die Verfolgung endlicher Ziele die unendliche Vision zu stark gefährdet. Er denkt weiter als bis zu der Zahl unter dem Strich. Als ultimativer Spieler im unendlichen Spiel muss der CVO nach oben und nach außen gehen.

Die Nachfolge

In zu vielen Unternehmen gibt es heute eine streng lineare Hierarchie. Die Nummer eins ist der CEO, und als Nummer zwei gelten gewöhnlich CFO oder COO. In den meisten Unternehmen versteht sich der CFO oder COO automatisch als nächster Anwärter auf den »Topjob«. Dazu Michael Dinkins, der 17 Jahre lang unter Jack Welch bei CE tätig war:

> *Ein Grund, aus dem viele CFOs auf den CEO-Posten befördert werden, ist meiner Ansicht nach, dass der CFO eine der wenigen Positionen mit Überblick über das gesamte Unternehmen innehat. Er sieht alles, was im Unternehmen vorgeht. … Er kennt die Abläufe im Unternehmen und weiß, wie viel Zeit diese in Anspruch nehmen. … Er hat Einblick in die Einstellungspolitik*

der Personalabteilung. ... Er bekommt mit, wie eine Fabrik neue Anlagen installiert. ... Er weiß um die Qualitätskontrollsysteme im Unternehmen. ... Er hat das ganze Unternehmen im Blick, und das ist ein Vorteil.[6]

Dinkins Ausführungen sind durchaus logisch – wenn wir es auf taktische, endlich orientierte Führung anlegen. Nicht aber, wenn wir einen CVO suchen. Die Aufgabe eines CVO ist weder operativer noch finanzieller Natur. Der CVO ist nach oben und außen orientiert, CFO und COO dagegen nach unten und innen. Der eine muss die Unendlichkeit im Blick haben, die anderen den Geschäftsplan. Der eine malt sich die ferne, abstrakte Zukunft aus, die anderen müssen sehen, welche Schritte in der greifbaren, naheliegenden Zukunft anstehen.

Aus diesen Gründen werden die besten Organisationen oft im Tandem geleitet – von einer Doppelspitze aus dem Hüter der Vision (CVO) und dem Leiter des operativen Geschäfts (CFO oder COO). Dabei fließen sich ergänzende Kompetenzen der beiden Partner zusammen. Die Aussichten auf derartige Partnerschaften wären besser, wenn wir die formalen Hierarchien in unseren Unternehmen so anpassen würden, dass die Leute mit der richtigen Mentalität befördert werden, um die jeweiligen Aufgaben zu erfüllen. Das bedeutet, dass wir den CEO nicht länger als Nummer eins und CFO und COO nicht länger als Nummer zwei betrachten dürfen, sondern vielmehr als unabdingbare Partner, die sich für die gemeinsame Sache einsetzen. Dabei weiß keiner, wie er den Job des anderen besser erledigen könnte (weshalb sie aufeinander angewiesen sind). Schließlich waren auch Steve Ballmer, John Sculley und Kevin Rollins durchaus erfolgreich, solange sie an der Seite ihrer weiter denkenden Partner arbeiteten.

Zwar steht der CVO häufiger im Rampenlicht und erhält – zumindest öffentlich – mehr Lob, doch beide Partner verfügen über ein ausreichend starkes Ego, um sich ihrer vertrauensbasierten Partnerschaft bewusst zu sein. Der CVO weiß, dass er seine Vision nicht im Alleingang umsetzen kann und jemanden an seiner Seite braucht, wie ihn Michael Dinkins beschrieben hat. Und der COO oder CFO weiß, dass er seine Fähigkeiten effektiver und sinnvoller nutzen kann, wenn er sie einsetzt, um eine unendliche gerechte Sache voranzutreiben – eine, die größer ist als er selbst oder das Unternehmen. Es gibt historische Vorbilder für dieses Modell. Im Militär gibt es Offiziere und Mannschaften, die Seite an Seite arbeiten. Die einen haben ganz andere Aufstiegsmöglichkeiten als die anderen. Sie schlagen eine vollkommen andere Laufbahn ein. Interessenkonflikte gibt es bei der Zusammenarbeit nicht, weil keiner – auch nicht der Ranghöchste – den Job des anderen anpeilen kann. Funktioniert eine solche Partnerschaft, verwenden CVO und COO oder CFO mehr Zeit darauf, einander zu würdigen und sich zu feiern, als darauf, um Aufmerksamkeit zu buhlen.

Viele CFOs oder COOs müssen sich der unbequemen Wahrheit stellen, dass sie bereits ihr höchstes Kompetenzniveau erreicht haben. Sie sind im Finanzbereich oder im operativen Geschäft bereits die Spitzenmanager mit den höchsten Qualifikationen – und das ist toll. Sonst könnte der CVO die Vision ja nicht voranbringen. Das bedeutet aber nicht, das sie geeignet sind, ganz an die Spitze aufzurücken und leitende Visionäre zu werden. Für viele gilt: Haben sie den »Topjob« erst, tun sie weiterhin, was sie kennen und können: Sie denken eher darüber nach, wie groß ihre Unternehmen werden sollen und welche Margen, EBITDAs, Gewinne pro Aktie oder Marktanteile sie erreichen wollen (endliche Ziele), als dass sie sich freudig der neuen Verantwortung stellen, sich die Zukunft auszumalen – und die Möglichkeiten, wie das Unternehmen einer gerechten Sache dienen kann (also ein unendliches Vorhaben).

Das ist, als würde man einen Verkäufer zum Vertriebsleiter befördern. Er hat vielleicht hohe Umsätze erzielt, ist dann aber nicht länger für den Absatz zuständig, sondern muss die Vertriebsmannschaft führen. Kann er nicht umschalten, sich darauf einstellen und die neuen, für diese andere Aufgabe erforderlichen Kompetenzen erwerben, wird es Probleme geben. Ein CFO, COO oder anderer Topmanager kann ohne Weiteres CVO werden, wenn er in der Lage ist, sich auf diese neue Rolle und seine neuen Aufgaben einzulassen und sich eine auf Unendlichkeit ausgerichtete Mentalität anzueignen. Gelingt ihm das nicht, greift er vermutlich wieder auf die Kompetenzen zurück, die ihm bei seiner früheren Aufgabe gute Dienste geleistet haben. Dadurch steigt die Wahrscheinlichkeit, dass er das Unternehmen auf einen stark auf Endlichkeit ausgerichteten Kurs führt.

Ob Duke nun die Voraussetzungen mitbrachte, CVO von Walmart zu werden, oder nicht – er konnte die ihm übertragene Rolle nicht ausfüllen und Sam Waltons Vision nicht ins nächste Jahrhundert weitertragen. Sein Nachfolger Doug McMillon dagegen erwies sich als der CVO, den Walmart brauchte. Als seine Ernennung 2013 bekannt gegeben wurde, äußerte McMillon in einer Presseerklärung: »Die Chance, die Leitung von Walmart zu übernehmen, ist ein großes Privileg. Die Geschichte unseres Unternehmens ist geprägt davon, unseren Kunden weltweit Wert zu liefern, und wir werden auch weiterhin für sie da sein, wenn sich ihre Bedürfnisse steigern und verändern. Unser Managementteam ist fähig und erfahren, und unsere Strategie weckt in mir die Zuversicht, dass wir eine glänzende Zukunft haben. Indem wir unser Versprechen an die Kunden einlösen, werden wir auch für die Aktionäre Wert erwirtschaften, unseren Geschäftspartnern Chancen eröffnen und Wachstum für unser Unternehmen erzielen.«[7] McMillon listete seine Prioritäten in genau umgekehrter Reihenfolge auf wie Mike Duke, als dieser fünf Jahre zuvor auf den Chefposten aufrückte. Für McMillon stand Sam Waltons Vision an erster Stelle. Es ist spannend, zu beobachten, wie er Walmart wieder ins unendliche Spiel zurückführt.

Fünftes Kapitel

UNTERNEHMENSVERANTWORTUNG – NEU DEFINIERT

Die Wirtschaft von heute wandelt sich in schwindelerregendem Tempo. Und dieser Wandel fordert offenbar seinen Tribut. Unternehmen verschwinden in immer kürzerer Zeit von der Bildfläche. In den 1950er-Jahren betrug die durchschnittliche Lebensdauer eines Unternehmens reichlich 60 Jahre, wie Sie vielleicht noch wissen. Heute sind es keine 20 Jahre mehr. Einer Studie der Credit Suisse aus dem Jahr 2017 zufolge ist disruptive Technologie der Grund für den rasanten Rückgang der Lebensdauer von Unternehmen. Doch disruptive Technologien sind kein neues Phänomen. Die Kreditkarte, die Mikrowelle, die Blisterfolie, der Klettverschluss, das Transistorradio, der Fernseher, die Festplatte, die Solarzelle, die Glasfaser, der Kunststoff und der Mikrochip – all das wurde in den 1950er-Jahren eingeführt. Abgesehen vom Klettverschluss und von der Blisterfolie (die auf ganz andere Art disruptiv sind) sind das alles gute Beispiele für disruptive Technologien. »Disruption« ist aber wohl nicht die Wurzel des Problems, sondern nur ein Symptom für eine viel tückischere tiefere Ursache. Dass Unternehmen scheitern, ist nicht durch die Technologie zu erklären. Es geht dabei nicht so sehr um die Technologie an sich als vielmehr darum, dass die Topmanager keine Vorstellung von der Zukunft ihrer Unternehmen haben. Das ist die Folge von Kurzsichtigkeit. Und Kurzsichtigkeit ist die unweigerliche Eigenschaft von Führungskräften mit einer endlichen Mentalität. Tatsächlich lässt sich die Zunahme dieser Kurzsichtigkeit über die vergangenen 50 Jahre auf die Philosophie eines einzigen Mannes zurückführen.

In einem bahnbrechenden Artikel aus dem Jahr 1970 beschrieb der Wirtschaftsnobelpreisträger und Ökonom Milton Friedman, der als einer der ganz großen Theoretiker des Kapitalismus in seiner heutigen Form gilt, die Grundlage für die Theorie vom Primat der Aktionäre, das im Zentrum so vieler auf Endlichkeit ausgerichteter heutiger Geschäftspraktiken steht. »In einem von freiem Unternehmertum und Privateigentum geprägten System«, so schrieb er, »ist der Manager eines Unternehmens ein Angestellter seiner Eigentümer. Diesen gegenüber steht er in direkter Verantwortung. Zu dieser Verantwortung gehört, das Unternehmen ihren Wünschen entsprechend zu führen, die gemeinhin dahin gehen werden, möglichst viel Geld zu verdienen, ohne dabei gegen die gesellschaftlichen Grundregeln zu verstoßen – sowohl die gesetzlich festgeschriebenen als auch die von den guten Sitten verkörperten.«[1] Friedman behauptete sogar, dass »ein Unternehmen nur eine einzige soziale Verantwortung hat – nämlich die, seine Ressourcen einzusetzen und Tätigkeiten auszuüben, die dazu angetan sind, seinen Gewinn zu steigern, solange es sich an die Spielregeln hält.«[2] Anders formuliert ist der einzige Zweck eines Unternehmens laut Friedman, Geld zu verdienen – Geld, das den Aktionären zusteht. Diese Ideen hat der Zeitgeist inzwischen fest verinnerlicht. Dass der »Eigentümer« eines Unternehmens bei der Vorteilsnahme ganz oben in der Nahrungskette steht und das Unternehmen einzig zu dem Zweck existiert, Vermögen aufzubauen, genießt heute so breite Akzeptanz, dass wir oft stillschweigend voraussetzen, dass das Spiel der Wirtschaft schon immer so gespielt wurde und nicht anders gespielt werden kann. Aber das war – und ist – nicht so.

Friedman hatte offenbar eine sehr eindimensionale Sicht auf die Wirtschaft. Dabei weiß jeder, der schon einmal Chef, Mitarbeiter oder Kunde eines Unternehmens war, dass die Wirtschaft dynamisch und komplex ist. Das bedeutet, dass wir möglicherweise seit über 50 Jahren Unternehmen anhand einer Definition von Unternehmertum aufbauen, die in Wirklichkeit schlecht für die Wirtschaft ist und genau das kapitalistische System untergräbt, das ihr vorgeblich innewohnt.

Der Kapitalismus vor Friedman

Eine eher auf Unendlichkeit ausgerichtete Alternative zu Friedmans Definition von unternehmerischer Verantwortung finden wir bereits bei Adam Smith. Der schottische Philosoph und Ökonom aus dem 18. Jahrhundert gilt weithin als Vater der Wirtschaftswissenschaft und des modernen Kapitalismus. »Der Verbrauch allein ist Ziel und Zweck einer jeden Produktion, daher sollte man die Interessen des Produzenten eigentlich nur soweit beachten, wie es erforderlich sein mag, um das Wohl des Konsumenten zu fördern.«[3] Weiter erklärte er: »Diese Maxime leuchtet ohne weiteres ein, so daß es töricht wäre, sie noch beweisen zu wollen.« Einfach ausgedrückt, die Interessen des Unternehmens sollten stets dem Interesse des Konsumenten nachgestellt sein (ein Aspekt, den Smith ironischerweise für so »einleuchtend« hielt, dass jeder Versuch eines Beweises seiner Ansicht nach absurd gewesen wäre – und ich sitze hier und schreibe ein ganzes Buch darüber).

Smith war jedoch keinesfalls blind für unsere Vorliebe für das Endliche. Er wusste sehr genau: »In der merkantilistischen Wirtschaftsordnung aber wird das Wohl des Verbrauchers beinahe ständig dem Interesse des Produzenten geopfert, und man betrachtet offenbar die Produktion und nicht den Konsum als letztes Ziel oder Objekt allen Wirtschaftens und Handelns.« Kurz, Smith akzeptierte, dass es nur menschlich war, so zu handeln, wie es den eigenen Interessen diente. Unsere Neigung zum Eigennutz bezeichnete er als die »unsichtbare Hand«. »Nicht vom Wohlwollen des Metzgers, Brauers und Bäckers erwarten wir das, was wir zum Essen brauchen, sondern davon, daß sie ihre eigenen Interessen wahrnehmen«[4], erklärte er. Der Metzger möchte aus ganz eigennützigen Gründen die besten Fleischstücke anbieten – ohne Rücksicht auf den Brauer oder den Bäcker. Und der Brauer möchte das beste Bier herstellen, ganz gleich, was für Fleisch oder Brot auf dem Markt angeboten wird. Der Bäcker wiederum will das schmackhafteste Gebäck produzieren, ohne darüber nachzudenken, womit seine Brote belegt werden können. Daraus folgt, wie Smith glaubte, dass wir, die Verbraucher, von allem das Beste bekommen … zumindest, wenn das System ausgewogen ist. Eine Zeit, in der der Eigennutz externer Investoren und einer Analystengemeinde das gesamte System aus dem Gleichgewicht bringen würde, hatte Smith aber nicht im Kalkül. Er hatte nicht vorausgesehen, dass eine ganze Gruppe eigennütziger Außenseiter gewaltigen Druck auf den Bäcker ausüben würde, die Kosten zu senken und billigere Zutaten zu verwenden, um den Gewinn der Investoren zu maximieren.

Wenn Sie sich nicht so sehr für Geschichte oder für die schwerfällige Sprache der Philosophen des 18. Jahrhunderts erwärmen können, genügt auch ein Blick darauf, wie sich der Kapitalismus verändert hat, nachdem sich die Vorstellung durchgesetzt hatte, dass der Aktionär Vorrang genießt (was erst in den letzten Jahrzehnten des 20. Jahrhunderts der Fall war). Vor der Einführung der Theorie vom Aktionärsprimat funktionierte die Wirtschaft in den Vereinigten Staaten noch ganz anders. »Bis Mitte des 20. Jahrhunderts«, so die Cornell-Professorin für Gesellschaftsrecht Lynn Stout in der Dokumentarreihe *Explained,* »erwies sich die amerikanische Aktiengesellschaft als eine der effektivsten, einflussreichsten und nützlichsten Unternehmensformen weltweit.« Die Gesellschaften jener Epoche ermöglichten es dem amerikanischen Durchschnittsbürger – nicht nur der monetären Elite –, an Anlagechancen teilzuhaben und sich hoher Renditen zu erfreuen. Vor allem aber »sahen sich Manager und Verwaltungsratsmitglieder als Verwalter oder Treuhänder großartiger öffentlicher Einrichtungen, die nicht nur den Aktionären dienen sollten, sondern auch den Anleiheinhabern, Zulieferern, Beschäftigten und der Gesellschaft.« Erst nach Friedmans Artikel aus dem Jahr 1970 betrachteten sich die Manager und Verwaltungsratsmitglieder erstmals als ihren »Eigentümern«, also den Aktionären, gegenüber verantwortlich, und nicht mehr als Verwalter von etwas Größerem. Je mehr sich diese Idee in den 1980er- und 1990er-Jahren durchsetzte, desto öfter fokussierten sich die Anreizstrukturen innerhalb von Aktiengesellschaften und Banken exzessiv auf immer kürzerfristige Gewinne, die immer weniger Menschen zugutekamen. Etwa um dieselbe Zeit wurden alljährliche Massenentlassungen zur Einhaltung willkürlicher Vorgaben erstmals zur akzeptierten, gängigen Strategie. Vor den 1980er-Jahren gab es diese Praxis schlicht nicht. Damals war es üblich, ein Leben lang für ein- und dasselbe Unternehmen zu arbeiten. Das Unternehmen kümmerte sich um seine Beschäftigten, die Beschäftigten kümmerten sich um das Unternehmen. Vertrauen, Stolz und Loyalität waren keine Einbahnstraße. Und am Ende ihres Arbeitslebens erhielten solche langjährigen Mitarbeiter ihre sprichwörtliche goldene Uhr. Ich glaube, das gibt es heute gar nicht mehr. Dieser Tage gehen wir freiwillig oder werden gegangen, lange bevor wir uns eine goldene Uhr hätten verdienen können.

Der Missbrauch des Kapitalismus

Die auf Endlichkeit ausgerichtete Form des Kapitalismus, wie sie heute vorliegt, erinnert kaum noch an die eher unendlichkeitsorientierte Variante, die Amerikas Gründer inspirierte (Thomas Jefferson war im Besitz aller drei Bände von Smiths *Wohlstand der Nationen*) und das Fundament für das Wachstum der amerikanischen Nation bildete. Der Kapitalismus von heute ist nur noch dem Namen nach der Kapitalismus, der Adam Smith vor über 200 Jahren vorschwebte. Und mit dem Kapitalismus, wie er im späten 19. und im frühen 20. Jahrhundert von Unternehmen wie Ford, Kodak und Sears praktiziert wurde, bevor diese ebenfalls dem endlichen Denken zum Opfer fielen und vom Kurs abkamen, hat er gar nichts mehr zu tun. Was viele Wirtschaftslenker heute praktizieren, ist im Grunde eine Vergewaltigung des Kapitalismus beziehungsweise sein »Missbrauch«. Wie bei Alkohol steht »Missbrauch« hier für unsachgemäße Verwendung – wenn etwas zu einem anderen Zweck eingesetzt wird als dem ursprünglich beabsichtigten. Sollte der Kapitalismus also dem Verbraucher dienen und die Unternehmenslenker sollten etwas verwalten, das größer ist als sie selbst, dann geschieht das heute nicht mehr.

Manche mögen meine Sicht der Dinge – dass es nicht Zweck eines Unternehmens ist, Geld zu verdienen, sondern vielmehr, eine gerechte Sache zu verfolgen – für naiv und antikapitalistisch halten. Ich möchte zunächst allen dringend ans Herz legen, nicht den Boten zu töten. Ich gehe nämlich davon aus, dass all jene, die Friedmans Wirtschaftstheorien und viele der von ihm angestoßenen aktuellen und akzeptierten Geschäftspraktiken am vehementesten verteidigen, dieselben sind, die am meisten davon profitieren. Aber in der Wirtschaft ging es niemals nur ums Geld. Wie Henry Ford sagte: »Ein Unternehmen, das nur Geld macht, muss ein erbärmliches Unternehmen sein.«[5] Unternehmen gibt es, um einer Sache Vorschub zu leisten – einer Technologie, der Lebensqualität oder einem anderen Anliegen, das uns das Leben in irgendeiner Weise, Gestalt oder Form erleichtern oder verbessern kann. Dass Menschen bereit sind, für die von einem Unternehmen gebotenen Produkte oder Leistungen Geld zu bezahlen, ist schlicht der Beleg dafür, dass sie daraus gewissen Wert beziehen oder ableiten. Das bedeutet, je größer der Wert, den ein Unternehmen bietet, desto mehr verdient es und desto mehr Ressourcen hat es für seine weitere Entwicklung. Der Kapitalismus dreht sich nicht nur um Wohlstand (der sich in Eigenschaften und Nutzen, Euro und Cent messen lässt), sondern auch um Fortschritt (der in Form von Lebensqualität, technischen Errungenschaften und der Fähigkeit der menschlichen Spezies, friedlich zusammenzuleben und -zuarbeiten, gemessen wird).

Der kontinuierliche Kapitalismusmissbrauch seit Ende der 1970er-Jahre hat uns eine Form des Kapitalismus beschert, die mittlerweile nicht mehr richtig funktioniert. Wir haben es mit einem verfälschten Kapitalismus zu tun, der so beschaffen ist, dass er den Interessen einiger weniger dient, die das System zu ihrem persönlichen Vorteil missbrauchen, und das hat wenig dazu beigetragen, die wahren Vorzüge des Kapitalismus als Philosophie zu fördern (wie sich an den kapitalismusfeindlichen und protektionistischen Strömungen weltweit ablesen lässt). Die gesamte Philosophie des Aktionärsprimats und die Friedman'sche Definition des Unternehmenszwecks wurde de facto von den Investoren selbst propagiert, um Topmanagern Anreize dafür zu liefern, ihren endlichen Interessen oberste Priorität einzuräumen und diese um jeden Preis zu schützen.

So ist es beispielsweise überwiegend Milton Friedmans Ideen zu verdanken, dass Unternehmen begonnen haben, die Vergütung ihrer Führungskräfte statt an die langfristige Gesundheit des Unternehmens an die kurzfristige Aktienkursentwicklung zu knüpfen. Und alle, die sich Friedmans Ansichten zu eigen gemacht haben, ließen sich dafür großzügig entlohnen. Nach Angaben des Economic Policy Institutes verdiente der durchschnittliche CEO 1978 in etwa das 30-Fache eines Durchschnittsgehalts. 2016 hatte sich dieser Wert im Schnitt um über 800 Prozent auf das 271-Fache des Durchschnittsverdienstes erhöht. Während die CEO-Bezüge im Durchschnitt um fast 950 Prozent gestiegen sind, betrug der Zuwachs für den amerikanischen Arbeitnehmer gerade mal reichlich 11 Prozent. Demselben Bericht zufolge ist die durchschnittliche CEO-Vergütung 70-mal so schnell gestiegen wie der Aktienmarkt!

Man braucht keinen MBA-Abschluss, um zu verstehen, wie es dazu kam. Dr. Stout erklärt in ihrem Buch *The Shareholder Value Myth*: »Basiert die Bezahlung des CEO zu 80 Prozent darauf, wie sich der Aktienkurs im nächsten Jahr entwickelt, wird der CEO alles tun, um dafür zu sorgen, dass der Aktienkurs steigt – auch wenn das auf lange Sicht nachteilige Folgen für die Beschäftigten, die Kunden, die Gesellschaft, die Umwelt, ja, das Unternehmen selbst hat.« Binden wir Vergütungspakete unmittelbar an den Aktienkurs, so fördert das Praktiken wie die Schließung von Fertigungsstätten, die Zahlung möglichst niedriger Löhne und Gehälter, die Umsetzung extremer Kostensenkungsmaßnahmen und die Initiierung alljährlicher Entlassungswellen – alles Taktiken, die den Aktienkurs kurzfristig in die Höhe treiben können, der Überlebensfähigkeit und dem Erfolg des Unternehmens im unendlichen Spiel aber häufig schaden. Auch Aktienrückkäufe sind ein weiteres oft legitimes Mittel, das von den Topmanagern der Aktiengesellschaften missbraucht wird, um den Aktienkurs zu stützen. Indem man eigene Aktien zurückkauft, steigt aufgrund des Gesetzes von Angebot und Nachfrage vorübergehend die Nachfrage nach den Aktien, was den Kurs für gewisse Zeit nach oben treibt (und die Chefetage gewisse Zeit gut aussehen lässt).

Zwar wirken manche der Praktiken, die eingesetzt werden, um die Aktienkurse kurzfristig in die Höhe zu treiben, aus ethischer Sicht zweifelhaft, doch wenn wir Friedmans Definition von Unternehmensverantwortung heranziehen, stellen wir fest, dass diese für solches Verhalten Tür und Tor offenlässt, ja, sogar dazu ermutigt. Wissen Sie noch? Seine einzige Vorgabe für die Pflichten von Unternehmen ist, sich innerhalb der Grenzen des Gesetzes und der »guten Sitten« zu bewegen. Warum spricht er hier nicht von »Moral«? Was soll das heißen, »gute Sitten«? Dass etwas irgendwann normal wird, wenn wir es nur oft genug tun, und dann nicht mehr unmoralisch ist? Wenn so viele Unternehmen regelmäßig scharenweise Mitarbeiter auf die Straße setzen und ihnen die Lebensgrundlage entziehen, um willkürliche Vorgaben einzuhalten – ist das dann keine unmoralische Strategie? Nach dem Motto: Das macht ja jeder, dann muss es wohl in Ordnung sein.

Fakt ist, dass Gesetze und »gute Sitten« gewöhnlich erst ins Spiel kommen, wenn bereits Verstöße stattgefunden haben – nicht, indem diese vorhergesagt werden. Anders formuliert: Sie sind stets nachgelagert. Gemäß der gängigen Interpretation von Friedmans Definition sind Unternehmen quasi dazu verpflichtet, solche Lücken zu nutzen, um Gewinne zu maximieren, bis ihnen das von künftigen Gesetzen und Sitten untersagt wird. Friedman zufolge ist das ihre Pflicht und Schuldigkeit!

Technologieunternehmen wie Facebook, Twitter und Google entschuldigen sich eindeutig lieber für ihre Verstöße gegen die guten Sitten, als ihre Unternehmen grundsätzlich so zu führen, dass ihr wichtigster Aktivposten sicher geschützt wird: unsere personenbezogenen Daten nämlich. Und nach Friedmans Standard erfüllen sie damit absolut ihre Pflicht.

Wenn wir eine fehlerhafte Definition von Unternehmertum heranziehen, um heute Unternehmen aufzubauen, dann befördern wir vermutlich auch die Personen beziehungsweise bilden die Führungsteams, die bestens dazu geeignet sind, sich an die endlichen Regeln zu halten, die Friedman propagiert hat – Führungsteams, die vermutlich nicht so gut gerüstet sind, die ethischen Anforderungen zu bewältigen, die notwendig sind, damit das System nicht zum eigenen Vorteil ausgenutzt werden kann. Diese mit der falschen Zielsetzung gebildeten Teams treffen mit größerer Wahrscheinlichkeit Entscheidungen, die genau den Organisationen, Beschäftigten und Gemeinschaften langfristig schaden, die sie eigentlich leiten und schützen sollten.

Der Druck, mit endlicher Mentalität zu spielen

Es ist ein großes offenes Geheimnis unter den allermeisten Topmanagern von Aktiengesellschaften, dass die Theorie des Aktionärsprimats und der Druck der Wall Street in Wirklichkeit schlecht fürs Geschäft sind. Das wirklich Verrückte ist aber, dass sie in diesem Wissen und trotz ihrer persönlichen Vorbehalte und Einwände den Grundsatz auch weiterhin verteidigen und dem Druck nachgeben.

Ich werde nicht kostbare Tinte verschwenden, um mich ausführlich über die langfristigen Auswirkungen der Ereignisse auszulassen, die unser Land und die Volkswirtschaften in aller Welt heimsuchten, als sich Spitzenmanager diesem Druck beugten. Ich will es dabei bewenden lassen, auf die hausgemachte Rezession von 2008 zu verweisen, auf den zunehmenden Stress und die Unsicherheit, die viele von uns am Arbeitsplatz wahrnehmen, und auf das nagende Gefühl des Unbehagens darüber, dass sich zu viele unserer Führungskräfte mehr für sich interessieren als für uns. Das ist wirklich ironisch: Die Befürworter eines endlich orientierten Kapitalismus verhalten sich so, dass das Überleben derselben Unternehmen gefährdet wird, von denen sie vorgeblich profitieren wollen. Das ist, als hätten sie beschlossen, die beste Strategie, um die meisten Kirschen zu ernten, sei, den Kirschbaum zu fällen.

Dass Investmentbanken heute wieder so mächtig und einflussreich sind, ist zum großen Teil der Lockerung der Vorschriften zu verdanken, die ursprünglich eingeführt wurden, um zu verhindern, dass Banken so viel Einfluss ausüben und spekulativen Neigungen nachgeben, wie es 1929 zur Weltwirtschaftskrise geführt hat.[6] Das Ergebnis ist offensichtlich: Die Wall Street zwingt Unternehmen zu Fehlverhalten und hält sie von Wohlverhalten ab.

Auch Unternehmer sind dagegen nicht gefeit. Sie stehen oft unter enormem Druck, laufend ein hohes Wachstumstempo vorzulegen.

Um dieses Ziel zu erreichen, oder wenn das Wachstum nachlässt, werben sie bei Wagniskapitalgebern oder Private-Equity-Firmen Geld ein. Das hört sich gut an – theoretisch jedenfalls. Nur leider weist das Geschäftsmodell der Private-Equity-Unternehmen einen Webfehler auf, der ein Unternehmen, das langfristig im Spiel bleiben möchte, Kopf und Kragen kosten kann. Private-Equity- und Venture-Capital-Firmen müssen ihre Beteiligungen verkaufen, um Geld zu verdienen. Das ist oft drei bis fünf Jahre nach der ursprünglichen Investition der Fall. Ein Private-Equity- oder Wagniskapitalgeber kann blumig über das unendliche Spiel und den Fokus auf die gute Sache sprechen und vielleicht sogar daran glauben. So lange jedenfalls, bis er die Position abstoßen muss. Dann sind vielen die gerechte Sache und alle übrigen Beteiligten plötzlich herzlich egal. Der Druck, den Investoren auf ein Unternehmen ausüben können, Maßnahmen zu ergreifen, die im Zeichen finiter Ziele stehen, kann für dessen langfristige Aussichten verheerend sein und ist es auch oft. Lang ist die Liste der von einer Sache beseelten Manager, die behaupten, *ihre* Investoren seien anders, ihnen ginge es wirklich um das Anliegen des Unternehmens … bis dann der Verkauf ansteht. (Diejenigen, mit denen ich persönlich gesprochen habe, baten mich, ihre Unternehmen nicht namentlich zu nennen – aus Angst, ihre Investoren zu beunruhigen.)

So etwas wie ständiges Wachstum gibt es nicht – und auch keine Regel, die besagt, dass rasantes Wachstum in jedem Fall eine gute Strategie ist, wenn man ein Unternehmen aufbauen möchte, das Bestand hat. Doch für einen auf Endlichkeit gepolten Unternehmenslenker ist schnelles Wachstum das Ziel.

Für einen Manager, der weiter denkt, ist Wachstum nur eine justierbare Variable. Manchmal kann es aus strategischen Gründen geboten sein, die Wachstumsrate zu verringern, um langfristig für mehr Sicherheit zu sorgen oder einfach, um die Organisation richtig aufzustellen, damit sie den zusätzlichen Druck verkraftet, der mit besonders raschem Wachstum einhergeht. So könnte beispielsweise ein dynamisch wachsendes Einzelhandelsunternehmen beschließen, den Expansionsplan für neue Filialen gezielt zu verzögern, um mehr Ressourcen in Aus- und Weiterbildung und in die Personal- und Managemententwicklung zu stecken. Ein Unternehmen wird nicht dadurch erfolgreich, dass es neue Niederlassungen eröffnet. Erfolg stellt sich erst ein, wenn die Filialen auch gut im Geschäft sind. Es ist im Interesse des Unternehmens, Dinge sofort zu erledigen, statt abzuwarten und die Probleme, die durch rasches Wachstum verursacht werden können, später anzugehen. Die Kunst guter Führung ist die Fähigkeit, über den Wachstumsplan hinauszublicken, und die Bereitschaft, umsichtig zu handeln, wenn etwas nicht stimmt oder nicht passt – selbst wenn das bedeutet, eine langsamere Gangart einzulegen.

Von den 1950er- bis in die 1970er-Jahre galt das Konzept der »Prognose« bei verschiedenen Institutionen als entscheidend. Es wurden Teams von »Zukunftsforschern« hinzugezogen, um technische, politische und kulturelle Trends zu untersuchen, ihre künftigen Effekte zu prognostizieren und entsprechende Vorkehrungen zu treffen. (Diese Praxis hätte Garmin helfen können, sich proaktiv auf die Fortschritte in der Mobilfunktechnologie einzustellen, statt unter Zwang darauf zu reagieren.) Sogar die US-amerikanische Regierung sprang auf diesen Zug auf. 1972 richtete der Kongress eigens das Office of Technology Assessment ein, um die langfristigen Folgen angedachter Gesetze zu prüfen. »Sie merken allmählich, dass so ein Gesetz 20 oder auch 50 Jahre in Kraft bleibt, bevor es überarbeitet wird«, erklärte Edward Cornish, Chef der World Future Society, »und sie wollen sichergehen, dass sich Weichen, die wir heute stellen, nicht Jahre später als nachteilig erweisen.« Das Fachgebiet kam aber dann in den 1980er-Jahren aus der Mode. Damals dachten manche Regierungsvertreter, es sei Geldverschwendung zu versuchen, »die Zukunft zu prognostizieren«. Das Office wurde 1995 offiziell geschlossen. In der Wirtschaft gibt es zwar auch heute noch Zukunftsforscher, doch deren Auftrag ist gewöhnlich, ein Unternehmen bei der Prognose von Trends zu unterstützen, die kommerziell genutzt werden können – nicht, die künftigen Auswirkungen heutiger Entscheidungen zu bewerten.

Auf endliche Ziele fokussierte Führungskräfte verzichten gar nicht gern auf kürzerfristigen Gewinn, selbst wenn das mit Blick auf die Zukunft die richtige Entscheidung wäre. Der Grund dafür: Absehbare Gewinne haben die größte Außenwirkung. Und dass diese Geisteshaltung andere im Unternehmen dazu drängt, sich ebenfalls auf die kürzere Sicht zu fokussieren, geht oft auf Kosten der Qualität von Dienstleistungen oder Produkten für uns Verbraucher. Das ist genau das Gegenteil von dem, was Adam Smith meinte. Würde sich die Investorengemeinde nach Smiths Philosophien richten, würde sie alles tun, um den Unternehmen, die sie finanziert, zu helfen, möglichst gute Produkte und Dienstleistungen anzubieten und möglichst stark zu werden. Das ist gut für den Kunden und für den Wohlstand der Nationen. Wären die Aktionäre wirklich die Eigentümer der Unternehmen, in die sie investieren, dann würden sie genau so handeln. Doch in Wirklichkeit verhalten sie sich überhaupt nicht wie Eigentümer, sondern eher wie Mieter.[7]

Bedenken Sie nur, wie Sie mit Ihrem eigenen Auto umgehen und wie mit einem Mietwagen. Dann wird Ihnen schnell klar, warum es Aktionären offenbar vor allem darum geht, ihr Ziel zu erreichen – ohne Rücksicht auf das Vehikel, das sie dorthin bringt. Wer – gleich an welchem Tag – CNBC einschaltet, der hört Diskussionen, die sich in erster Linie um Handelsstrategien und kurzfristige Marktbewegungen drehen. Das sind Sendungen für Händler, nicht für Eigentümer. Sie geben den Leuten Tipps, wie sie Immobilien kaufen und wieder verkaufen können – nicht wie sie ein Heim finden, um dort eine Familie zu gründen. Wenn kurzfristig orientierte Investoren die Unternehmen, die sie finanzieren, wie Mietwagen behandeln – also nicht wie ihr Eigentum –, warum sollten die Manager dieser Unternehmen die Investoren dann wie Eigentümer behandeln? Börsennotierte Aktiengesellschaften unterscheiden sich von anderen Unternehmen. Sie müssen sich nicht derselben traditionellen Definition von Eigentum unterwerfen. Wenn es uns darum geht, Unternehmen aufzubauen, die über Generationen im Spiel bleiben, müssen wir damit aufhören, Aktionäre automatisch als Eigentümer zu betrachten, und die Führungsetage muss sich von dem Gedanken lösen, dass sie nur für die Aktionäre arbeitet. Es wäre sicherlich gesünder, wenn sich die Aktionäre selbst eher als Beitragende sehen würden – ob mit kürzer- oder längerfristigem Fokus.

Die Beschäftigten tragen ihre Zeit und ihre Kräfte bei, die Investoren ihr Kapital (das Geld). Beide Beiträge sind wertvoll und nötig für den Unternehmenserfolg. Deshalb sollten beide Parteien für ihre Beiträge angemessen belohnt werden. Logisch: Soll ein Unternehmen größer, stärker oder besser werden, muss seine Führung sicherstellen, dass der durch das Geld der Investoren oder die harte Arbeit der Beschäftigten gebotene Nutzen, wie von Adam Smith dargelegt, in erster Linie denjenigen zugutekommt, die dort einkaufen. In diesem Fall fällt es dem Unternehmen leichter, mehr zu verkaufen, höhere Preise zu berechnen, einen loyaleren Kundenstamm aufzubauen und für das Unternehmen und seine Investoren mehr Geld zu verdienen. Oder ist mir dabei irgendetwas entgangen? Außerdem müssen sich Führungskräfte wieder als Verwalter großartiger Einrichtungen betrachten, die dazu da sind, allen Beteiligten Vorteile zu bringen. Dadurch ist den Anliegen, Bedürfnissen und Wünschen aller gedient, die am Unternehmenserfolg beteiligt sind – nicht nur einiger weniger.

Es ist doch so: Wir alle möchten gern das Gefühl haben, dass unsere Arbeit und unser Leben einen Sinn hat. Das gehört zum Menschsein. Wir alle möchten Teil von etwas Größerem sein. Das ist in meinen Augen zwangsläufig ein Grund dafür, dass so viele Unternehmen behaupten, in erster Linie ihrer Belegschaft und ihren Kunden zu dienen, während sie doch in Wirklichkeit primär ihre Führungsriege und ihre Aktionäre zufriedenstellen wollen. Selbst wenn uns die Worte dafür fehlen: Vielen von uns kommt es so vor, als würde sich diese moderne Form des Kapitalismus nicht so richtig mit unseren Werten decken. Hätten wir Friedmans Definition von Unternehmertum wirklich alle verinnerlicht, dann würden sich die Visionen und Missionen der Unternehmen ausschließlich um Gewinnmaximierung drehen, und wir hätten damit kein Problem. Das ist aber nicht so. Wäre der eigentliche Zweck allen Wirtschaftens nur, Geld zu verdienen, dann müssten nicht so viele Unternehmen so tun, als ginge es ihnen um ein Anliegen oder eine Sache. Doch zu behaupten, ein Unternehmen strebe nach Größerem, und ein Unternehmen aufzubauen, das wirklich nach Größerem strebt, sind zwei Paar Schuhe. Und nur eine dieser Strategien ist im unendlichen Spiel von Wert.

Die Trommel des Wandels rühren

2018 löste Larry Fink, Gründer, Chairman und CEO von BlackRock, Inc., in der Finanzbranche Unruhe aus mit einem offenen Brief an alle CEOs unter dem Titel »Neue Sinnhaftigkeit«. In diesem Brief forderte er Führungskräfte dazu auf, ihre Unternehmen an idealistischeren Zielen auszurichten als nur am kurzfristigen finanziellen Gewinn. »Ohne zu wissen, wofür«, schrieb er, »kann kein Unternehmen, ob börsennotiert oder nicht, sein ganzes Potenzial entfalten. Irgendwann wird ihm von maßgeblichen Beteiligten die Betriebslizenz entzogen. Es unterwirft sich kurzfristigem Druck, Erträge auszuschütten, und verzichtet dafür auf Ausgaben für Personalentwicklung, Innovation und Investitionen, die die Voraussetzung sind für langfristiges Wachstum.« Zufällig ist BlackRock das größte Vermögensverwaltungsunternehmen der Welt – mit einem verwalteten Kapital von mehr als 6 Billionen US-Dollar. Der Aufruf an Unternehmen, nach einem tieferen Sinn zu streben, ist nicht neu, doch wenn jemand, der in der Finanzwelt die Position eines Larry Fink innehat, das Konzept so öffentlich für sich in Anspruch nimmt, verlagert sich die Thematik aus Artikeln, Büchern und vom Wasserspender ins Innere der Palastmauern.

Die Börse funktioniert dann am besten, wenn sie so arbeitet wie ursprünglich vorgesehen: wenn sie es dem Normalbürger ermöglicht, am Wohlstand der Nation teilzuhaben. Die Amerikaner machen sich keine Illusionen mehr über die Form von Kapitalismus, die sie heute erleben – und darüber, wie der Aktienmarkt in einem endlichen Spiel instrumentalisiert wird. Der Prozentsatz der amerikanischen Bevölkerung, der in Aktien investiert, war seit 20 Jahren nicht mehr so gering. Das meiste Kapital haben Angehörige der Mittelschicht abgezogen. Den Menschen ist es gleich, ob ein paar Abenteuerlustige einen Haufen Geld verdienen. Sie reagieren auf das Ungleichgewicht im System ... und die Führungselite täte gut daran, das zur Kenntnis zu nehmen.

Die Ironie dabei ist, dass jeder weiß, der mit oder für die öffentlichen Märkte arbeitet: Gerät das System aus dem Gleichgewicht, erfolgt stets eine Korrektur, und zwar oftmals plötzlich und heftig. Unser kapitalistisches System ist zurzeit stark aus dem Gleichgewicht geraten, und alle Insider wären gut beraten, die nötigen Korrekturen von sich aus vorzunehmen. Ansonsten steigt die Wahrscheinlichkeit, dass sie dazu gezwungen werden. Verweigert sich der Palast dem Wandel von innen, steigen die Chancen, dass die Menschen versuchen, den ganzen Palast niederzureißen. Ob sie sich gegen unfähige Regierungen, Korruption oder in Schieflage geratene Wirtschaftsmodelle richten – um das eine oder andere geht es bei den meisten populistischen Aufständen. Bedenken Sie, dass sogar die amerikanische Revolution vermeidbar gewesen wäre, wenn Großbritannien einfach die wirtschaftlichen Restriktionen gelockert hätte, die es den Kolonien auferlegt hatte; wenn es ihnen mehr Repräsentation in der Regierung und einen größeren Anteil an dem Wohlstand zugestanden hätte, zu dessen Entstehung sie beitrugen. Es ist ganz einfach: Wo es Ungleichgewichte gibt, gibt es auch Unruhe.

Nicht so einfach ist es dagegen, ein System zu sprengen. Revolutionen bergen viele Gefahren. Sie setzen unvermittelt ein. Sie gehen mit Gewalt einher. Und fast immer kommt es zu einer Konterrevolution (und mit Revolution meine ich nicht nur bewaffnete Aufstände, sondern jede Maßnahme, die den Status quo auf den Kopf stellt). Die amerikanischen Kolonisten lehnten sich erst auf, nachdem sie jahrelang appelliert hatten, Änderungen vorzunehmen. Sie hatten regelrecht darum gebettelt. Aus ideologischen Gründen waren sie einer Revolution eher abgeneigt. Sie wurden dazu getrieben, weil sie durch ein drastisches Ungleichgewicht der Macht und des Wohlstands ihr Leben und ihr wirtschaftliches Wohlergehen gefährdet oder eingeschränkt sahen.

Ob im alten Rom, wo die Staatslenker den Verbündeten, die gelitten hatten, um Rom zu verteidigen, die Bürgerrechte vorenthielten, oder in den amerikanischen Kolonien, denen die Repräsentation verweigert wurde, obwohl die Kolonisten durch ihre harte Arbeit die britische Wirtschaft ankurbelten – Wohlstand und Macht entstehen immer auf dem Rücken der einfachen Leute. In unserer Zeit sind es die Beschäftigten, die den Löwenanteil der Kosten für das Geld tragen, das Unternehmen und ihre Spitzenmanager verdienen. Jedes Mal, wenn Unternehmen ihre willkürlichen Vorgaben verfehlen, müssen sie befürchten, auf der Straße zu landen. Sie kommen zur Arbeit und spüren, dass sie als Menschen dem Unternehmen und seinem Management gleichgültig sind. (Kleiner Hinweis am Rande: Kostenloses Kantinenessen und schicke Büros gehören nicht zu den Dingen, die Wertschätzung vermitteln.) Mitarbeiter möchten fair behandelt werden und an dem Wohlstand teilhaben, den sie aufbauen helfen – als Gegenleistung für die Kosten, die sie für das Wachstum ihrer Unternehmen tragen. Das ist nicht meine Forderung, sondern ihre!

Die Daten belegen, dass vom bestehenden System das oberste Prozent der Bevölkerung im Verhältnis stärker profitiert als alle anderen. Auf dieses Ungleichgewicht reagierte im September 2011 eine kleine Gruppe von Demonstranten. Sie schlugen im Zuccotti Park in New York City ihr Lager auf und postierten Schilder mit der Aufschrift: »Wir sind die 99 Prozent.« Die Parkbesetzer weltweit waren führungslos und unfokussiert, sodass ihre Proteste im Sande verliefen.[8] Die Bewegung gibt es aber noch. Das Schlaglicht liegt nach wie vor auf dem Umstand, dass das System auf Kosten der breiten Masse zugunsten einiger weniger gezinkt ist. Und es leuchtet heute sogar noch heller. Fünf Jahre nach dem Aufkommen der Occupy-Bewegung hörten wir die populistische Botschaft auf der Ebene der Präsidentschaftskandidaten von Bernie Sanders auf der linken und Donald Trump auf der rechten Seite. Beide Bewerber fachten die Unzufriedenheit mit der Ungleichheit und Ungerechtigkeit »des Systems« an.

Der Ruf, von Milton Friedmans Wirtschaftsstil abzugehen, kann – wie jede Herausforderung eines Status quo – von den Menschen ausgehen oder vom Management, von außen oder von innen. Achten Sie auf die vielen Warnsignale um uns herum. Die populistischen Stimmen in Amerika und in aller Welt werden lauter. Und all jene in einer Machtposition – ob in der Wirtschaft oder in der Politik – können Wandel herbeiführen. Nur damit keine Missverständnisse aufkommen: Der Wandel kommt so oder so, denn so funktioniert das unendliche Spiel. Dem endlichen System, wie wir es heute kennen, werden früher oder später die Energie und die Mittel ausgehen. Das ist immer so. Ohne Ausnahme. Im Moment sichern sich manche vielleicht noch Geld oder Macht, doch das System kann aus eigener Kraft nicht überleben. Nach der Geschichte und nach so ziemlich jedem bisherigen Börsencrash zu urteilen, ist Ungleichgewicht einen teuflische Sache.

Der Wind der Veränderung bläst. Es ist inzwischen gesellschaftlich schon akzeptabler geworden, manche der gängigen Thesen des Friedman'schen Kapitalismus anzuzweifeln. Und das Unbehagen über die kritiklose Übernahme seiner Definition von unternehmerischer Verantwortung wächst weiter. Organisationen wie Conscious Capitalism, B Corp, das B Team und andere propagieren aktiv Ideen wie das Stakeholder-Modell oder Triple Bottom Line und stellen damit Friedmans Vorstellungen infrage. Die Wirtschaftshelden der hochfliegenden 1980er- und 1990er-Jahre wie Jack Welch verlieren an Glanz und Attraktivität. Inzwischen ist klar, dass wir eine neue Definition von unternehmerischer Verantwortung brauchen, die besser zu der Vorstellung passt, dass die Wirtschaft ein unendliches Spiel ist. Eine Definition, aus der hervorgeht, dass Geld ein Ergebnis ist, kein Selbstzweck. Eine Definition, die Beschäftigten und ihren Vorgesetzten das Gefühl gibt, dass sich der Wert ihrer Arbeit nicht nur daran messen lässt, wie viel sie, ihr Unternehmen oder dessen Aktionäre daran verdienen.

Friedman zufolge hat ein Unternehmen nur die eine Pflicht: Gewinn zu erzielen. Daraus spricht eine ausgesprochen endliche Sicht auf die Wirtschaft. Wir müssen Friedmans Definition durch eine ersetzen, die über den Gewinn hinausgeht und auch die Dynamik und weitere Facetten berücksichtigt, die für das Funktionieren der Wirtschaft wichtig sind. Damit der unendliche Wert für unser Land, unsere Wirtschaft und alle Unternehmen, die das Spiel spielen, steigt, muss Unternehmensverantwortung per definitionem

1. einem bestimmten Anliegen Vorschub leisten: den Menschen ein Gefühl der Zugehörigkeit und den Eindruck vermitteln, dass ihr Leben und ihre Arbeit einen Wert haben, der über das rein Physische hinausgeht.

2. die Menschen schützen: einen Unternehmensbetrieb gewährleisten, der alle Menschen schützt – diejenigen, die für uns arbei-

ten, diejenigen, die von uns kaufen und die Umwelt, in der wir leben und arbeiten.

3. zur Gewinnerzielung führen: Geld ist der Treibstoff, den ein Unternehmen braucht, um wirtschaftlich zu arbeiten, damit es sich weiterhin für die ersten beiden Prioritäten einsetzen kann.

Einfach formuliert:

Die Verantwortung eines Unternehmens besteht darin, sich mit aller Kraft und allen Mitteln für eine Sache einzusetzen, die größer ist als es selbst, die Menschen und die Umwelt zu schützen, in der es tätig ist, und mehr Mittel zu erwirtschaften, damit es all das so lange wie möglich tun kann. Eine Organisation kann alles tun, was sie möchte, um ihr Geschäft zu betreiben, solange sie sie Verantwortung für die Folgen ihrer Handlungen übernimmt.

Die drei Grundpfeiler – einem Anliegen Vorschub leisten, die Menschen schützen und Gewinn erzielen – erscheinen im unendlichen Spiel unabdingbar. Amerikas Gründer regten zur Bildung einer Nation an, die dem Leben, der Freiheit und dem Streben nach Glück Vorschub leistete. Diese unveräußerlichen Rechte physischer Sicherheit, die Teilhabe an einer Sache oder Ideologie und die Chance, sich selbst zu versorgen, inspirierten eine ganze Nation und ließen die Vereinigten Staaten ihre unendliche Reise antreten. Fast 150 Jahre später, am 30. Dezember 1922, wurde die Gründungserklärung der Sowjetunion ratifiziert. Darin stand, dass sich die neue UdSSR auf folgende drei Zusagen oder Rechte gründete: »All diese Umstände verlangen unbedingt die Vereinigung der Sowjetrepubliken zu einem Unionsstaat, der in der Lage ist, sowohl die äußere Sicherheit als auch den inneren wirtschaftlichen Wohlstand und die Freiheit der nationalen Entwicklung der Völker zu sichern.« Mit anderen Worten, eine Nation verpflichtete sich, ihr Volk zu schützen, die Möglichkeit zu wirtschaftlichen Vorteilen zu bieten und die kommunistische Ideologie voranzubringen. Eine ähnliche Dreierkonstellation offenbarte sich erneut im Vietnamkrieg, als General Giap die Nordvietnamesen aufstachelte, in den Volkskrieg zu ziehen, mit dem Versprechen physischer Sicherheit, wirtschaftlicher Fortschritte und der Gelegenheit, einer Ideologie Vorschub zu leisten. Ein Volkskrieg sei »gleichzeitig militärischer, wirtschaftlicher und politischer Natur«, sagte Giap Jahre nach dem Krieg in einem Interview.[9]

Ein Nationalstaat muss seine Bürger schützen, um zu gewährleisten, dass sie angstfrei leben können. Zu diesem Zweck muss er Streitkräfte unterhalten, um sie gegen Bedrohungen von außen zu verteidigen, für Gerechtigkeit sorgen und den inneren Frieden sicherstellen. Ebenso muss ein Unternehmen dafür sorgen, dass die Beschäftigten innerhalb der Organisation geschützt werden, indem es eine Kultur entwickelt, in der sich die Mitarbeiter psychisch sicher und von ihrem Arbeitgeber als Menschen gewürdigt fühlen. Wir wollen sicher sein, dass dem Unternehmen unsere Weiterentwicklung ebenso wichtig ist wie sein eigenes Wachstum. Niemand sollte in Angst vor der jährlichen Entlassungsrunde zur Arbeit kommen müssen, weil das Unternehmen eine willkürliche Vorgabe verfehlt hat. Und ein Unternehmen kann auch für die Sicherheit und den Schutz der Menschen außerhalb seiner Grenzen sorgen, indem es darüber nachdenkt, wie sich die Herstellung seiner Produkte und die gewählten Materialien auf die Gemeinschaften auswirken, in denen diese Produkte hergestellt oder vertrieben werden.

Bei Nationen hat das Gefühl der Zugehörigkeit und die Ideologie, für die wir Opfer bringen würden, oft die Endung -ismus – wie in Kapitalismus, Sozialismus und so weiter –, im Geschäftsleben dagegen nimmt es die Gestalt einer gerechten Sache an. An unserem Wohnort ebenso wie an unserem Arbeitsplatz sollten wir das Gefühl haben, dass wir für eine Sache eintreten, die größer ist als wir selbst.

Bei einer Nation kommt es auf den Gewinn an. Wirtschaftlicher Wohlstand sichert einem Land seine Zahlungsfähigkeit. Nur so bleibt seine Wirtschaft stark und verfügt über die nötigen Mittel, um in guten Zeiten zu florieren und in schlechten zu überleben. Das Gleiche gilt für Unternehmen. Und sowohl in einer Nation als auch in einem Unternehmen möchte jeder Gelegenheit haben, hart zu arbeiten und so viel zu verdienen, dass er sich und seine Familie versorgen kann.

Die Ziele einer im Geiste der Unendlichkeit gegründeten Nation sind auch die Ziele der Bevölkerung. Eine Nation existiert, um im Zuge ihrer Entwicklung den normalen Bürgern zu dienen und diese einzubeziehen. Das bindet uns emotional an unser Land und vermittelt uns patriotische Gefühle. Übersetzt in die Sprache der Wirtschaft würde das heißen: Die Ziele eines Unternehmens müssen sich auch mit den Zielen seiner Beschäftigten decken – nicht nur mit den Zielen der Aktionäre. Soll unsere Arbeit uns selbst, unseren Kollegen, unseren Kunden, unseren Gemeinschaften und der ganzen Welt zugutekommen, dann müssen wir unbedingt bei Unternehmen arbeiten, deren Werte und Ziele sich mit unseren eigenen decken. Tun sie das nicht, können wir das einfordern. Wer sich mit Blut, Schweiß und Tränen für die Ziele eines Unternehmens einsetzt, hat Anspruch darauf, dass sein Beitrag gewürdigt wird und dass er an den Früchten seiner Arbeit beteiligt wird.

Friedman glaubte, das Ergebnis unserer harten Arbeit sollte in erster Linie einer elitären Führungsklasse zugutekommen (nämlich dem Eigentümer). Ein weiter denkender Unternehmenslenker würde dagegen sicherstellen, dass – vorausgesetzt, es gibt gemeinsame Ziele – alle, die zu deren Erreichen beitragen, in Bezug auf alle drei Grundpfeiler davon profitieren. Es steht jedem von uns zu, sich am Arbeitsplatz psychologisch sicher zu fühlen, für unsere Arbeit angemessen entlohnt zu werden und zu etwas Größerem beizutragen. Dies sind unsere unveräußerlichen Rechte. Die Wirtschaft ist wie jedes unendliche Spiel eine mächtigere Kraft, wenn sie durch das Volk für das Volk ermächtigt wird. Störungen werden so schnell nicht von der Bildfläche verschwinden, daran ändert sich nichts. Ändern kann sich aber, wie Unternehmenschefs darauf reagieren. Wo Friedmans endliche Definition von Verantwortung die Maximierung der Ressourcen in den Vordergrund stellt, berücksichtigt eine überarbeitete Definition auch den Willen des Volkes.

Sechstes Kapitel

DER WILLE UND DIE MITTEL

Das Four Seasons in Las Vegas ist ein tolles Hotel. Das liegt nicht etwa an den luxuriösen Betten. Jedes Hotel kann solche Betten kaufen. Es sind die Menschen, die dort arbeiten, die das Four Seasons zu einem so besonderen Hotel machen. Wer durch das Foyer geht und von einem Mitarbeiter gegrüßt wird, der hat unwillkürlich den Eindruck, dass dieser Mitarbeiter gern grüßt, und aus eigenem Antrieb – nicht, weil er dazu angewiesen wurde. Wir Menschen sind hoch entwickelte soziale Wesen. Wir merken den Unterschied.

In der Hotellobby ist ein Café. Ich hatte geschäftlich in Las Vegas zu tun und ging nachmittags hinein, um mir einen Kaffee zu holen. An jenem Tag hatte ein junger Barista namens Noah Dienst. Noah war sympathisch und humorvoll. Ihm verdanke ich, dass ich diese Tasse Kaffee mehr genoss als üblich. Nachdem ich mich eine Weile mit Noah unterhalten hatte, fragte ich ihn: »Macht Ihnen Ihr Job eigentlich Spaß?« Wie aus der Pistole geschossen antwortete er: »Aber ja – ich liebe meinen Job.«

Für jemanden aus meiner Branche ist das eine ausgesprochen vielsagende Antwort. Er sagte nicht: »Ich mag meinen Job«, er sagte:

»Ich liebe ihn.« Das ist ein gewaltiger Unterschied. Etwas »mögen«, ist eher rational. Wir mögen die Menschen, mit denen wir arbeiten. Wir mögen die Herausforderung. Wir mögen unsere Arbeit. Liebe dagegen ist emotional. Liebe ist schwerer messbar. Das ist, als würden Sie jemanden fragen, »Lieben Sie Ihre Frau?«, und er würde antworten, »Ich mag meine Frau sehr«. Das klingt gleich ganz anders. Sie verstehen sicher, was ich meine – Liebe ist ein höherer Standard. Als Noah sagte, »Ich *liebe* meinen Job«, horchte ich auf. Seiner Antwort konnte ich entnehmen, dass sich Noah dem Four Seasons verbunden fühlte – und zwar stärker als durch das Geld, das er dort verdiente, und durch seine Arbeit gerechtfertigt.

Ich hakte sofort nach: »Erklären Sie mir das doch bitte genauer: Wie schafft es das Four Seasons, dass Sie sagen, Sie *lieben* Ihren Job?« Wieder antwortete Noah ohne zu zögern: »Jeden Tag kommen mehrfach Leute aus dem Management vorbei, fragen mich, wie es mir geht, ob ich irgendetwas brauche oder ob sie etwas für mich tun können. Nicht nur meine direkten Vorgesetzten ... einfach *alle.* Ich arbeite auch im [anderes Hotel]«, erzählte Noah und berichtete weiter, dass die Vorgesetzten dort herumgingen, um andere bei Fehlern zu ertappen. Über dieses andere Hotel beklagte sich Noah: »Dort sehe ich zu, dass ich möglichst nicht auffalle. Ich mache Dienst nach Vorschrift und hole mir meinen Gehaltsscheck. Nur im Four Seasons kann ich so richtig ich selbst sein.«

Noah gibt sein Bestes, wenn er im Four Seasons arbeitet. Und das wünscht sich jeder Manager von seinen Mitarbeitern. Deshalb leuchtet ein, weshalb so viele Vorgesetzte – auch solche mit den besten Absichten – oft fragen: »Wie hole ich das meiste aus meinen Leuten heraus?« Das ist aber die falsche Fragestellung. Sie zielt nicht darauf ab, wie wir unseren Leuten helfen, sich weiterzuentwickeln, sondern darauf, wie wir mehr Leistung aus ihnen herauskitzeln. Sie sind aber keine Zitronen, aus denen man bis zum letzten Tropfen Leistung herauspressen kann. Die Antworten auf eine solche Frage bringen vielleicht kurzfristig mehr Output, doch längerfristig gehen sie auf Kosten der Kultur. Sie rufen nie die Gefühle der Liebe und Verbundenheit hervor, die Noah für das Four Seasons empfindet. Eine bessere Frage ist: »Wie schaffe ich ein Umfeld, in dem meine Leute zu Hochform auflaufen können?«

Hapert es an der Leistung, wird die Schuld nur allzu oft bei den Mitarbeitern gesucht. Doch Noah ist ja an beiden Arbeitsplätzen derselbe Mensch. Den Unterschied macht lediglich das Managementumfeld, in dem er jeweils arbeiten soll. Hätte ich Noah in dem anderen Hotel kennengelernt, dem es primär um seine Leistung ging, nicht darum, wie es ihm dabei geht, hätte ich sicherlich einen ganz anderen Eindruck von ihm gewonnen. Höchstwahrscheinlich hätte ich nie über ihn geschrieben oder mich in Lobeshymnen über das Four Seasons ergangen. Den größeren Unterschied machen nicht die Menschen, die den Job erledigen, sondern ihre Vorgesetzten.

Noahs Vorgesetzte im Four Seasons wissen, dass es ihre Aufgabe ist, für Noah ein Umfeld zu schaffen, in dem er zu seiner persönlichen Bestform finden kann. Führungskräfte setzen sich gezielt für eine solches Umfeld ein, wenn wir ihnen beibringen, dass ihre Leute wichtiger sind als das Ergebnis. Und genau das ist die eigentliche Definition von Führung. Es kostet einen Manager nicht viel, sich die Zeit zu nehmen, durch die Korridore zu gehen und seine Leute zu fragen, wie es ihnen geht ... und die Antworten ernst zu nehmen. Weil dem Management im Four Seasons das, was seine Leute wollen, wichtiger ist als die Ressourcen, die sie produzieren können, *wollen* diese ihr Bestes geben – und das spürt man als Gast.

Warum dieser Wille wichtiger ist als die Mittel

Bei jedem Spiel kommt es auf zwei Faktoren an – den Willen und die Mittel. Die Mittel sind materieller Natur und entsprechend leicht messbar. Wenn wir von Mitteln oder Ressourcen sprechen, meinen wir damit gewöhnlich Geld. Und je nach den Präferenzen oder jeweils geltenden Standards einer Organisation können diese Ressourcen auf ganz unterschiedliche Weise gezählt werden – in Form von Umsatz, Gewinn, EBITDA, Gewinn je Aktie, Cashflow, Wagniskapital, Private Equity, Aktienkurs und mehr. Die Ressourcen stammen gewöhnlich aus externen Quellen, etwa von Kunden oder Investoren, und sie stellen die Summe aller Finanzkennzahlen dar, die zur Gesundheit einer Organisation beitragen.

Der Wille ist dagegen ideell und schwerer zu messen. Mit dem Willen meinen wir die Einstellung der Menschen zu ihrer Arbeit. Dazu zählen die Moral, die Motivation, die Inspiration, das Engagement, die Bereitschaft, sich einzubringen, der Wunsch, sich nach eigenem Ermessen zu engagieren, und Ähnliches. Der Wille kommt gewöhnlich von innen. Er ergibt sich aus der Führungsqualität und der Klarheit und Stärke der gerechten Sache. Der Wille stellt die Gesamtheit aller menschlichen Elemente dar, die zur Gesundheit der Organisation beitragen.

Alle Führungskräfte, ob sie auf Endlichkeit oder Unendlichkeit gepolt sind, wissen um die große Bedeutung von Ressourcen. Und keiner wird bestreiten, dass auch der Wille wesentlich ist. Ein CEO, der glaubt, dass seine Mitarbeiter unwichtig sind, ist mir zumindest noch nie begegnet. Das Problem dabei: Wille und Ressourcen können nie die gleiche Priorität genießen. Es gibt immer Umstände, unter denen sie in Konkurrenz stehen – Zeiten, in denen ein Manager entscheiden muss, wo er lieber Abstriche macht. Die Frage ist, wofür er sich entscheidet. Und das sieht jeder anders.

Die meisten von uns haben schon einmal an einer Sitzung teilgenommen und gehört, wie ein Manager über seine Prioritäten spricht ... und die sehen oft folgendermaßen aus: 1. Wachstum. 2. Unsere Kunden. 3. Unsere Beschäftigten. Der Manager betont zwar, dass ihm seine Leute am Herzen liegen (schließlich zählen »unsere Beschäftigten« ja zu seinen erklärten Prioritäten), doch es kommt auf die Reihenfolge an. Im vorliegenden Fall haben mindestens zwei andere Faktoren Vorrang vor den Mitarbeitern – und einer davon steht für die Ressourcen. Der Stellenwert seiner Prioritäten verrät, was einem Manager wichtiger ist. Und das wiederum beeinflusst seine Entscheidungen.

Dem endlich orientierten Manager ist in aller Regel die Bewertung wichtiger. Infolgedessen trifft er Entscheidungen, die kurzfristig Ergebnisse bringen – auch wenn ihm diese »schwer fallen« und auf Kosten seiner Belegschaft gehen. Solche Manager greifen beispielsweise in schlechten Zeiten als Erstes auf Entlassungen und extreme Kostensenkung zurück, statt andere Möglichkeiten zu prüfen, die vielleicht unmittelbar nicht so viel bringen, doch auf längere Sicht Vorteile haben. Liegt der Schwerpunkt des Managers auf den Ressourcen, fällt es ihm viel leichter, die direkten Einsparungen zu berechnen, die die Streichung von 10 Prozent der Arbeitsplätze nächste Woche bringt, als sich zu einer Option zu entschließen, bei der sich die Einsparungen erst später in der Bilanz niederschlagen.

Auf Unendlichkeit ausgerichtete Manager bemühen sich dagegen nach Kräften, über augenblickliche finanziellen Belastungen hinauszublicken, und entscheiden im Zweifel so oft wie möglich für die Menschen, nicht für den Profit. Kommt es hart auf hart, sehen sie in ihren Mitarbeitern nicht immer nur einen Kostenfaktor, der reduziert werden muss, sondern sind eher bereit, andere Möglichkeiten auszuloten, um Geld zu sparen – auch wenn es länger dauert, bis sich Ergebnisse einstellen. Ein weitsichtiger Manager stellt seine Leute lieber vorübergehend frei, statt sie auf die Straße zu setzen, wenn er seine Ressourcen schonen muss – etwa, indem er sie auffordert, zwei oder drei Wochen unbezahlten Urlaub zu nehmen. Das läuft zwar auf einen Einkommensverzicht hinaus, erhält aber allen den Arbeitsplatz. Und gemeinsames Leid kann ein Team sogar stärker zusammenschweißen. Aus demselben Grund finden sich auch Menschen nach einer Naturkatastrophe wieder zusammen. Wird aber einigen wenigen ein unverhältnismäßiger Teil der Last aufgezwungen, kann das die Kultur zerstören. Weil ein weitsichtiger Manager über die unmittelbare Krise hinausdenkt, ist er bereit, das Quartal oder das Jahr abzuwarten, bis die Einsparungen Wirkung zeigen, wenn er dadurch den guten Willen seiner Leute hinüberretten kann. Er weiß, dass es der Wille seiner Mitarbeiter ist, der sie zu freiwilligen Anstrengungen antreibt – zu Problemlösung, Fantasie und Teamwork, also allen Voraussetzungen für den künftigen Fortbestand und Erfolg des Unternehmens. Der höhere Wert eines ausgeprägten Willens im Vergleich zu den Ressourcen ist nicht zu unterschätzen. So war es der Wille des nordvietnamesischen Volkes, der im Mittelpunkt von General Giaps Strategie stand, die amerikanischen Truppen mit ihren überlegenen Ressourcen aus Vietnam zu vertreiben.

Doch all jenen, denen es mehr um die Ressourcen geht, stellen sich die Nackenhaare auf, wenn sie Leute wie mich darüber reden hören, dass Menschen wichtiger sind als der Gewinn. Sie hören heraus, dass Geld nicht wichtig ist. Falsch! Und sie hören heraus, dass ich nicht glaube, dass ihnen die Menschen wichtig sind. Wieder falsch! Das ist aber keine Entweder-oder-Entscheidung. Und der Schwerpunkt muss gar nicht extrem sein. Der berühmte Gastronom und Gründer des Shake Shack, Danny Meyer, machte seinen Standpunkt deutlich, als er sagte, in seinem Geschäft gehe es zu 49 Prozent um Sachkunde und zu 51 Prozent um Emotionen (was in seiner Sprache für Wille und Ressourcen steht).[1] Selbst wenn der Wille nur wenig mehr zählt als die Ressourcen, entsteht daraus eine stärkere Kultur, in der es genug von beidem gibt, um langfristig im Spiel zu bleiben.

In einen starken Willen muss man ordentlich investieren

Für zu viele Topmanager »sind die Beschäftigten nur ein Kostenfaktor«, so Angela Ahrendts, Ex-CEO von Burberry und vormals Senior Vice President für den Einzelhandel bei Apple. Vor allem im Einzelhandel, der unter besonders hoher Personalfluktuation leidet, denken viele: »Wozu in Mitarbeiter investieren, die bald wieder weg sind?« Doch das ist eine eindimensionale, endlichkeitsorientierte Betrachtung der Wirtschaftsabläufe. Weil sie so auf das Geld konzentriert sind, das sie sparen können, indem sie nicht in ihre Belegschaft investieren, übersehen viele endlich orientierte Topmanager die Mehrkosten, die dadurch tatsächlich entstehen. Es kostet Geld, neue Leute einzustellen, um frei gewordene Stellen zu besetzen. Das Ausscheiden erfahrener Mitarbeiter und die Wartezeit, bis Neulinge angelernt sind und sich an die neue Kultur angepasst haben, beeinträchtigen die Produktivität. Berücksichtigt man dann noch die niedrige Moral in Jobs mit hoher Fluktuation, fragt man sich, ob es das gesparte Geld wirklich wert war. Diese Frage stellte sich auch Ahrendts. Also rechnete sie nach – mit überraschendem Ergebnis: Die tatsächlichen Mehrkosten, die bei Apple dafür anfallen, dass man sich um die eigenen Leute kümmert: null.

Apple gewährt seinen Vollzeitbeschäftigten im Einzelhandel dieselben Nebenleistungen wie Vollzeitbeschäftigten in anderen Bereichen – unter anderem umfassende Kranken- und Zahnzusatzversicherungen und 2.500 Dollar Erstattung für freiwillige Weiterbildungsmaßnahmen außerhalb der Arbeitszeit. Apple gehörte zu den ersten Unternehmen, bei denen neue Mitarbeiter einen Mindestlohn von 15 Dollar die Stunde erhielten, und das Unternehmen bietet Vollzeitbeschäftigten im Einzelhandel dieselben Möglichkeiten, Aktien zu erwerben, wie jedem anderen Mitarbeiter. All diese Zusatzkosten werden durch das Geld kompensiert, das das Unternehmen durch niedrigere Einstellungs- und Ausbildungskosten einspart, wie sie bei den meisten Firmen anfallen, die übermäßig oft an der Personalschraube drehen und später Geld in die Hand nehmen müssen, um freie Stellen wieder zu besetzen (Kosten, die häufig nicht berücksichtigt werden, wenn Topmanager berichten, wie viel Geld sie durch eine Entlassungsrunde gespart haben). Und anders als viele große Einzelhändler, die im Personalwesen viele Mitarbeiter brauchen, die laufend damit beschäftigt sind, ausscheidende Leute zu ersetzen, benötigt Apple für sein Einzelhandelsgeschäft nur eine sehr schlanke Personalabteilung. Natürlich führen manche ins Feld, dass Apple pro Mitarbeiter wesentlich mehr Umsatz erzielt als die meisten anderen Einzelhändler und deshalb auch höhere Löhne zahlen kann. Doch bei Costco, wo Kassenkräfte im Schnitt 15,09 US-Dollar verdienen (und außerdem ein Programm zur Altersvorsorge und Krankenversicherungsbeiträge erhalten), hat man festgestellt, dass die Mehrkosten durch die niedrigere Fluktuation und die höhere Produktivität aufgefangen werden.[2] Außerdem erhalten die Kunden besseren Service, wenn sich die Mitarbeiter wohlfühlen – was sich in höhere Durchschnittsumsätze übersetzen dürfte.

Besteht also per saldo effektiv Kostenneutralität, dann ist es nur eine Frage der Einstellung, wie wir unsere Beschäftigten behandeln. Und aufgrund dieser anderen Einstellung[3] kann sich Apple einer Mitarbeiterbindungsrate von im Schnitt zwischen 80 und 90 Prozent erfreuen[4], während diese im Einzelhandel sonst durchschnittlich bei 20 bis 30 Prozent liegt. Während endlich orientierte Topmanager die Belegschaft als steuerbaren Kostenfaktor betrachten, sehen weiter denkende Führungskräfte wie Angela Ahrendts Mitarbeiter lieber als Menschen, deren Wert sich nicht berechnen lässt, als wären sie Teil einer Maschine. Investitionen in Mitarbeiter gehen über gute Bezahlung und einen angenehmen Arbeitsplatz hinaus. Sie bestehen auch darin, Beschäftigte als Menschen zu behandeln, die wie alle Menschen Ziele und Ängste, Ideen und Meinungen haben und letztlich ernst genommen werden möchten. Das erscheint so manchem endlich orientierten Spitzenmanager womöglich riskant – so viel Geld in die Hand zu nehmen in der »Hoffnung«, dass es etwas bringt. Niedrigere Löhne und weniger Nebenleistungen sind natürlich einfacher zu berechnen. Doch vielleicht lohnt sich das Risiko ja. Wenn Unternehmen ihren Mitarbeitern den Eindruck vermitteln, dass sie zählen, entwickeln diese einen Gemeinschaftsgeist, der für Geld nicht zu haben ist.

Wenn der Wille stark ist

Sein Bankmanager und seine Geschäftsfreunde warnten ihn alle. Sie erzählten ihm, sollte sein Unternehmen diesen Plan umsetzen, werde das den Mitarbeitern gar nicht gefallen. »Sie werden gehen«, orakelten sie. Doch der CEO sprach auch mit Menschen aus dem Unternehmen, um sich ihre Meinung anzuhören, bevor er eine Entscheidung traf. Und sie waren sich alle einig: Das Unternehmen sollte die Gehälter einfrieren und keine Arbeitgeberbeiträge mehr zur Altersvorsorge zahlen.

Während der Rezession von 2008, als die Menschen in wirtschaftlichen Krisenzeiten den Gürtel enger schnallten, schoben viele die Anschaffungen auf, die nicht unbedingt notwendig waren – wie Produkte zur Lagerhaltung und Organisation für zu Hause und im Büro. The Container Store – der einzige US-Einzelhändler, der nur auf solche Artikel spezialisiert war – bekam das zu spüren. Der Umsatz brach um 13 Prozent ein. An solche Knicks war das Unternehmen nicht gewöhnt und stand daher vor einem Problem. Seit der Eröffnung 1978 hatte die durchschnittliche jährliche Wachstumsrate bei 20 Prozent gelegen. Die Geschäftsleitung sprach mit Mitarbeitern und kam zu dem Schluss, dass die Kosten zumindest um den Betrag gedrückt werden mussten, um den der Umsatz abgeschmolzen war. Dass niemand sagen konnte, wie lange die Rezession andauern beziehungsweise die Umsätze weiter sinken würden, kam erschwerend hinzu.

The Container Store rühmt sich seit jeher damit, dass die Mitarbeiter dort an erster Stelle stehen. Als die Rezession einsetzte, wollte man daher nicht zum üblichen Mittel der Wahl greifen und Leute entlassen. Doch es musste etwas geschehen. Als die Geschäftsleitung den Plan vorlegte, auf unbestimmte Zeit die Gehälter einzufrieren und die Beiträge zu Altersvorsorgeplänen zu streichen, war sie nicht sicher, wie die Belegschaft darauf reagieren würde. Man hoffte auf Verständnis und auf die Einsicht, dass es besser war, wenn alle ein bisschen kürzer traten, als ein paar wenige komplett im Regen stehen zu lassen.

Was dann kam, überraschte und erfreute die Unternehmensführung über alle Erwartungen. Es passierte nämlich etwas, was niemand erbeten oder gefordert hatte. Die Mitarbeiter akzeptierten die Nullrunde nicht nur, sondern bemühten sich aktiv, auf anderen Wegen Geld zu sparen. Unaufgefordert buchten Mitarbeiter für Geschäftsreisen eine niedrigere Hotelkategorie – beispielsweise Hampton Inn statt Hilton. Andere reichten keine Spesenabrechnungen mehr ein und zahlten ihr Essen und ihr Taxi selbst, wenn sie geschäftlich unterwegs waren. Wo sie eine Möglichkeit sahen, dem Unternehmen Geld zu sparen, taten sie es. Sie wandten sich sogar an Zulieferer und fragten dort nach Sparmöglichkeiten. Und erstaunlicherweise kamen ihnen diese bereitwillig entgegen. So etwas hatte es noch nie gegeben! Natürlich bestand für sie keinerlei Verpflichtung, Sonderpreise anzubieten, um einem Kunden zu helfen, dem harte Zeiten zusetzten. Doch weil The Container Store so gute Beziehungen zu seinen Lieferanten unterhielt, *wollten* diese gern helfen.

»Ein Top-down-Ansatz hätte nicht halb so viel gebracht«, meint Kip Tindell, Mitgründer und Ex-CEO. Und er hat Recht. Die Unternehmensleitung kann verlangen, dass Mitarbeiter in billigeren Hotels wohnen kann, ihre Leute bedrängen, Zulieferern Einsparungen abzuringen, und ankündigen, dass Spesen auf Geschäftsreisen nicht mehr erstattet werden. Und das hätte sicherlich Einsparungen zur Folge ... aber vielleicht eben auch einen Massenaufstand. Schon mit weitaus geringeren Zumutungen ist in anderen Unternehmen stiller, schwelender Zorn auf den Betrieb und seine Führung erregt worden. Bei The Container Store war das ganz anders, denn der Wunsch, mitzutun, kam von den Mitarbeitern. Es knisterte in der Luft. Die Moral war gut. Die Menschen suchten begeistert nach Möglichkeiten, etwas beizutragen. Vor allem aber hatten sie das Gefühl, alle an einem Strang zu ziehen.

Führungskräfte mit auf Endlichkeit ausgerichteter Mentalität meinen oft, dass der Wille einer externen Quelle entspringt – Vergütungspaketen, Prämien, Vergünstigungen oder internem Wettbewerb. Als ob sich ein Mensch allein dadurch begeistern ließe. Mit Geld lässt sich vieles kaufen. Man kann damit sogar Menschen motivieren – zu harter Arbeit beispielsweise. Doch die innere Einstellung ist für Geld nicht zu haben.[5] Der Unterschied zwischen einer Organisation, in der die Menschen von außen dafür belohnt werden, alles zu geben, und einer, in der sie von innen heraus dazu motiviert sind: Die eine ist voller Söldner, die andere voller Eiferer. Söldner bringen nur so lange Einsatz, wie wir ihnen dafür viel Geld zahlen. Loyalität zum Unternehmen oder zum Team kennen sie nicht. Sie haben weder das Gefühl, dazuzugehören, noch, zu etwas Größerem beizutragen. Söldner bringen keine Opfer aus Liebe oder Hingabe. Eiferer dagegen sind *gern* Teil der Organisation. Auch wenn sie dadurch reich werden, ist das nicht ihr Antrieb. Sie setzen sich ein, weil sie an die gerechte Sache glauben.

Tindell von The Container Store sagt: »Unseren Mitarbeitern ist die Sache wichtiger als sie selbst.« Doch so wichtig sie war, es war nicht die gerechte Sache allein, die die Einstellung der Menschen prägte. Tindell erlebte vielmehr während der Rezession, wie sich eine langfristige Investition auszahlte. Er erinnert sich an die Ereignisse während der Rezession von 2008 als eine spontane Demonstration von »Liebe und Hingabe«.[6] Ihm mag sie spontan vorgekommen sein, doch das war sie nicht. Eine solche Einstellung kann nicht über Nacht aufgebaut werden – und auch nicht aus dem Nichts. Jahrelang war The Container Store ein guter Arbeitgeber gewesen, hatte seine Mitarbeiter mit Kundenkontakt besser bezahlt als viele andere Einzelhändler und seine Führungskräfte gelehrt, der persönlichen Entwicklung der Mitarbeiter Vorrang zu geben vor dem finanziellen Wachstum des Unternehmens. Und jahrelang hatten sich die Mitarbeiter ihrerseits um ihre Kunden, das Unternehmen und die Lieferanten gekümmert. Und als das Unternehmen in die Krise geriet, wollten die Mitarbeiter und die Zulieferer das tun, was für das Unternehmen richtig war. Wie wir unsere Leute behandeln, so behandeln sie uns.

Ein Grund, aus dem Unternehmen mit einem Schwerpunkt auf der inneren Einstellung im unendlichen Spiel am Ende besser fahren, hat damit zu tun, worauf wir Einfluss ausüben können. Wir können zwar bestimmen, wie wir unser Geld ausgeben und verwalten, doch wir haben weit weniger Einfluss darauf, wie wir es verdienen. Politik, Konjunkturzyklen, Marktschwankungen, Maßnahmen anderer Akteure, Kundenpräferenzen, technischer Fortschritt, das Wetter und sonstige höhere Gewalt können unsere Fähigkeit, Ressourcen aufzutreiben, zunichtemachen. Doch über den Quell der inneren Einstellung haben Führungskräfte nahezu die vollständige Kontrolle.

Anders als die Ressourcen, die stets irgendwann zur Neige gehen, versiegt dieser Quell nie. Aus diesem Grund sind Organisationen, die mehr Wert auf die richtige Einstellung legen, letztlich widerstandsfähiger als solche, denen die Ressourcen wichtiger sind. Kommt es zur Krise (und die nächste Krise kommt bestimmt), werden Menschen in einem Unternehmen, in dem es auf die Einstellung ankommt, mit größerer Wahrscheinlichkeit zusammenstehen und einander, das Unternehmen, die Ressourcen und das Management schützen. Das passiert, wenn die Menschen den starken Willen dazu haben. »Wir haben ihnen das Gefühl vermittelt, dass wir eine große Familie sind – ein Gefühl der Zuneigung und Loyalität zueinander, zu unseren Kunden, Zulieferern und Kommunen. Unsere Absicht war, ein Unternehmen aufzubauen, das alle, die damit zu tun haben, aufblühen lässt«, so Tindell.

Siebtes Kapitel

VERTRAUEN IM TEAM

»Wozu soll das gut sein?«, wollte George wissen. »Das hat doch nichts mit Ölförderung zu tun.« Ähnlich dachten auch die übrigen Anwesenden. Sie sollten die Shell URSA bemannen – die größte Bohrinsel für die Tiefseeölförderung, die die Shell Oil Company je gebaut hatte. Und sie hatten keine Zeit für diesen »Workshop«.

Die Shell URSA sollte 48 Stockwerke hoch werden und würde tiefer bohren können als jede andere Plattform der Welt – mehr als 900 Kilometer unter dem Meeresspiegel. Seinerzeit, im Jahr 1997, kostete ihr Bau 1,45 Milliarden US-Dollar (was heute 5,35 Milliarden US-Dollar entsprechen würde). Angesichts seiner Größe und seiner Kosten brachte dieses Projekt alle möglichen neuen Herausforderungen und Gefahren. Deshalb wollte Shell alles richtig machen. Und aus diesem Grund wurde Rick Fox als Projektleiter ausgewählt.

Fox war ein harter Hund – selbst für harte Hunde. Unnachgiebig und selbstbewusst. Schwäche tolerierte er nicht. Und er fühlte sich im Recht mit dieser Haltung. Schließlich war das einer der gefährlichsten Jobs der Welt. Ein falscher Schritt, ein Blick in die falsche Richtung, und schon konnte ein Mann von den schweren beweglichen Teilen in Stücke gerissen und getötet werden. Er wusste das – er hatte es miterlebt. Deshalb ging es Fox in erster Linie um Sicherheit … und darum, dafür zu sorgen, dass die URSA auf Hochtouren lief und so viele Barrel Öl aus dem Meeresboden holte wie möglich.

In Nordkalifornien, weit weg von der Shell-Zentrale in New Orleans, lebte eine Frau namens Claire Nuer. Die Holocaust-Überlebende führte eine Managementberatung. Sie hörte von der Shell URSA und – stets auf der Suche nach Gelegenheiten, ihre Philosophien weiterzugeben – meldete sich unaufgefordert bei Rick Fox. Als Nuer Fox nach den anstehenden Problemen fragte, sprach er die ganze Zeit von technischen Herausforderungen. Nuer ließ ihn zunächst all die mit dem Betrieb einer Tiefseebohrinsel verbundenen Komplexitäten erklären und machte ihm dann einen recht ungewöhnlichen Vorschlag. Wollte Fox *wirklich,* dass seine Leute angesichts all dieser neuen Herausforderungen sicher und erfolgreich arbeiteten, dann müssten sie lernen, ihre Gefühle auszudrücken.

Das muss sich sehr esoterisch angehört haben – stark nach New Age. Ganz, als wäre dafür kein Platz in einer ernsthaften, leistungsorientierten Organisation. Zu jedem anderen Zeitpunkt hätte Fox, für den Gefühle auszudrücken gleichbedeutend war mit Schwäche zeigen, vielleicht einfach aufgelegt. Doch Nuer hatte Glück. Aus irgendeinem Grund – möglicherweise, weil die Beziehung zu seinem Sohn gerade recht gespannt war – hörte sich Fox an, was sie zu sagen hatte. Er nahm ihre Einladung an, mit seinem Sohn nach Kalifornien zu fliegen und an einem ihrer Workshops teilzunehmen. Dort konnten Vater und Sohn in einem sicheren Raum offen zum Ausdruck bringen, was sie füreinander empfanden. Der Workshop hatte eine so tiefgreifende positive Wirkung auf ihre Beziehung, dass Fox diese Erfahrung auch anderen zuteilwerden lassen wollte. Er ließ Alt-Hippie Nuer aus Nordkalifornien einfliegen, um ihre Theorien an seiner rauen, dickfelligen Ölbohrmannschaft aus Louisiana auszuprobieren. Er wusste, seine Leute würden seinen Vorschlag mit zynischen Sprüchen und Witzen aufnehmen. Doch Fox lag seine Crew am Herzen, und er glaubte fest: Sich zur Zielscheibe ihrer spöttischen Bemerkungen und Spitzen zu machen, stand in keinem Verhältnis zu dem Nutzen, den sie davon haben würden. So begann das Experiment.

Tag für Tag saßen Mitglieder der URSA-Mannschaft im Kreis zusammen und sprachen stundenlang über ihre Kindheit und ihre Beziehungen.[1] Über glückliche und weniger glückliche Erinnerungen. Einmal brach ein Teilnehmer unter Tränen zusammen, als er den anderen von der tödlichen Erkrankung seines Sohnes erzählte. Doch die Crewmitglieder sollten nicht nur über sich selbst sprechen, sie sollten auch zuhören. Einer wurde dazu aufgefordert, die Gruppe zu fragen: »Wenn ihr etwas an mir ändern könntet, was wäre das?« »[Du] hörst nicht zu«, sagten sie ihm. »Und du redest zu viel.« Darauf durfte er nur sagen: »Erzählt mir mehr.«

Die Mitglieder von Fox' Team lernten sich besser kennen – auf einer ganz anderen Ebene, nicht nur als Kollegen, sondern als Menschen. Sie zeigten den anderen offen, wer sie wirklich waren – nicht, wie sie wahrgenommen werden wollten. Und dabei wurde deutlich, dass ihre Fassaden als harte Kerle, die sie vor sich her trugen, nichts anderes waren als Fassaden. Unter ihrer harten Schale verbargen sich wie bei allen Menschen Zweifel, Ängste und Unsicherheiten. Die hatten sie nur gut versteckt. Ein ganzes Jahr hindurch entwickelte Rick Fox unter Anleitung von Claire Nuer ein Team für die Shell URSA, dessen Mitglieder sich auf psychologischer Ebene miteinander sicher fühlten.

Es ist ein Unterschied, ob eine Gruppe von Menschen nur zusammen arbeitet oder einander vertraut. Unter Kollegen sind die Beziehungen häufig rein geschäftlich und beruhen auf dem gemeinsamen Wunsch, bestimmte Aufgaben zu erledigen. Das hält uns nicht davon ab, die Menschen zu mögen, mit denen wir arbeiten, oder Spaß an unserer Arbeit zu haben. Doch daraus entsteht nicht automatisch

Vertrauen im Team. Vertrauen ist ein Gefühl. So wenig wie ein Manager von uns verlangen kann, glücklich oder inspiriert zu sein, so wenig kann er uns vorschreiben, ihm oder einander zu vertrauen. Damit sich Vertrauen entwickelt, müssen wir uns zunächst trauen, unsere Gefühle zu äußern. Wir müssen uns trauen, uns verletzlich zu zeigen. Sie haben ganz richtig gelesen: verletzlich. Bei diesem Wort winden sich manche sicher unbehaglich auf ihrem Stuhl.

Arbeiten wir in einem vertrauensvollen Team, dann trauen wir uns, uns verletzlich zu zeigen. Wir trauen uns, die Hand zu heben und zuzugeben, dass wir einen Fehler gemacht haben, ehrlich mit Leistungsdefiziten umzugehen, die Verantwortung für unser Verhalten zu übernehmen und um Hilfe zu bitten. Die Bitte um Hilfe ist ein Beispiel für ein Verhalten, das Verletzlichkeit offenbart. Doch in einem vertrauensvollen Team tun wir das in der Zuversicht, dass unser Chef oder unsere Kollegen da sind, um uns zu unterstützen. Verletzlichkeit und Vertrauen sind untrennbar miteinander verbunden. »Vertrauen baut sich über längere Zeit auf – aus vielen kleinen Momenten wechselseitiger Verletzlichkeit«, so Brené Brown, Research-Professorin an der Universität von Houston, in ihrem Buch *Dare to Lead.* »Vertrauen und Verletzlichkeit wachsen gemeinsam. Wer eines davon verrät, vernichtet beides.«

Herrscht in einem Team kein Vertrauen – haben die Mitglieder nicht den Eindruck, dass sie am Arbeitsplatz jede Art von Verletzlichkeit zum Ausdruck bringen können –, dann fühlen wir uns oft gezwungen zu lügen, zu heucheln und so zu tun als ob, um das mangelnde Vertrauen auszugleichen. Wir verschweigen Fehler, wir geben vor, zu wissen, was wir tun (auch wenn dem nicht so ist), und wir würden nie zugeben, dass wir Hilfe brauchen – aus Angst vor Demütigungen, Repressalien oder davor, bei der nächsten Kündigungswelle ganz oben auf der Liste zu stehen. Herrscht in den einzelnen Teams kein Vertrauen, dann bleiben alle Risse in einer Organisation verborgen oder werden ignoriert. Das potenziert sich, wenn es über längere

Zeit anhält, und greift um sich, bis es zum Bruch kommt. Vertrauen im Team ist daher unabdingbar für das reibungslose Funktionieren einer Organisation. Und auf einer Ölplattform kann es Leben retten.

»Zur Sicherheit gehört auch«, so Professor Robin Ely, Koautorin des Artikels in *Harvard Business Review* über die URSA, »dass man Fehler zugeben kann und aufgeschlossen dafür ist dazuzulernen – zu sagen, ›Ich brauche Hilfe, ich kann das nicht alleine heben‹ oder ›Ich weiß nicht, wie man diesen Zähler abliest.‹«[2] Die URSA-Crew stellte fest: Je sicherer sie sich im Umgang miteinander fühlten, desto besser flossen die Informationen. Oft zum ersten Mal in ihrer Laufbahn trauten sich Mitglieder von Fox' Team, Bedenken zu äußern. Und das hatte bemerkenswerte Folgen.[3] Die Sicherheitshistorie der Shell URSA gehört zu den besten in der Branche. Und Nuers Methoden zum Aufbau von Vertrauen verbreiteten sich im ganzen Unternehmen, was insgesamt unternehmensweit zu einem Rückgang der Unfallzahlen um 84 Prozent führte.

Wenn ich sage, dass Teams lernen müssen, verletzlich zu sein, einander etwas zu bedeuten und das auch zu zeigen, stoße ich oft auf Widerstand. So erklärte mir beispielsweise ein Dienststellenleiter der US-Staatspolizei: »Ich verstehe, was Sie sagen, aber ich kann mich doch nicht vor meine Leute hinstellen und ihnen erzählen, dass sie mir etwas ›bedeuten‹. Wir leben in einer Machokultur. Das kann ich nicht machen. Es geht nicht.«[4] Doch wenn das ein Haudegen wie Rick Fox auf einer Ölplattform schafft, dann kann das jede Führungskraft in jeder Branche. Unsere Vertrauensfähigkeit ist nicht branchenabhängig. Dabei geht es um Zwischenmenschliches. Manchmal müssen wir ein Konzept eben nur in die Sprache übersetzen, die in die Kultur unseres Arbeitsumfelds passt. Ich fragte den Dienststellenleiter: »Können Sie sich vor Ihre Beamten hinstellen und sagen: ›Ihr seid mir scheißegal. Ich möchte, dass ihr zur Arbeit kommt und spürt, dass ihr mir scheißegal seid, und ich möchte eine

Kultur aufbauen, in der sich jeder Beamte so fühlt, als sei er den anderen scheißegal.‹« Da lächelte er. Das konnte er nämlich.

In der Wirtschaft kommt der Widerstand oft von einer ganz anderen Seite. Unternehmenschefs behaupten, im Geschäftsleben ginge es um Professionalität, nicht um Persönliches. Dass es ihre Aufgabe sei, andere zu guten Leistungen anzuspornen – nicht, ihnen ein gutes Gefühl zu geben. Doch Gefühle existieren nun einmal. Haben Sie sich bei der Arbeit schon einmal frustriert, aufgeregt, wütend, inspiriert, verwirrt, kollegial, neidisch, selbstbewusst oder unsicher gefühlt? Gratuliere – Sie sind ein Mensch. Und Menschen können ihre Gefühle bei der Arbeit nicht einfach abschalten.

Dass wir uns trauen, unsere Gefühle zu äußern, ist aber nicht zu verwechseln mit mangelnder emotionaler Professionalität. Natürlich können wir unserer Wut nicht einfach freien Lauf lassen oder den Dialog verweigern, weil wir mit einem anderen Teammitglied im Clinch liegen. Wir sind ja erwachsen und müssen uns stets respektvoll, höflich und vernünftig verhalten. Das heißt aber nicht, dass wir unsere Gefühle abstellen können oder es auch nur versuchen sollten. Wer den Zusammenhang zwischen Gefühlen und Leistung abstreitet, offenbart damit eine sehr kurzsichtige Auffassung von Führung. Führungspersönlichkeiten wie Rick Fox wissen dagegen, dass Gefühle im Mittelpunkt vertrauensvoller Teams stehen … und vertrauensvolle Teams sind die gesündesten und leistungsstärksten, wie sich zeigt.

Auf Ölplattformen liegt die durchschnittliche Betriebszeit (also die Zeit, in der eine Plattform arbeitet und betriebsbereit ist) bei 95 Prozent.[5] Bei der Shell URSA sind es 99 Prozent. Sie förderte 43 Prozent mehr Öl als branchenüblich. Sie übertraf sogar ihre eigenen Produktionsziele um 14 Millionen Barrel. Doch damit nicht genug, die URSA hatte auch bei ihren Umweltschutzzielen die Nase ganz weit vorn. Offenbar ist für den Aufbau leistungsfähiger Teams Vertrauen wichtiger als Leistung.

Leistung oder Vertrauen?

Die Navy SEALs wurden durch Filme wie *Act of Valor* und *Captain Phillips* öffentlich bekannt, aber auch durch den Einsatz, der zum Tod des Al-Qaida-Anführers Osama bin Laden führte. Tatsächlich gehören die Spezialeinheiten der US-Marine zu den leistungsstärksten Organisationen auf dem Planeten. Daher überrascht es Sie vielleicht zu hören, dass die Mitglieder ihrer Teams nicht unbedingt die leistungsstärksten Soldaten sind. Um festzustellen, ob jemand das Zeug zum SEAL hat, werden Kandidaten entlang zweier Achsen bewertet: Leistung und Vertrauen.

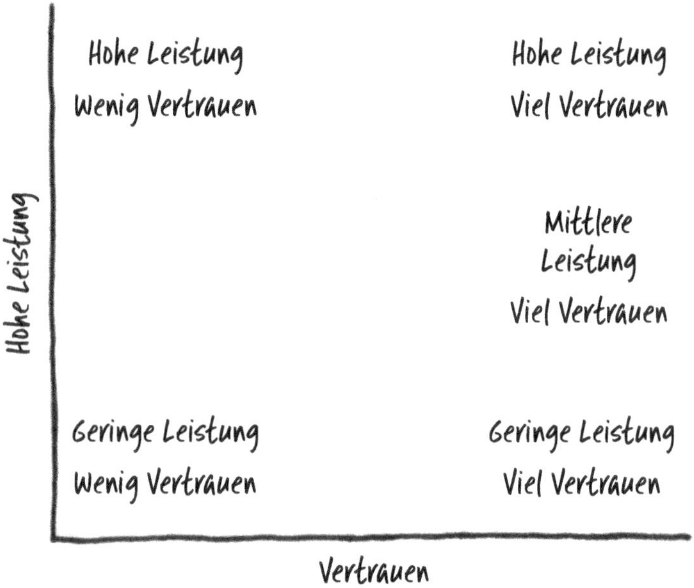

Bei der Leistung geht es um fachliche Kompetenz. Wie gut macht einer seinen Job? Hat er Schneid? Bleibt er unter Druck gelassen? Beim Vertrauen geht es um den Charakter. Um Demut und um persönliches Verantwortungsgefühl. Wie sehr stehen sie hinter ihren Kameraden – auch außerhalb des Schlachtfelds? Üben sie positiven Einfluss auf andere Teammitglieder aus? Ein Mitglied eines SEAL-

Teams formulierte das folgendermaßen: »Vielleicht vertraue ich dir mein Leben an – aber mein Geld oder meine Frau?« Anders formuliert: Nur weil ich Vertrauen in deine fachlichen Fertigkeiten habe, heißt das noch lange nicht, dass ich dir als Mensch vertraue. Du kannst mir vielleicht im Kampf den Rücken freihalten, aber ich vertraue dir nicht genug, mich dir gegenüber persönlich verletzlich zu zeigen. Das ist der Unterschied zwischen physischer und psychischer Sicherheit.

Schauen wir uns die Gegenüberstellung von Leistung und Vertrauen in der grafischen Darstellung an. Ganz klar: Den Kerl aus der linken unteren Ecke will keiner im Team haben – also einen, der wenig leistet und der wenig vertrauensfähig ist. Den Kandidaten aus der oberen rechte Ecke wollen dagegen alle in ihrer Mannschaft haben. Er ist leistungsstark und vertrauensfähig. Die SEALs haben festgestellt, dass der Kandidat oben links in der Grafik – der Leistungsträger mit geringem Vertrauensfaktor – ein nachgerade toxisches Teammitglied ist. Solche Menschen zeigen im Team narzisstische Züge, sind rasch mit Schuldzuweisungen bei der Hand, stellen sich selbst an die erste Stelle, »reden schlecht über andere« und können einen negativen Einfluss auf andere Teammitglieder ausüben – vor allem auf neue. Den SEALs ist jemand lieber, der nur mittelprächtige Leistungen bringt, aber auf der Vertrauensskala punktet – und im Zweifel sogar jemand, der keine so guten Leistungen bringt, aber einen hohen Vertrauenswert aufweist (die Skala ist ja relativ). Wenn bei den SEALs, die zu den leistungsstärksten Teams der Welt zählen, Vertrauen vor Leistung geht, warum meinen wir dann immer noch, dass es in der Wirtschaft mehr auf Leistung ankommt?

In einer von dem starken Druck zur Einhaltung von Quartals- oder Jahreszielen geprägten Kultur legen zu viele Manager Wert auf hohe Leistungen und achten nicht darauf, ob im Team Vertrauen herrscht. Diese Werte schlagen sich auch in Personalentscheidungen über die Besetzung von Stellen, Beförderungen und Entlassungen nieder. Ein

Extrembeispiel dafür liefert Jack Welch, der über große Teile der hochfliegenden 1980er- und 1990er-Jahre CEO von GE war. Er war so damit beschäftigt zu gewinnen und der Beste zu sein (sogar eines seiner Bücher trägt den Titel *Winning*), dass er sich ausschließlich auf die Leistung fokussierte – auf Kosten des Vertrauens. Wie die SEALs stufte auch Welch seine Führungskräfte entlang zweier Achsen ein, doch im Unterschied zu den SEALs zählten für ihn Leistung und Potenzial – also im Grund aktuelle und künftige Leistung.[6] Diejenigen, die in einem bestimmten Jahr bei diesen beiden Messgrößen die größten »Gewinne« verbuchten, wurden zur Beförderung vorgesehen. Die Minderleister wurden gefeuert. In seinem Bestreben, eine Hochleistungskultur zu erzeugen, konzentrierte sich Welch vor allem anderen auf den Output. (Zwar hatte Welch auch Kennzahlen für die Kultur, doch wenn Sie Leute fragen, die damals bei GE beschäftigt waren, werden Sie hören, dass diese weitgehend ignoriert wurden.)

Von einem Umfeld, wie es von Welch kultiviert wurde, profitieren in aller Regel die Leistungsträger und werden entsprechend hofiert – auch solche mit niedrigen Vertrauenswerten. Das Problem dabei: Die toxischen Teammitglieder sind oft mehr an ihrer eigenen Leistung und ihrem eigenen Fortkommen interessiert als daran, das ganze Team voranzubringen. Auf kürzere Sicht machen sie sich vielleicht durchaus gut, doch die Art und Weise, wie sie das erreichen, vergiftet häufig die Atmosphäre so, dass andere nur schwer zu Höchstform auflaufen können. Verschärft werden solche Tendenzen in leistungsbesessenen Kulturen oft noch durch Führungskräfte, die auf internen Wettbewerb als Weg zur Leistungssteigerung setzen.

Auf endliche Ziele ausgerichteten Topmanagern wie Welch mag die Vorstellung gefallen, die eigenen Leute gegeneinander antreten zu lassen. Doch das hat höchstens kurzfristig positive Folgen. Früher oder später kann es zu Verhaltensweisen führen, die das Vertrauen unterminieren. Dann werden Informationen zurückgehalten statt weitergegeben. Man schmückt sich fremden Federn, statt andere zu würdigen, manipuliert jüngere Teammitglieder und schiebt anderen die Schuld in die Schuhe, um nicht zur Verantwortung gezogen zu werden. Manchmal gehen solche Zeitgenossen sogar so weit, ihre Kollegen vorsätzlich zu sabotieren, um selbst besser dazustehen. Erwartungsgemäß leidet darunter irgendwann die gesamte Organisation … unter Umständen so stark, dass sie aus dem Spiel gedrängt wird. Das Unternehmen, das Jack Welch aus GE machte, war über kurz oder lang quasi zum Scheitern verurteilt. Hätte der Staat GE nach dem Börsensturz von 2008 nicht mit 300 Milliarden US-Dollar an Steuergeldern rettend unter die Arme gegriffen, gäbe es GE vermutlich gar nicht mehr. Die Wahrheit kommt eben stets irgendwann ans Licht.

Dass auch wohlmeinende Spitzenmanager, die wissen, was Vertrauen wert ist, häufig in die Falle tappen, Leistungsträger anzuwerben und zu befördern, ohne darauf zu achten, ob sie vertrauenswürdig und vertrauensfähig sind, ist keine Überraschung. Leistung lässt sich in Form von Output eben leicht quantifizieren. Tatsächlich gibt es in der Wirtschaft alle möglichen Kennzahlen, um die Leistung von Mitarbeitern zu messen. Für ihre Vertrauenswürdigkeit haben wir jedoch nur wenige effektive Maßstäbe. Dabei ist es in Wirklichkeit kinderleicht, in einem Team die Leistungsträger mit geringen Vertrauenswerten ausfindig zu machen. Sie müssen einfach nur die Teammitglieder fragen, wer das Arschloch ist. Aller Voraussicht nach hören Sie von allen denselben Namen.

Umgekehrt gilt: Fragen Sie die Teammitglieder nach der Person, der sie am meisten vertrauen und die ihnen stets den Rücken freihält, wenn es hart auf hart kommt, werden vermutlich ebenfalls alle ein und denselben Namen nennen. Diese Person ist manchmal, aber nicht immer auch die leistungsstärkste. Auf jeden Fall ist sie ein großartiges Teammitglied und möglicherweise von Natur aus mit Führungsqualitäten gesegnet und dadurch in der Lage, die Leistung der ganzen Gruppe zu verbessern. Solche Teammitglieder verfügen gewöhnlich über hohe emotionale Intelligenz und drücken sich nicht vor der Verantwortung dafür, wie sich ihre Handlungen auf die Gruppendynamik auswirken. Sie wollen sich selbst weiterentwickeln und auch allen in ihrem Umfeld dabei helfen. Doch weil für uns oft nur Leistung zählt und nicht Vertrauen, entgeht uns höchstwahrscheinlich der Wert eines vertrauenswürdigen Teammitglieds, wenn wir darüber nachdenken, wer befördert werden soll.

Auf Feedback dazu, wie sie von anderen gesehen werden, reagieren Leistungsträger mit einem niedrigen Vertrauenswert selten positiv. Oft wollen sie es gar nicht hören. Sie halten sich für vertrauenswürdig – es sind grundsätzlich die anderen, denen nicht zu trauen ist. Sie suchen Ausreden, statt die Verantwortung für ihr Verhalten zu übernehmen. Sie merken durchaus, dass sie vom restlichen Team nicht in alles einbezogen werden (weil die anderen eifersüchtig sind, wie sie vermuten), erkennen aber nicht, dass sie selbst der einzige gemeinsame Nenner all dieser angespannten Beziehungen sind. Selbst wenn sie wissen, wie sie beim übrigen Team ankommen, setzen viele besonders auf Leistung getrimmte Manager mit geringem Vertrauenswert verstärkt auf Output, statt zu versuchen, das verloren gegangene Vertrauen zurückzugewinnen. Schließlich war es dank der verqueren Unternehmenskennzahlen ihre Leistung, die sie in der Vergangenheit in ihrer Karriere weitergebracht und ihren Arbeitsplatz gesichert hat. Wieso sollten sie also von dieser Strategie abgehen?

Gute Manager favorisieren nicht automatisch Mitarbeiter, die wenig leisten, aber beim Vertrauensfaktor punkten. Sie trennen sich auch nicht sofort von Leistungsträgern, die niedrige Vertrauenswerte aufweisen. Hat jemand Leistungsprobleme oder verhält er sich so, dass die Gruppendynamik davon beeinträchtigt wird, muss ein Vorgesetzter zunächst die Frage stellen: »Hilft ein Coaching?« Die Aufgabe eines Managers ist es, dafür zu sorgen, dass die eigenen Mitarbeiter über die nötigen Kompetenzen – fachlich, menschlich oder als Vorgesetzte – verfügen, um sicherzustellen, dass sie bei der Arbeit zu Hochform auflaufen und für ihr Team ein wertvoller Aktivposten sein können. Das bedeutet, wir müssen mit Akteuren, bei denen es am Vertrauen hapert, arbeiten, damit sie die zwischenmenschlichen Kompetenzen erwerben, um Vertrauen aufzubauen und entgegenzubringen – und mit solchen, die zu geringe Leistungen bringen, damit sie die Fachkenntnisse erwerben, um sich zu steigern. Erst wenn sich ein Teammitglied als unfähig erweist, sich weiterzuentwickeln – also kein Feedback annimmt und keine Verantwortung für das eigene Verhalten am Arbeitsplatz übernehmen will –, sollten wir ernsthaft darüber nachdenken, es aus dem Team zu nehmen. Entscheidet sich ein Vorgesetzter dennoch, so jemanden weiterzubeschäftigen, muss er die Konsequenzen tragen.

Teammitglieder, denen die anderen nicht trauen, werden naturgemäß ausgegrenzt oder zumindest auf Distanz gehalten – nach dem Motto: »Der ist keiner von uns«. Dadurch kann eine Führungskraft leichter erkennen, wer gecoacht oder entfernt werden muss, damit die Leistung des ganzen Teams steigt. Oder auch nicht – denn natürlich besteht auch die Möglichkeit, dass gar nicht das Teammitglied mit dem niedrigen Vertrauenswert das Problem darstellt, sondern der Rest des Teams.

Wenn du ihnen die Hand reichst, werden sie zugreifen

Gegen ihn waren schon mehrfach Anschuldigungen erhoben und sogar Ermittlungen eingeleitet worden. Unter anderem hatte er angeblich im Kraftraum ein Nickerchen gemacht, statt Streife zu fahren, in seinem Privatauto verbotenerweise getönte Scheiben einbauen lassen und versucht, sich mit Hilfe seiner Marke in einem anderen polizeilichen Zuständigkeitsbereich vor einem Strafzettel zu drücken. Ermittelt wurde gegen ihn, weil er im Dienst mit seiner Frau im

Streifenwagen Sex gehabt haben sollte. Der Polizeibeamte Jake Coyle fühlte sich ständig misstrauisch beobachtet – wie unter einem Mikroskop. Er vertraute seinen Kollegen ebenso wenig wie sie ihm.

Die anderen Polizisten nahmen Coyle regelmäßig aufs Korn. Er war nicht Teil ihrer Clique, und das ließen sie ihn spüren. Sie zogen ihn durch den Kakao und spielten ihm Streiche. So warfen sie ihm Müll ins Auto oder blockierten es mit einem Schneepflug. Die anderen fanden das lustig und verbuchten es unter derbem Humor. Doch für Coyle war es blutiger Ernst. Durch ihr Verhalten konnte er in der Abteilung kein Gefühl des Vertrauens oder der Sicherheit aufbauen. Es kam so weit, dass ihm davor graute, zur Arbeit zu gehen. Er wollte nur noch seine Schicht irgendwie hinter sich bringen und möglichst schnell wieder nach Hause. Immer häufiger dachte er darüber nach, alles hinzuwerfen und woanders ganz neu anzufangen. Er tat sich bereits nach Versetzungsmöglichkeiten um, doch dann kam alles anders.

Als Jack Cauley die Leitung der Polizeidienststelle Castle Rock übernahm, fand er dort eine Einheit vor, die der glich, die er gerade verlassen hatte – und zahllosen anderen im ganzen Land (und übrigens auch einer Kultur, wie sie heute in vielen Unternehmen gang und gäbe ist). Einen Ort, an dem sich viele nicht geschätzt oder sogar ignoriert fühlten und an dem vor allem die Zahlen stimmen mussten. »Im Grunde wurde uns vermittelt, dass wir ersetzbar waren und Hunderte anderer nur darauf warteten, unsere Jobs zu übernehmen«, beschrieb ein Polizeibeamter, wie es vor Chief Cauley dort zuging. »Neulinge trauten sich nicht, Ideen zu äußern, die sie vielleicht gehabt hätten«, berichtete einer anderer. Wer nicht genug Strafzettel ausstellte, stand auf der Abschussliste.

Chief Cauley kannte sich aus mit Dienststellen, in denen die Zahl der Strafzettel und Verhaftungen die einzigen Leistungsmaßstäbe waren. Er hatte seine Karriere 1986 als ehrgeiziger junger Polizist in

Overland Park, Kansas, begonnen und war selbst aufgestiegen, weil er die von seinen Vorgesetzten für ihn festgelegten Vorgaben übertroffen hatte. Wollten sie, dass er X Strafzettel schrieb, verteilte er doppelt so viele. Im Laufe der Jahre merkte er aber, dass dieser Schwerpunkt auf Leistung auf Kosten der Beamten und der Kultur im Polizeiwesen ging. Als ihm also die Leitung der Dienststelle Castle Rock angeboten wurde, ergriff er die Gelegenheit. Das war seine Chance, zu zeigen, was in einer Einheit passieren konnte, wenn sich ihre Kultur auf Vertrauen gründete – nicht auf die Zahl der Strafzettel, Kadavergehorsam oder Angst um den Arbeitsplatz.

Eine von Cauleys ersten Maßnahmen als Dienststellenleiter war, dass er sich anhörte, was ihm jedes einzelne Organisationsmitglied zu sagen hatte – ob Beamte oder Angestellte. Dabei erzählten ihm viele, sie hätten schon seit Jahren immer wieder beantragt, dass der Parkplatz eingezäunt werden solle. Er war eine offen zugänglich, exponierte Asphaltfläche rund um die Zentrale des Castle Rock Police Departments (CRPD). Polizisten und andere Mitarbeiter beklagten, sie hätten nachts, wenn es draußen dunkel und ruhig war, Angst, zu ihren Fahrzeugen zu gehen. Schließlich könne sich dort problemlos jemand verstecken und ihnen auflauern. Jahrelang hatte es aus der Chefetage geheißen, damit müssten sie sich eben abfinden. Das vorhandene Geld müsse für dringendere Anliegen ausgegeben werden als für einen Zaun – für Anliegen, die für polizeiliche Aufgaben relevanter seien, wie neue Waffen oder neue Fahrzeuge.

Cauley wurde schnell klar, dass die Menschen, die in dieser Dienststelle arbeiteten, nicht das Gefühl hatten, sie bekämen Rückendeckung von oben. Der neue Chef musst daher als Erstes einen »Kreis der Sicherheit« errichten. Ohne diesen war alles andere sinnlos. Also ließ Cauley schleunigst einen Zaun um den Parkplatz ziehen. Da merkten alle, dass ein anderer Wind wehte. Das war eine von vielen scheinbar nebensächlichen Maßnahmen, die seinen Leuten aber eine wichtige Botschaft vermittelten: Ich habe ein Ohr für euch, und ihr seid mir wichtig. So ein Kreis der Sicherheit ist eine wesentliche Voraussetzung dafür, dass Vertrauen entstehen kann. Er beschreibt ein Umfeld, in dem sich die Menschen trauen, sich ihren Kollegen gegenüber verletzlich zu zeigen – Fehler einzugestehen, auf Kompetenzlücken hinzuweisen, ihre Ängste und Bedenken mitzuteilen und in dem Vertrauen um Hilfe zu bitten, dass die anderen sie unterstützen und diese Information nicht gegen sie verwenden.

In einem dieser ersten Gespräche unterhielt sich Cauley auch mit dem »Problemkind« Jake Coyle. Er wusste bereits, dass die internen Ermittlungen Coyle von den schwereren Vorwürfen gegen ihn entlastet hatten. Ein paar Punkte – wie die illegalen getönten Scheiben an seinem Wagen – trafen jedoch zu. Keiner der Verstöße war für sich genommen schwer, doch zusammen hätten sie ausgereicht, um den Nachwuchsbeamten zu entlassen. Chief Cauley hätte Coyle auf den ersten Blick als »Minderleister mit niedrigem Vertrauenswert« abstempeln und vor die Türe setzen können. Doch er hatte den Verdacht, dass es nicht der junge Polizist war, der die Atmosphäre vergiftete, sondern die herrschende Kultur. Und die wollte er verändern. Deshalb fand er es nur folgerichtig, Coyle noch eine zweite Chance zu geben. Vielen auf Endlichkeit gepolten Führungskräften wäre diese Entscheidung zu riskant gewesen. Wieso sollte man sich mit einem Mitarbeiter belasten, der sich als leistungsschwach und nicht vertrauenswürdig erwiesen hatte? Doch statt Jake Coyle zu entlassen, stellte ihn Chief Cauley drei Tage lang unbezahlt frei und gab ihm, wie sich Coyle noch gut erinnert, »Gelegenheit, das Ruder herumzureißen«. Lächelnd erzählt Coyle den Rest der Geschichte. »Im Grund erklärte er mir: ›Ich glaube an Sie.‹ [Mein Job] war mehr oder minder das Einzige, was ich noch hatte. Sonst hatte ich alles verloren … also sagte ich: ›Gut, probieren wir's.‹«

Mit diesen Worten zeigte Coyle: Er wusste, dass er an sich arbeiten musste. Wenn sein Chef eine Kultur des Vertrauens aufbauen wollte, musste er sich durch sein Verhalten dieses Vertrauens würdig erweisen. Wirklich vertrauensvolle Beziehungen verlangen von beiden Parteien, Risiken einzugehen. Das ist wie bei der Suche nach einem Freund oder Partner. Einer muss den ersten Schritt machen und dem anderen einen Vertrauensvorschuss gewähren, doch wenn die Beziehung funktionieren soll, muss der andere irgendwann mit gleicher Münze zurückzahlen. In einer Organisation ist es die Aufgabe des Chefs, beim Aufbau eines Kreises der Sicherheit das erste Risiko einzugehen. Dann liegt es an jedem Mitarbeiter, die Chance zu ergreifen und in diesen Kreis einzutreten. Der Chef kann niemanden dazu zwingen. Selbst in starken, vertrauensvollen Teams gibt es Menschen, die sich dem Prozess verweigern – vor allem in Teams, in denen Leistung lange Zeit vor Vertrauen ging. Das bedeutet aber nicht, dass die Atmosphäre für alle Zeit vergiftet ist – nur, dass sie mehr Zeit brauchen. Echtes Vertrauen entwickelt sich langsam – und bei manchen langsamer als bei anderen.

Vertrauen erfordert eine gewisse Risikobereitschaft. Wir gehen erst nur kleine Risiken ein, und wenn wir uns dann sicher fühlen, wagen wir mehr. Manchmal werden wir enttäuscht. Dann versuchen wir es noch einmal. Bis wir irgendwann das Gefühl haben, dass wir ganz wir selbst sein dürfen. Vertrauen muss laufend aktiv gepflegt werden. Dass Chief Cauley dem Polizisten Coyle eine zweite Chance gab, sich in einer gesünderen Kultur zu bewähren, war erst der Anfang. Er nahm persönlich Anteil an Coyles weiterer Entwicklung. Ab und zu gab er ihm Hilfestellung, schaute immer mal wieder vorbei, fragte nach, wie er sich in seinem Job fühlte, und sorgte dafür, dass seine direkten Vorgesetzten am gleichen Strang zogen. Chief Cauley verlangte von Coyle aber auch Rechenschaft für sein Verhalten und bot ihm einen sicheren Raum, um seinen Gefühlen Ausdruck zu verleihen – ohne Angst vor Demütigung, Spott oder Vergeltungsmaßnahmen. Coyle seinerseits musste diesen sicheren Raum nutzen, den Cauley für ihn schuf, um seine Gefühle zu äußern und bei Bedarf um Hilfe zu bitten. Außerdem wurde von ihm ein Verhalten erwartet, das den Werten der Organisation entsprach. Und es funktionierte.

Inzwischen hat sich die Kultur der Polizeidienststelle Castle Rock vollkommen gewandelt. Jetzt herrscht dort überall Vertrauen. Jake Coyle ist inzwischen einer der angesehensten und vertrauenswürdigsten Kollegen und für die Ausbildung der Nachwuchskräfte zuständig, die in die Abteilung eintreten. Chief Cauley hört seinen Mitarbeitern nach wie vor aufmerksam zu – stets auf der Suche nach der Wahrheit.

Die Wahrheit darf nicht wehtun

Menschen haben von Natur aus einen Selbstschutzmechanismus. Wir meiden Gefahr und suchen gezielt nach Orten, an denen wir uns sicher fühlen. Am besten geht es uns im Kreise anderer Menschen, bei denen wir uns geborgen fühlen und sicher sein können, dass sie uns beschützen. Die größte Angst haben wir, wenn wir allein dastehen – und uns noch vor den Leuten aus dem eigenen Team in Acht nehmen müssen. Wenn wir Gefahr wittern – ob diese real ist oder nur vermeintlich –, reagieren wir aus Angst, nicht aus Sicherheit. Da können Sie sich sicher denken, wie sich Menschen verhalten, die am Arbeitsplatz in ständiger Angst leben, eine Beförderung zu verpassen, Probleme zu bekommen, verspottet zu werden, nicht dazuzugehören, vom Chef für dumm gehalten zu werden oder sich selbst ganz oben auf der Liste derjenigen wiederzufinden, die bei der nächsten Entlassungsrunde ihren Job verlieren.

Angst ist so ein mächtiger Motivator, dass er uns zwingen kann, uns diametral entgegensetzt zu dem zu verhalten, was in unserem eigenen Interesse und im Interesse unserer Organisation liegt. Angst kann uns dazu treiben, uns für die beste endliche Option zu entscheiden – auf die Gefahr hin, unendlichen Schaden anzurichten. Und wenn wir Angst haben, verschleiern wir die Wahrheit. Das ist in jedem Fall schlecht, doch ganz besonders dann, wenn sich eine Organisation in der Krise befindet. So eine Situation fand Alan Mulally vor, als er 2006 den CEO-Posten bei Ford übernahm.

Ford war ernsthaft in Schwierigkeiten, und Mulally war in der Hoffnung geholt worden, dass er das Unternehmen retten könnte. Ganz wie bei Chief Cauley vom CRPD stand für Mulally ganz oben auf der Tagesordnung, von den Menschen, die dort arbeiteten, so viel wie möglich über den aktuellen Stand der Dinge zu erfahren. Das erwies sich jedoch als unerwartet kompliziert.

Um immer einen Finger am Puls der Organisation zu haben, führte Mulally wöchentliche Überprüfungen des Geschäftsplans ein – sogenannte Business Plan Reviews (BPRs). Daran hatte die Unternehmensspitze geschlossen teilzunehmen, um den Status ihrer Arbeit mit dem strategischen Plan des Unternehmens abzugleichen. Zu diesem Zweck wurde ein einfacher Farbcode verwendet – grün, gelb und rot. Mulally wusste, dass das Unternehmen mit großen Problemen kämpfte. Daher war er sehr überrascht, dass alle seine Topmanager Woche für Woche sämtliche ihrer Projekte grün präsentierten. Irgendwann rang er frustriert die Hände: »Wir verlieren dieses Jahr mehrere Milliarden Dollar«, sagte er. »Gibt es denn gar nichts in diesem Unternehmen, was *nicht* gut läuft?« Es kam keine Antwort.

Dafür gab es einen guten Grund: Die Topmanager hatten Angst. Mulallys Vorgänger hatte Mitarbeiter, die ihm erzählten, was er nicht hören wollte, regelmäßig beschimpft, gedemütigt oder sogar gefeuert. Und weil sich stets das Verhalten durchsetzt, das belohnt wird, waren die Führungskräfte inzwischen darauf konditioniert, Problembereiche oder verfehlte Finanzziele zu verschleiern, um sich vor ihrem CEO zu schützen. Da spielte es keine Rolle, dass Mulally gesagt hatte, er lege Wert auf Ehrlichkeit und Verantwortungsgefühl. Ehrliche Antworten würde er erst bekommen, wenn sich die Führungsriege sicher fühlen konnte. (Allen Zynikern, die behaupten, am Arbeitsplatz spielen Gefühle keine Rolle, sei gesagt: Ein ganzer Konferenzraum voller Spitzenmanager eines großen Konzerns wollte dem CEO nicht die Wahrheit sagen, weil die Gefühle im Wege standen.) Doch Mulally ließ nicht locker.

Von da an stellte er auf jeder Sitzung wieder und wieder dieselbe Frage, bis einer, nämlich Mark Fields, der das operative Geschäft auf dem amerikanischen Kontinent verantwortete, eine Folie in seiner Präsentation rot markierte. Er war sicher, diese Entscheidung würde ihn den Job kosten. Doch weder rollte sein Kopf noch wurde er öffentlich an den Pranger gestellt. Stattdessen applaudierte Mulally, als er das sah, und sagte: »Gratuliere, Mark – das nenne ich Transparenz! Wer kann Mark hier unterstützen?« Auf der nächsten Sitzung war Mark nach wie vor der einzige Manager mit einer roten Folie in seiner Präsentation. Die anderen wunderten sich im Stillen, dass er noch in Amt und Würden war. Woche um Woche stellte Mulally hartnäckig seine Frage: Wir verlieren nach wie vor jede Menge Geld – gibt es irgendwas, was *nicht* so läuft, wie es soll? Nach und nach markierten auch andere Topmanager manche Folien in ihren Präsentationen gelb oder sogar rot. Und irgendwann waren sie an dem Punkt angelangt, an dem offen über alle anstehenden Probleme gesprochen wurde. Mulally hatte ein paar Tricks auf Lager, um im Team Vertrauen aufzubauen. Um seine Leute nicht zu demütigen, entpersonalisierte er die Probleme seiner Spitzenmanager. »Sie *haben* da ein Problem«, erklärte er ihnen. »Sie *sind* aber nicht das Problem.«[7]

Als die Folien, die auf den BPR-Sitzungen präsentiert wurden, bunter wurden, erkannte Mulally schließlich, was wirklich in seinem Unternehmen vor sich ging, sodass er aktiv daran arbeiten konnte, seinen Leuten die nötige Unterstützung zu leisten. Sobald der Kreis der Sicherheit hergestellt war, bildete sich Vertrauen im Team.[8] Nun konnten die Topmanager, wie Mulally es formulierte, »zusammen als Team daran arbeiten, die roten Folien in gelbe und die gelben in grüne zu verwandeln.«[9] Wenn sie das schafften, konnten sie das Unternehmen retten, da war er sich sicher.

Nichts und niemand bringt ständig 100 Prozent. Wenn wir nicht ehrlich zueinander sein und uns in heiklen Phasen aufeinander stützen können, kommen wir nicht weit. Doch Führungskräfte müssen mehr tun, als nur ein Umfeld zu schaffen, indem man unbeschadet die Wahrheit sagen darf. Wir müssen mit gutem Vorbild vorangehen, aktiv Anreize für vertrauensstiftendes Verhalten geben und den Menschen die verantwortungsvolle Freiheit und die Unterstützung zukommen lassen, die sie brauchen, um ihre Aufgaben erfolgreich zu erledigen. Die Kultur eines Unternehmens wird bestimmt durch die Kombination unserer Werte mit unseren Handlungen.

Kultur = Werte + Verhalten[10]

Eine vertrauensbasierte Kultur aufzubauen, ist ein hartes Stück Arbeit. Zunächst muss eine Atmosphäre entstehen, in der sich die Menschen sicher fühlen und sie selbst sein können. Wir müssen unsere Einstellung ändern und erkennen, dass wir Maßstäbe für Vertrauen und Leistung brauchen, bevor wir den Wert eines Mitarbeiters als Teammitglied bestimmen können. Das war womöglich eine der wichtigsten Komponenten von Chief Cauleys Reform der Polizeidienststelle Castle Rock: Eine Kultur, in der der Druck, Zahlenvorgaben einzuhalten, dem Drang wich, sich umeinander zu kümmern und der Allgemeinheit bessere Dienste zu leisten. Cauley war klar, dass er dazu die Art und Weise verändern musste, wie seine Leute anerkannt und belohnt wurden.

Heute stehen im Fokus der Evaluierung von CRPD-Angehörigen Problemlösung und der Einfluss, den sie auf das Leben von Menschen in der eigenen Abteilung und in der Gesellschaft ausüben. Klassische Kennzahlen werden zwar nach wie vor berücksichtigt, stehen aber nicht mehr im Vordergrund. Neben schriftlichen Beurteilungen verteilt Cauley hin und wieder auch offizielle Anerkennungsschreiben durch Namensaufruf. Diese erhalten die Mitarbeiter, deren Arbeit die Werte der Dienststelle am besten verkörpert.

Weil Chief Cauley die Fürsorge für Teammitglieder und Gesellschaft, Eigeninitiative und Problemlösung mehr fördert und anerkennt als traditionelle Messgrößen, kam es, wie es kommen musste: Fürsorge, Eigeninitiative und Problemlösung setzten sich durch. Wieder gilt das Prinzip der positiven Konditionierung – es wird das Verhalten an den Tag gelegt, das belohnt wird. Und je mehr Probleme die Polizisten von Castle Rock lösen, desto mehr Eigeninitiative zeigen sie und desto mehr Vertrauen herrscht bei der Polizei und in der Bevölkerung. Chief Cauley bezeichnet das als »Schritt-für-Schritt-Polizeiarbeit«, denn die Vorteile stellen sich nach und nach ein, mit jedem gelösten Einzelproblem. In einem solchen System geht Beständigkeit vor Intensität.

Mitarbeiter trauen ihren Vorgesetzten, wenn diese sich so verhalten, dass sich die Belegschaft sicher fühlt. Das bedeutet, man muss es seinen Leuten überlassen, wie sie die Aufgaben erfüllen, für die sie ausgebildet wurden. Sie müssen verantwortungsvolle Entscheidungsfreiheit genießen. »Im alten System hieß es: ›Tut dies, das und jenes, und dann das Ganze von vorn‹«, erklärt Chief Cauley. Erkannte ein Polizist im neuen System ein Problem oder eine Chance und sagte: »Wäre es nicht toll, wenn …«, dann ließ ihn Chief Cauley machen.

Das ist der Kern der Schritt-für-Schritt-Arbeit. Führungsqualität und vertrauensvolle Teams ermöglichen es den Teammitgliedern, Höchstleistungen zu bringen. Das Ergebnis ist eine Kultur, in der Probleme gelöst werden, nicht nur notdürftig verpflastert. Das ist der Unterschied zwischen einer Polizei, die an einer unfallträchtigen Kreuzung massenweise Strafzettel verteilt, und einer, die sich überlegt, wie sich die Unfallzahlen von vornherein senken lassen. Nebenbei wird Übereifer gebremst, wie er manchmal infolge unausgewogener kennzahlenlastiger Beurteilungs- und Anerkennungssysteme entsteht.

Die für den Fahrradverkehr zuständige Abteilung kannte beispielsweise einen wenig benutzten Fahrradparcours in der Stadt und sah darin eine Chance. Die zuständigen Polizisten ergriffen die Initiative, kündigten an, dass alle Kinder und Jugendlichen mit Fahrrädern eingeladen waren, Sprünge zu üben, den Parcours zu absolvieren und mit den Beamten Gratis-Doughnuts zu essen – »Dirt, Jumps and Doughnuts« hieß das Programm. Die Polizisten fanden sich mit den von einem örtlichen Bäcker spendierten Doughnuts, einem Tisch und ihren Rädern vor Ort ein und warteten. Beim ersten Termin rechneten sie nur mit wenig Zulauf. Doch es kamen über 40 junge Leute – eine Zahl, die sich über Monate auf diesem Niveau halten sollte. »Dirt, Jumps and Doughnuts« entwickelte sich zu einer großartigen Gelegenheit für den Dialog mit der Bevölkerung. Die meisten Menschen haben mit Polizisten nur dann zu tun, wenn etwas Schlimmes passiert ist oder wenn sie etwas falsch gemacht haben. Die Polizisten wollten die jungen Leute kennenlernen und ihnen Gelegenheit geben, sie kennenzulernen – und zwar besser als bei einer Einzelaktion an der örtlichen Schule. Bei »Dirt, Jumps and Doughnuts« gibt es keine Vorträge, und die Polizisten verlangen nichts von den jungen Leuten. Sie fahren einfach zusammen Fahrrad.

Einmal ging im Revier ein Anruf ein. Ein Nachbar glaubte, das Haus nebenan werde als Drogenumschlagplatz genutzt. In solchen Fällen nimmt die Polizei gewöhnlich Ermittlungen auf. Das geschieht im Stillen, unter Einsatz verdeckter Ermittler, die das Haus überwachen oder sich als Käufer ausgeben. Der Nachbar, der die Polizei verständigt hat, bekommt davon nichts mit und muss den Eindruck gewinnen, sein Hinweis sei im Sande verlaufen. Dabei arbeitet die Polizei monatelang an dem Fall, verschafft sich schließlich einen Durchsuchungsbeschluss, dringt dann mit einer größeren Gruppe schwer bewaffneter Einsatzkräfte gewaltsam in das Haus ein und führt eine Razzia durch. Diese Verfahrensweise ist für alle Beteiligten gefährlich, und obwohl es durchaus manchmal zu Verhaftungen kommt, seien »[die Dealer] oft bald wieder zurück auf der Straße und vielleicht sogar wieder im selben Haus zugange«, wie mir Polizisten erklärten. Und selbst wenn es den Beamten gelingt, die Drogenhändler aus dem Haus zu vertreiben, wird oft ein mit Polizeiband abgesperrter Tatort mit aufgebrochenen Türen hinterlassen – was die Nachbarn meist nicht besonders glücklich macht.

Die neue Kultur beim CRPD eröffnete Möglichkeiten, das anders zu handhaben. Anstelle einer Überwachung geht ein Polizeibeamter einfach zu dem angeblichen Drogenhaus hin und klopft an die Tür. Wird aufgemacht, bittet er gar nicht um Einlass, sondern erklärt lediglich, dass Anzeigen eingegangen seien, in dem Haus würden Drogengeschäfte abgewickelt. Er teilt den Bewohnern mit, dass das Haus künftig polizeilich überwacht werde. In den nächsten Wochen wird die Polizeipräsenz in der Gegend verstärkt. Beamte auf Streife fahren demonstrativ an dem Haus vorbei und vielleicht parken sie sogar auf der anderen Straßenseite, machen dort Mittagspause und fahren dann weiter. Wie sich herausstellt, ist es ausgesprochen schwierig, ein Haus für den Drogenhandel zu nutzen, vor dem sich regelmäßig die Polizei blicken lässt. Also rücken die Bewohner freiwillig ab. Es werden keine Türen eingeschlagen und keine Menschenleben aufs Spiel gesetzt.

Dieser Ansatz ist natürlich durchaus zynisch. Die Polizei löst das Problem nicht, sie verlagert es lediglich. Nun sind andere dafür zuständig und müssen eventuell ihr Leben riskieren. Das alles will ich gar nicht in Abrede stellen. Ich darf aber zu bedenken geben, dass im Schritt-für-Schritt-System das Ziel lautet, dass auch andere Polizeidienststellen ähnliche Taktiken einsetzen und eigene entwickeln. Dann würde die Drogenkriminalität in Wohngebieten überall ein immer schwierigeres Geschäftsmodell – Stadt um Stadt, Bundesstaat um Bundestaat, Schritt für Schritt. Ich sage bewusst »schwieriger«, nicht unmöglich. Entgegen dem, was uns alle gern glauben machen möchten, die vom »Krieg gegen Drogen« sprechen, ist dieses Spiel nicht zu gewinnen. Die Drogenhändler versuchen nicht, die Polizei zu schlagen und zu gewinnen. Sie versuchen bloß, mehr Drogen zu verkaufen. Die Polizei muss mit der richtigen Mentalität für das Spiel antreten, an dem sie teilnimmt.

Sie wissen ja: Unendliche Spiele erfordern entsprechende Strategien. Weil die Kriminalität ein unendliches Spiel ist, ist der von Chief Cauleys Beamten verfolgte Ansatz dafür viel besser geeignet als ein auf Angriff und Eroberung ausgerichteter. Das Ziel ist dabei nicht der Sieg auf ganzer Linie, sondern, sich selbst einen starken Willen und ausreichende Mittel zu bewahren und gleichzeitig darauf hinzuarbeiten, dass den übrigen Spielern der Wille und die Mittel ausgehen. Die Polizei kann das Verbrechen nicht »schlagen«. Sie kann den Verbrechern aber das Leben schwerer machen. Im CRPD entwickeln Chief Cauleys Leute Strategien, die leicht, kostengünstig und sicher wiederholbar sind – wenn nötig, unendlich oft.

»Polizisten befassen sich überwiegend mit Fragen der Lebensqualität, nicht mit Verbrechensbekämpfung«, erklärt Chief Cauley. »Und wie sieht es mit der Lebensqualität der Beamten aus?« Wer sich jeden Tag zu einem ungeliebten Job aufraffen muss, dessen Selbstvertrauen leidet, was wiederum sein Urteilsvermögen beeinträchtigt. »Ein grantiger Polizist ist eher kein guter Polizist«, so ein Beamter. »Hat er einen schlechten Tag, und Sie gehen ihm zusätzlich auf die Nerven oder machen ihm Arbeit, bekommen Sie das vermutlich zu spüren.« Wie bei der Shell URSA gilt: Kann die Arbeit lebensgefährlich sein, dann ist es kein nettes Extra, dass sich Mitarbeiter sicher genug fühlen, um sich zu öffnen, sondern eine Grundvoraussetzung.

Geht ein Polizist gern zur Arbeit, spürt, dass er seinen Kollegen vertrauen kann und dass ihm vertraut wird, und findet einen sicheren, gesunden Ort vor, an dem er seine Gefühle äußern kann, dann stehen die Chancen gut, dass davon auch die Bürger profitieren, die mit diesem Polizisten zu tun haben. Ebenso wie bei einem Unternehmen, das ein Kunde nur lieben kann, wenn es von seinen Mitarbeitern geliebt wird, wird auch die Öffentlichkeit der Polizei nur vertrauen, wenn ein Polizist dem anderen vertraut – und alle ihrem Chef.

Durch den neuen Schwerpunkt auf der Organisationskultur als Möglichkeit, externe Herausforderungen zu bewältigen, hat die Polizeidienststelle Castle Rock unter ihren 75 Beamten eine sichtliche Veränderung festgestellt. In Anbetracht dessen, dass über 95 Prozent der fast 12.500 Polizeidienststellen in den Vereinigten Staaten weniger als 100 Beamte beschäftigen, könnte die Schritt-für-Schritt-Methode für viele Dienststellen als Vorbild dienen, die vielleicht Vertrauensprobleme in der Abteilung oder im Umgang mit der Öffentlichkeit haben.

Dabei räumt Chief Cauley ein, dass es in seiner eigenen Abteilung noch genug zu tun gibt und dass die alte Denkweise noch nicht komplett ausgemerzt ist. Doch das CRPD ist auf einem guten Weg, und seine Kultur ist heute spürbar gesünder als zuvor. Die Beamten berichten übrigens, dass die Zahl der Bürger, die sie anhalten, nur um sich bei ihnen zu bedanken, deutlich gestiegen ist. Sie erzählen, dass ihnen merklich häufiger eine Tasse Kaffee spendiert wird. Die Kriminalität ist unter Kontrolle, und die Bereitschaft der Menschen, einen Beitrag zu leisten, ist gestiegen. »Die Menschen sehen uns als Problemlöser«, meint Chief Cauley, »nicht als Gesetzeshüter.«

Üben Führungskräfte, ganz gleich in welcher Branche, zu großen Druck auf ihre Leute aus, vorgegebene Zahlen zu erreichen, und bieten ihnen einseitige Anreizstrukturen, dann laufen wir Gefahr, ein Umfeld zu schaffen, in dem kürzerfristige Leistung und Mittel vorgehen, während die langfristige Leistung, das Vertrauen, die psychologische Sicherheit und die Bereitschaft der Mitarbeiter abnehmen. Das gilt für die Polizeiarbeit ebenso wie für die Wirtschaft. Ein Kundenbetreuer, der bei der Arbeit großem Stress ausgesetzt ist, wird seinen Kunden vermutlich eine eher unspektakuläre Erfahrung bieten. Wie sich jemand fühlt, wirkt sich auf seine Leistung aus. Das ist eine alte Sache. Eine Arbeitsumgebung, in der die Mitarbeiter lügen, sich verstellen und ihre Ängste, Fehler oder Wissenslücken vertuschen müssen, weil sie Angst haben, dass sie sonst Ärger bekommen, gedemütigt werden oder ihren Job verlieren, unterminiert die Grundlagen für Vertrauensbildung.

Leistungsstarke Teams stehen und fallen mit dem Vertrauen. Doch im unendlichen Spiel brauchen wir heute mehr als starke, vertrauensvolle, leistungsfähige Teams. Wir brauchen ein System, das gewährleistet, dass dieses Vertrauen und die Leistung langfristig Bestand haben. Wenn die Führungskräfte für die Schaffung eines vertrauensstiftenden Umfelds verantwortlich sind, stellt sich die Frage: Entwickeln wir denn Führungsmannschaften, die diese Kunst beherrschen?

Wie lässt sich Führungsqualität vermitteln?

Angehende Führungskräfte des U.S. Marine Corps nehmen an einem zehnwöchigen Ausbildungs- und Auswahlverfahren an der Officer Candidate School in Quantico, Virginia, teil. Zu den vielen Tests, denen sie an der OCS unterzogen werden, gehört auch der sogenannte Leadership Reaction Course. Der LRC setzt sich aus insgesamt 20 kleinen Hindernisläufen zusammen – genauer gesagt, Problemlösungskursen. In Vierergruppen müssen die Marines verschiedene Aufgaben bewältigen. Unter anderem müssen sie einen Weg finden, alle ihre Leute und ihr Material innerhalb einer bestimmten Zeit mit Hilfe von drei unterschiedlich langen Planken über ein Wasserhindernis zu befördern (in der Militärsprache ein Teich). Anhand des LRC bewertet das Marine Corps die Führungsqualitäten künftiger Offiziere. Sie achten darauf, wie gut sich die Bewerber einem Vorgesetzten unterordnen oder mit Widrigkeiten umgehen oder wie schnell sie eine Situation erfassen, Prioritäten setzen und Aufgaben delegieren. Das Erstaunliche dabei: Ob sie das Hindernis tatsächlich erfolgreich überwinden, zählt nicht zu den Kriterien, nach denen die künftigen Offiziere bewertet werden. Dafür gibt es auf dem Bewertungsbogen noch nicht einmal ein Feld zum Ankreuzen. Man könnte also sagen, dem Marine Corps geht es mehr darum, was jemand einbringt – mehr um sein Verhalten als um das Ergebnis. Und das aus gutem Grund. Dort weiß man, dass gute Führungskräfte im Einsatz manchmal scheitern und schlechte Vorgesetzte auch mal Erfolge verbuchen. Erfolg macht einen Menschen aber nicht zu einer effektiven Führungskraft. Das sind vielmehr seine Führungsqualitäten. Wie die Marines über Jahre aus Versuch und Irrtum gelernt haben: Alles, was im Team für Vertrauen sorgt, also Eigenschaften wie Ehrlichkeit, Integrität, Mut, Belastbarkeit, Ausdauer, Urteilsvermögen und Entschlossenheit, erhöht die Wahrscheinlichkeit, mit der Zeit das nötige Vertrauen und den Teamgeist herzustellen, um die Erfolgschancen des Teams auf mehr als 50 Prozent zu steigern. Gilt der Wille mehr als die Mittel und Vertrauen mehr als Leistung, steigen die Chancen, dass ein Team längerfristig bessere Leistungen bringt.

Das ist wichtig. Eine Organisation gleicht einer Pflanze. Ganz gleich, wie kräftig diese ist und wie hoch sie wächst, wenn sie keine Samen hervorbringt – also nicht in der Lage ist, neue Führungskräfte zu entwickeln –, dann hat sie über mehrere Generationen nicht die geringste Chance. Eine der Hauptaufgaben jedes Topmanagers ist die Nachwuchsentwicklung. Er muss dazu beitragen, Führungskräfte hervorzubringen, die wissen, wie man Organisationen aufbaut, die für das unendliche Spiel gerüstet sind. Doch wenn sich die aktuellen Führungsriegen mehr darauf konzentrieren, dass die Pflanze möglichst groß wird, dann wird sie Wachstum vor alles andere stellen – wie Unkraut. Ganz gleich, welche Auswirkungen das auf den Garten hat (oder auch auf die langfristigen Aussichten der Pflanze selbst).

Ich kenne Leute, die an der Spitze von Organisationen stehen, aber keine Führungspersönlichkeiten sind. Sie besetzen vielleicht die entsprechenden Posten, und wir tun, was sie uns sagen, weil sie die Weisungsbefugnis haben, doch das bedeutet nicht, dass wir ihnen auch vertrauen und ihnen nachfolgen. Dann gibt es andere, die vielleicht keine offizielle Führungsposition oder Autorität haben, doch Risiken eingehen, weil ihnen andere wichtig sind. Sie sind in der Lage, eine Atmosphäre zu schaffen, in der wir wir selbst sein können und uns trauen, anderen mitzuteilen, was in uns vorgeht. Diesen Menschen vertrauen wir. Wir würden ihnen bedingungslos folgen und mehr Einsatz bringen als nötig – nicht, weil wir das müssen, sondern weil wir das möchten.

Für das Marine Corps ist uninteressant, ob ein Offiziersanwärter ein Wasserhindernis oder eine andere willkürliche Hürde überwinden kann. Es will Führungsnachwuchs heranbilden, der eine Atmosphäre schaffen kann, in der jeder Vertrauen genießen und haben kann, damit das Team gemeinsam in der Lage ist, jedes Hindernis zu bewältigen. Ein auf Vertrauen gestütztes Führungsklima sorgt dafür, dass die Marines eine überdurchschnittliche Erfolgsquote haben.

Das läuft auf folgende Aussage hinaus, die Sie in diesem Buch mehrfach lesen werden: Führungskräfte sind nicht für das Ergebnis verantwortlich, sondern für die Menschen, die das Ergebnis verantworten. Und es gibt keinen besseren Weg, die Leistung in einer Organisation zu steigern, als ein Umfeld zu schaffen, in dem Informationen ungehindert fließen, Fehler zugegeben und Hilfsangebote gemacht und akzeptiert werden können. Kurz, ein Umfeld, in dem sich die Menschen miteinander sicher fühlen. Das ist die Aufgabe einer Führungskraft.

So hat es Rick Fox gemacht. Er baute ein leistungsstarkes Team auf, indem er ein Umfeld schuf, in dem sich seine Mannschaft so sicher fühlte, dass sich die Teammitglieder untereinander verletzlich zeigen konnten. So machen es die SEALs. Sie bauen Hochleistungsteams auf, indem sie die Vertrauenswürdigkeit des Einzelnen über seine Leistungsfähigkeit stellen. So hat es Alan Mulally gemacht. Er trug dazu bei, Ford wieder zu einem leistungsstarken Unternehmen zu machen, nachdem er seinen Leuten einen sicheren Raum geboten hatte, in dem sie die Wahrheit sagen konnten. Und so macht es Jack Cauley … und das Ergebnis sorgt für grundlegende Veränderungen. Ist eine Führungskraft bereit, Vertrauen über Leistung zu stellen, ergibt sich Leistung meist von selbst. Sind Führungskräfte aber vor allem anderen ganz und gar auf Leistung fokussiert, leidet unvermeidlich die Kultur.

Achtes Kapitel

WENN DIE MORAL BRÖCKELT

Kaum vorstellbar, dass etwas so ganz und gar Unethisches wirklich passiert ist. Dass sich Menschen, die sich sicherlich selbst für gut und ehrlich halten, nach jedem Maßstab so absolut falsch verhalten konnten, ist schwer zu glauben.

Von Mitte 2011 bis etwa Mitte 2016 eröffneten Mitarbeiter der Wells Fargo Bank über dreieinhalb Millionen falsche Bankkonten. *The New York Times* berichtete 2016: »Manchen Kunden fiel der Betrug auf, als ihnen Gebühren in Rechnung gestellt wurden, mit denen sie nicht gerechnet hatten, Kredit- oder Zahlkarten in der Post waren, die sie nie beantragt hatten, oder Inkassounternehmen Fragen über Konten stellten, die ihnen unbekannt waren. Doch die allermeisten dieser falschen Konten blieben unbemerkt, da die Mitarbeiter sie kurz nach der Eröffnung in aller Regel wieder auflösten.«[1]

Am Ende wurden 5.300 Mitarbeiter von Wells Fargo aufgrund ihrer Beteiligung an diesen betrügerischen Praktiken entlassen – Praktiken, die nach Aussage von CEO John Stumpf vor dem Kongress »allen unseren Leitprinzipien, unserer Ethik und unserer Kultur zuwider laufen.«[2] In einer Presseerklärung äußerte sich das Unternehmen im gleichen Tenor und teilte mit, dass »die große Mehrheit unserer Teammitglieder jeden Tag für unsere Kunden das Richtige tut. … Was da bekannt geworden ist, ist bestürzend und entspricht nicht dem Wesen von Wells Fargo.« Anders formuliert: Die Führungsriege von Wells Fargo wollte uns weismachen, dass die Missetäter nur ein paar faule Äpfel waren. Dabei war das keine Einzeltat einiger weniger. Es war die Folge des Vorgehens Tausender von Menschen über Jahre! Viel wahrscheinlicher war folglich, dass die Kultur von Well Fargo schwer unter bröckelnder Moral litt.

Das ist eine kulturelle Verfassung, die Mitarbeitern unethisches Verhalten ermöglicht, wenn es ihren eigenen Interessen dient – oft auf Kosten anderer. Dabei sind sie irrtümlich davon überzeugt, ihre eigenen moralischen Grundsätze nicht kompromittiert zu haben. Die moralische Zersetzung beginnt meist mit kleinen, scheinbar harmlosen Verstößen, die sich, wenn sie ungeahndet bleiben, auswachsen und potenzieren.

Moralische Fehltritte können überall vorkommen. Doch in Organisationen mit einer auf Endlichkeit ausgerichteten Mentalität bröckelt die Moral besonders leicht. Wie bereits in den Vorkapiteln angesprochen, üben Kulturen, in denen der Fokus übermäßig auf finanziellen Quartals- oder Jahresergebnissen liegt, manchmal enormen Druck auf ihre Mitarbeiter aus, Abstriche zu machen, Recht zu beugen oder andere fragwürdige Entscheidungen zu treffen, um die gesetzten Ziele zu erreichen. Leider werden all jene, die sich so verhalten, aber ihre Ziele erreichen, auch noch belohnt, was eine klare Botschaft über die Prioritäten der Organisation vermittelt. Die Belohnungssysteme in solchen Organisationen schaffen sogar noch Anreize für solches Verhalten. Wer seine Ziele erreicht, erhält häufig eine Prämie oder wird befördert. Auf welche Weise ihm das gelungen ist, spielt dabei oft gar keine Rolle. Wer dagegen integer bleibt, aber seine Ziele verfehlt, wird abgestraft und bleibt bei Anerkennungen oder Beförderungen außen vor. Das macht allen im Unternehmen unmissverständlich klar: Die Zahlen sind wichtiger als ethisch einwandfreies Verhalten. Wer zuvor noch zögerte, dem unethischen Beispiel von Kollegen zu folgen, beugt sich dem Druck, wenn er merkt, dass er nur so Aussichten auf Bonuszahlungen, Aufstiegschancen oder die Sicherung seines Arbeitsplatzes hat. Seine Perspektive verschiebt sich, und er rechtfertigt seine Überschreitung ethischer Grenzen: »Ich muss schließlich meine Familie ernähren.« »Das Management will das so.« »Ich habe keine Wahl.« Mein persönlicher Favorit: »Das ist in unserer Branche so üblich.« Solche Dinge sagen wir uns und anderen, um die Gefühle der Schuld und Verantwortung zu betäuben, die uns womöglich beschleichen.

Unsere Fähigkeit, rational zu denken, ist für uns Menschen Segen und Fluch zugleich. Wir versuchen, die Welt um uns herum zu verstehen. Wir sind in der Lage, komplexe Gleichungen zu begreifen und in uns hineinzuschauen. Durch unsere Fähigkeit, rational und analytisch zu denken, können wir schwierige Probleme lösen, technische Fortschritte erzielen und immer größere Häuser bauen. Wir können damit aber auch unser Verhalten erklären oder rechtfertigen, wenn wir wissen, dass wir gegen den einen oder anderen fest verwurzelten Moralkodex verstoßen haben, oder uns gezielt unserem schlechten Gewissen entziehen, das wir haben, weil wir so oder so entschieden oder gehandelt haben. Das ist, als ob man einem reichen Freund etwas wegnimmt und sich sagt: »Der merkt das doch gar nicht. Es trifft ja keinen Armen.« Wir können es drehen und wenden, wie wir wollen: Wir haben dennoch einen Freund bestohlen. Nehmen solche faulen Ausreden in einer Organisation überhand, dann wird der Schneeball immer größer, bis das unmoralische Verhalten die gesamte Organisation erfasst und im Extremfall zu einer Korruption in dem Ausmaß führt wie bei Wells Fargo.

Eine von Druck, Anforderungen und Anreizen geprägte Kultur

1973 führten zwei Psychologieprofessoren an der Princeton-Universität – John M. Darley und C. Daniel Batson – ein Experiment durch, um besser zu verstehen, wie sich situative Variablen auf unsere Moral auswirken können – insbesondere, welchen Effekt Druck auf unsere Bereitschaft hat, anderen in Notlagen zu helfen. Sie baten eine Gruppe von Seminaristen, an der Uni ein Referat über die Geschichte vom guten Samariter zu halten. Das ist ein Gleichnis aus dem Neuen Testament über einen Samariter, der von Jericho nach Jerusalem reist und als Einziger anhält und einem Mann hilft, der überfallen und beraubt wurde und hilflos am Straßenrand liegt.

Um die Szene nachzustellen, engagierten die Professoren einen Schauspieler, der zusammengesackt auf dem Weg lag, als wäre er niedergeschlagen worden oder verletzt. Die Studenten kamen auf ihrem Weg über das Unigelände an ihm vorbei. Bei jedem Durchlauf der Versuchsreihe (mit jeweils anderen Studentengruppen) erhöhten die Professoren den Druck ein bisschen, um zu sehen, wie sich das auf das Verhalten der Studenten auswirkte. Einer Gruppe wurde viel Druck gemacht. »Ihr seid spät dran«, erzählten ihnen die Studienautoren. »Die anderen sind schon da. Los, los. Der Assistent erwartet euch, also beeilt euch. Die Zeit drängt.« Auf eine zweite Gruppe wurde mittelgroßer Druck ausgeübt. »Der Assistent rechnet mit euch, also geht am besten gleich hinüber.« Die letzte Gruppe bekam nur leichten Druck. »Ihr kommt erst ein bisschen später dran, aber macht euch ruhig schon mal auf den Weg. Ihr müsst sicher nicht lange warten.«

War der Druck gering, blieben 63 Prozent der Studenten stehen, um dem »Verletzten« zu helfen. Unter mittlerem Druck waren dazu noch 45 Prozent bereit. Doch von den stark unter Druck gesetzten Studenten ließen sich nur 10 Prozent aufhalten, um jemandem zu helfen, der offensichtlich in Not war. Ein paar stiegen sogar einfach über den Mann hinweg. Das krasse Fazit: Die Studenten waren eigentlich gute Menschen, denen der Dienst am anderen wichtig war. Immerhin wollten sie Priester werden! Unter Stress – in diesem Fall unter Zeitdruck – wich die Bereitschaft, das Richtige zu tun, den an sie gestellten Anforderungen. Und die Vertriebsmitarbeiter bei Wells Fargo standen bei ihrer Arbeit unter gewaltigem Druck.

Wer seine Vorgaben erfüllte, erhielt zwar jede Menge positive Verstärkung – ganz gleich, wie ihm das gelang –, doch wer das nicht schaffte, dem wurde Angst gemacht. Manche Beschäftigte berichten, sie seien dazu gedrängt worden, jeden Tag zwischen acht und 20 unterschiedliche Produkte zu verkaufen. Verfehlten sie ihre Ziele, bekamen sie Vorhaltungen.[3] Eine Mitarbeiterin erzählte, ihr Chef habe gedroht: »Wer das nicht schafft, ist kein Teamplayer. Wer das Team im Stich lässt, fliegt. Und das kommt in Ihre Akte.« Die Mitarbeiterin erklärte ihren Vorgesetzten, dass es ihrer Ansicht keine Möglichkeit gab, die Erwartungen auf ethisch einwandfreie Weise zu erfüllen, und sie rief auch mehrmals bei der Ethik-Hotline der Bank an, um das zu melden. Eine solche Reaktion würden wir uns von einem Mitarbeiter erhoffen oder sogar erwarten, wenn es in einem großen Unternehmen Hinweise auf Verstöße gegen die Ethik gibt. Doch letztlich trennte sich Wells Fargo lieber von der Mitarbeiterin, als auf ihre Bedenken zu reagieren. Bei Wells Fargo wurde stillschweigend vorausgesetzt, dass die Mitarbeiter nichts sagen würden, wenn die Quoten unerfüllbar waren, sondern einen Weg finden würden, sie trotzdem zu erfüllen – um jeden Preis. Wie ein anderer Wells-Fargo-Mitarbeiter gestand: »Es war ganz normal, im Vertrieb unethisch zu handeln. So hatten wir es gelernt, und so machten wir es.«[4]

Die Moral bröckelt nicht von heute auf morgen. Da wird kein Schalter umgelegt. Die Entwicklung gleicht eher einer Infektion, die nach und nach um sich greift. Ermittlungen zum Skandal bei Wells Fargo ergaben, dass bereits zehn Jahre vor seinem Auffliegen eine interne Überprüfung stattgefunden hatte, aus der hervorging, dass die toxischen Umstände und das unethische Verhalten der Organisation bereits bekannt waren.[5] Diese ursprüngliche Überprüfung kam zu dem Schluss, dass »Anreize zu Unehrlichkeit« bestanden, weil die Mitarbeiter um ihre Jobs fürchteten. Die Ergebnisse dieser Überprüfung wurden zwar an den leitenden Revisor, Vertreter der Personalabteilung und andere übermittelt, doch die Unternehmensführung blieb untätig. Hinzu kam, dass dem Unternehmen bereits 2010, also ein Jahr vor Einführung der Praxis mit den falschen Konten, 700 Beschwerden von Whistleblowern über fragwürdige Vertriebstaktiken vorlagen (wovon der Verwaltungsrat nichts gewusst haben will).[6] John Stumpf erkannte schon 2013, dass es in seinem Unternehmen systembedingte Probleme gab.[7] Ein Bericht aus dem Jahr 2017 offenbarte jedoch, dass ihm bereits im Jahr 2002 vereinzelte Probleme zur Kenntnis gelangt waren – also fast 15 Jahre vor dem Skandal! Demselben Bericht von 2017 zufolge hatte Carrie Tolstedt, Exchefin von Wells Fargo Community Banks, über die unrechtmäßigen Vertriebspraktiken nicht nur Bescheid gewusst, sondern »die Hochdruckkultur im Vertrieb noch verstärkt«. Aus dem Bericht geht außerdem hervor, dass sie »sich externer Einmischung und Aufsicht notorisch widersetzte« und wie andere Führungskräfte »kritische Fragen abwehrte und zurückwies«.[8] Ob sie selbst Opfer ähnlicher Zwänge war und Angst hatte, den Mund aufzumachen, oder ob sie für die von ihrer Abteilung erzielten Ergebnisse fürstlich honoriert wurde, darüber lässt sich nur mutmaßen.

Trotz der öffentlichen Erklärungen von Wells Fargo, der Skandal habe sich auf die für Privatanleger zuständige Vertriebsgruppe beschränkt und das Unternehmen handele mehrheitlich »korrekt«, gab es viele Indizien dafür, dass die Moral unternehmensweit bröckelte. Zeitgleich mit dem Skandal um die gefälschten Konten stellte die Bank beispielsweise auch die Qualität verkaufter Kredite falsch dar. In einem Vergleich musste sie deshalb 2018 2,09 Mrd. US-Dollar zahlen.[9] Auch die Autoversicherungssparte der Bank erklärte sich zur Rückzahlung von 80 Millionen US-Dollar an Kunden bereit, weil ihnen Beiträge für Versicherungen in Rechnung gestellt worden waren, die sie nie abgeschlossen hatten.[10] Und das Großkundengeschäft, das Tim Sloan leitete, bevor er John Stumpf als CEO ablöste, geriet ebenfalls ins Visier wegen anderer unethischer Praktiken, darunter womöglich sogar Geldwäsche.[11]

Wells Fargo übernahm schließlich die Verantwortung für die millionenfache Eröffnung von Scheinkonten und wurde dafür mit einer Geldbuße von insgesamt 185 Millionen US-Dollar belegt. Diese Strafe war jedoch, abgesehen von der kurzfristigen Peinlichkeit und dem vorübergehenden Effekt auf den Aktienkurs, kaum mehr als ein Klaps auf die Hand. Im Verhältnis gesehen beliefen sich die 185 Millionen US-Dollar auf nicht einmal 1 Prozent von Wells Fargos Gesamtgewinn von 22 Milliarden US-Dollar in dem Jahr, in dem die Strafe verhängt wurde, und auf nur 0,2 Prozent des Gesamtumsatzes von knapp 95 Milliarden US-Dollar.[12] Das wäre, als müsste jemand, der 75.000 Dollar im Jahr verdient, 150 Dollar zahlen. Keine sehr harte Strafe also.

Kein Manager des Unternehmens wurde strafrechtlich dafür belangt, dass er eine Kultur zugelassen hatte, in der die eigenen Mitarbeiter Betrug verübten (sprich, eine Straftat), um zu überleben. Niemand musste ins Gefängnis. Es wurde nicht einmal Anklage erhoben. Sicher, John Stumpf musste seinen Hut nehmen und auf gesperrte aktienbasierte Zuteilungen in Höhe von 41 Millionen US-Dollar verzichten, doch er wurde erst auf massiven öffentlichen Druck hin entlassen – und zwar mit Pensionsansprüchen und Aktienbeständen im Wert von über 134 Millionen US-Dollar.[13] Führungskräfte, unter deren Ägide die Moral bröckelt, kommen also nicht nur ungestraft davon, sondern profitieren unter Umständen sogar noch … was sie dazu animiert, nichts am Status quo zu ändern. Ich persönlich finde es recht beunruhigend, wenn sich Spitzenmanager für ihre »Leistungskultur« hofieren lassen, aber nicht zur Verantwortung gezogen werden, wenn in dieser Kultur die Moral vor die Hunde geht.

Wenn es die Guten sind, die Böses tun

Wie jeder weiß, der an einer lebensbedrohlichen Allergie gegen Erdnüsse, Bienen oder Schalentiere leidet, kann eine Epinephrinspritze Leben retten. Und angesichts eines Marktanteils von 90 Prozent ist die Wahrscheinlichkeit hoch, dass Ihnen dieses Mittel mit Hilfe eines EpiPen verabreicht wird. Der EpiPen ist der Markenname für einen Epinephrin-Autoinjektor, der einen anaphylaktischen Schock verhindert. Das Produkt ist unverzichtbar für alle, die extrem allergisch reagieren, und weil es nur zwölf Monate haltbar ist, muss es jedes Jahr ausgetauscht werden. Bei Kosten von 100 Dollar für einen Zweierpack ist das ein gutes Geschäft.

2007 kaufte ein Unternehmens namens Mylan die Rechte an der Marke EpiPen. In Anbetracht der Marktdominanz dieser Marke sowie der Tatsache, dass es seinerzeit noch kein Generikum als Alternative gab, konnte Mylan den Preis für das Produkt ungehindert jedes Jahr um 22 Prozent anheben. Als der Verwaltungsrat sah, welchen Einfluss die Preissteigerungen auf den Aktienkurs hatten, beschloss er 2014, den Einsatz zu erhöhen.[14] Ausgewählten Mitarbeitern wurde eine einmalige Chance geboten: Gelänge es ihnen, den Gewinn je Aktie des Unternehmens in den nächsten fünf Jahren zu verdoppeln, würden sie an einem Bonustopf beteiligt, in den gut und gerne mehrere hundert Millionen Dollar fließen könnten. Allein die fünf Spitzenmanager hätten dann Anspruch auf fast 100 Millionen Dollar. Zweifelsohne als Reaktion auf diesen Anreiz wurden die Preise für den EpiPen im Folgejahr stärker heraufgesetzt – um 32 statt um 22 Prozent.[15] Nach der 15. Preiserhöhung seit 2009 kündigte Mylan 2016 an, ein Paar EpiPens werde nunmehr zu einem historischen Höchstpreis von 600 Dollar vertrieben, was einer Preissteigerung um 500 Prozent in nur sechs Jahren entsprach.[16] Vermutlich hätte das Unternehmen den Preis noch weiter in die Höhe getrieben, wenn es nicht einen gewaltigen öffentlichen Aufschrei gegebenen hätte – und eine Untersuchung seitens des Kongresses durch das House Oversight Committee.

Als CEO Heather Bresch später gefragt wurde, ob sie die Vorgänge bedauere, entgegnete sie: »Das System war nun einmal so, und ich werde mich nicht dafür entschuldigen, darin tätig gewesen zu sein.«[17] (Nebenbei bemerkt: Rechenschaftspflicht bedeutet, die Verantwortung für die eigenen Handlungen zu übernehmen – nicht, die Schuld dem System zuzuschieben.)

Die Moral bei Mylan war schon so stark gebröckelt, dass Bresch offenbar gar nicht sah, was sie oder ihr Unternehmen falsch gemacht hatten. Sie ging sogar so weit, zu behaupten, der EpiPen-Skandal sei eine gute Sache, weil er auf Missstände im Gesundheitssystem aufmerksam gemacht und Veränderungen angestoßen habe. Hätte Mylan eine Kultur gehabt, in der Ethik vor Ertrag ging, und sich in erster Linie der gerechten Sache verpflichtet gefühlt, nicht sich selbst oder seinen Aktionären, hätte das Unternehmen seine Marktmacht schon viel früher und ohne so großes Tamtam nutzen können, um sich federführend für einen Wandel einzusetzen. Wer unethisch handelt, in flagranti erwischt wird, sich weigert, für das eigene Verhalten geradezustehen, und dann als Motiv auf Missstände im System verweist, der ist wohl kaum eine Johanna von Orleans.

Übrigens schloss Mylan zwei Jahre nach dem Preisskandal um den EpiPen mit dem US-Justizministerium einen Vergleich über 465 Millionen Dollar, weil es der Regierung für fälschlicherweise als Generika klassifizierte EpiPens zu viel berechnet hatte. Dazu der amtierende US-Staatsanwalt William D. Weinreb: »Mylan klassifizierte sein Markenmedikament EpiPen falsch, um auf Kosten des Medicaid-Programms zu profitieren. … Der Steuerzahler erwartet zu Recht, dass sich Unternehmen wie Mylan, die Zahlungen aus steuerfinanzierten Programmen erhalten, streng an die Regeln halten.«[18] Vielleicht leidet Mylan ja an einer schweren Allergie gegen ethisches Verhalten.

Es kann aber nicht nur an fehlgeleiteten Anreizstrukturen liegen, wenn die Guten Böses tun. Wäre das so, würden die Betroffenen sicher von Schuldgefühlen geplagt und könnten nachts nicht mehr schlafen. Es spricht jedoch alles dafür, dass sie mit ihren Entscheidungen absolut im Reinen sind – und in Breschs Fall sogar in Offensive gehen und offenbar nichts bedauern. Sozialwissenschaftler, die sich mit dem Phänomen der bröckelnden Moral befassen, bezeichnen Menschen, die das in sie gesetzte Vertrauen derart verletzen, aber nicht als böse, sondern als Opfer von Selbsttäuschung.

Selbsttäuschung

Wir Menschen können unser Verhalten oft ausgefeilt begründen und uns selbst vormachen, unsere ethisch fragwürdigen Entscheidungen seien angemessen und gerechtfertigt, selbst wenn das ein vernünftiger Mensch ganz anders sehen würde. Ann Tenbrunsel, Professorin für Unternehmensethik an der University of Notre Dame, und David Messick, emeritierter Professor der Fakultät für Management und Organisation der Kellogg School of Management der Northwestern University, gehören zu den Wissenschaftlern, die sich näher mit der Selbsttäuschung als Mechanismus bröckelnder Moral in Organisationen befasst haben.[19] Im Zuge ihrer Arbeit haben sie mehrere bedrückend einfache und gängige Methoden herausgearbeitet, wie wir uns als Einzelne und Gruppen unethisch verhalten können, ohne es als unethisch wahrzunehmen.

Eine Methode zur Selbsttäuschung entstammt unserem Sprachgebrauch – die Verwendung von Euphemismen nämlich. Beschönigende Formulierungen ermöglichen es uns, uns von den Auswirkungen von Entscheidungen oder Handlungen zu distanzieren, die wir sonst anstößig oder schwer hinnehmbar gefunden hätten. So war den Politikern wohl bewusst, dass Amerikaner Folter als inhuman und nicht mit ihren Grundwerten vereinbar betrachten. Was nach dem 11. September zum Heimatschutz unternommen wurde, erhielt daher die Bezeichnung »erweiterte Verhörmethoden« (Enhanced Interrogation), damit sich niemand deshalb schlecht fühlen musste. Dasselbe geschieht in der Wirtschaft.

In der Arbeitswelt ist es ebenfalls gängige Praxis, eine Sprache zu wählen, die die Auswirkungen unseres Verhaltens herunterspielt oder verschleiert. So sprechen wir von »Externalitäten«, statt klipp und klar zu sagen, dass es dabei um die Schäden geht, die »unsere Produktionsmethoden den Menschen, die in unseren Fabriken arbeiten, und der Umwelt zufügen«. »Gamification zur Verbesserung unseres Nutzererlebnisses« klingt leichter verdaulich als: »Wir haben eine Möglichkeit gefunden, Menschen von unserem Produkt abhängig zu machen, um unser Ergebnis zu verbessern.« Menschen werden zu »Datenpunkten«, und »Data Mining« beschreibt verharmlosend, dass wir jeden Klick, jeden Trip und jede persönliche Gewohnheit eines Menschen verfolgen. Wir »senken den Personalbestand«, und der Onlinehändler berechnet uns für Tickets eine »Zahlungsgebühr«, statt diese als das zu bezeichnen, was sie in Wirklichkeit ist: ein Mehrpreis.

Solche Formulierungen können uns helfen, uns von jeglichem Verantwortungsgefühl zu distanzieren. Sie können aber auch dazu beitragen, dass wir ethischer handeln. Stellen Sie sich vor, was passieren würde, wenn wir in unseren Organisationen die Dinge plötzlich beim Namen nennen würden. Vielleicht würden wir uns dann sogar die Zeit nehmen, kreativere, ja, ethischere Wege zu finden, unsere Ziele zu erreichen. Und dabei unsere Kulturen stärken. Doch dazu an anderer Stelle noch mehr.

Eine weitere Methode zur Selbsttäuschung, die zum Bröckeln der Moral beiträgt, ist, uns selbst aus der Kausalkette herauszunehmen beziehungsweise wie die CEO von Mylan »das System« für unsere eigenen Verfehlungen verantwortlich zu machen. Das kann so weit gehen, dass wir die Verantwortung für die Auswirkungen unserer Produkte auf den Konsumenten komplett auf diesen abschieben.

Gewährleistungsausschlüsse sind zwar durchaus rechtens, doch häufig berufen sich Unternehmen darauf, um sich von den Folgen ihrer Entscheidungen zu distanzieren. »Wem es nicht gefällt, der muss es nicht kaufen«, denken sie. Diese Antwort hören wir oft von Spitzenmanagern, wenn sie nach ihrer Verantwortung für die negativen Effekte ihrer Produkte gefragt werden. Natürlich spielen die Entscheidungen der Verbraucher eine Rolle, doch dadurch können und werden Unternehmen nicht vollständig aus der Kausalkette entlassen. Ja, der Raucher ist für die Gesundheitsschäden verantwortlich, die er durch das Rauchen erleidet, aber die Zigarettenunternehmen sind dennoch Glieder der Kette.

Auch die Erfüllung ihrer gesetzlichen Pflichten entbindet Unternehmen nicht von ihren ethischen Verpflichtungen. So glauben viele Unternehmen, wenn wir das Häkchen gesetzt haben, mit dem wir ihre Geschäftsbedingungen akzeptieren, seien sie von jeglicher Verantwortung für alles, was im Anschluss passiert, freigesprochen. Rechtlich mag das zutreffen, doch aus ethischer Sicht sicher nicht. Instagram, Snapchat, Facebook und alle möglichen Anbieter von Handyspielen können beispielsweise nicht einfach deshalb die Rolle von sich weisen, die sie in einem Bereich spielen, der zunehmend als Technologie mit Suchtpotenzial anerkannt wird, weil es nicht gegen das Gesetz verstößt. Ganz besonders nicht, wenn sie wissentlich Funktionen wie Infinite Scrolling, »Like«-Buttons und automatische Content-Wiedergabe hinzufügen in der Absicht, uns länger am Bildschirm zu halten. Solche Unternehmen erklären fast immer, sie würden solche Features einführen oder müssten unseren personenbezogenen Daten erfassen, um »die Nutzererfahrung zu verbessern«. Zwar bringen uns diese Entscheidungen vielleicht tatsächlich einen Nutzen, doch der hat grundsätzlich seinen Preis. Und die Vorteile abzuwägen gegen den Schaden, den sie verursachen können, oder zu berücksichtigen, ob sie gegen unsere Werte verstoßen – genau darum geht es bei Ethik. Nichts ist umsonst.

In einem Leitartikel der *Washington Post* reagierte Mark Zuckerberg, Gründer und CEO von Facebook, 2019 auf gegen sein Unternehmen vorgebrachte Kritik mit der Forderung nach mehr gesetzlichen Regelungen durch den Staat. »Meiner Ansicht nach müssen Regierungen und Aufsichtsbehörden aktiver werden«, schrieb er. »Indem wir die Regeln für das Internet aktualisieren, können wir das Beste daran erhalten.« Genauso gut könnte er sagen, dass Facebook wegen Milton Friedmans Definition unternehmerischer Verantwortung nur ethisch handeln kann, wenn es durch die Gesetze und die »guten Sitten« dazu gezwungen ist. Es ist traurig, dass wir in manchen Branchen, wie Technologie und soziale Medien, einen Punkt erreicht haben, an dem wir ethische Fragen wohl tatsächlich gesetzlich regeln müssen. Doch wie es so weit gekommen?

Tenbrunsel und Messick haben die sprichwörtliche »schiefe Bahn« als weiteren Auslöser für die Art von Selbsttäuschung ausgemacht, die die Moral bröckeln lässt.[20] Mit jeder Übertretung ethischer Grenzen, die toleriert wird, bahnen wir den Weg für weitere, schlimmere Verstöße. In kleinen Schritten verändern wir so die Normen, die in einer Kultur für akzeptables Verhalten gelten. »Wenn es jeder macht, wird es schon in Ordnung sein.«

Fokussiert sich die Führungsriege zu stark auf das endliche Spiel, werden solche schiefen Bahnen häufig übersehen oder absichtlich ignoriert, weil sie so einträglich sind. In einer Organisation mit einer auf Unendlichkeit ausgerichteten Mentalität ist eine unmoralische Idee zur Gewinnsteigerung grundsätzlich »eine schlechte Idee, die wir nicht einmal mit der Kneifzange anfassen würden«. In einer vom endlichen Spiel besessenen Organisation, die unter bröckelnder Moral leidet, gilt dieselbe Idee als »großartig – ich kann gar nicht glauben, dass wir nicht schon früher darauf gekommen sind!« Kommt dann noch eine unausgewogene Belohnungsstruktur hinzu, die sich auf Leistung orientiert und Vertrauen außen vor lässt, dann verselbständigen sich die ethischen Fehltritte und es geht so schnell bergab wie auf einer teflonbeschichteten, mit Babyöl geschmierten Rutsche. Von der Moral ist dann bald nicht mehr viel übrig.

Wie bei der Geschichte vom Frosch im kochenden Wasser sollte Mylans allmähliche Erhöhung der EpiPen-Preise sicherlich den Schock dämpfen, den ein gewaltiger plötzlicher Preisanstieg bei den Verbrauchern ausgelöst hätte (beziehungsweise zur Akzeptanz dieser Preise beitragen). Darin offenbart sich aber auch, wie sich bröckelnde Moral auswirkt. Indem sie den Preis mit der Zeit (bei Licht betrachtet sogar ziemlich schnell) anhoben, stellten sie einen Anstieg ihrer Kennzahlen fest. Dieser wiederum löste bei vielen Spekulationen darüber aus, wofür sie ihre Prämien ausgeben würden. Ganz auf ihr persönliches enormes Gewinnpotenzial konzentriert, waren Mylans Topmanager in der Lage, sich ethisch mit ihren Entscheidungen zu arrangieren. Und so erhöhten die Manager die Preise immer energischer, um ihre Ziele schneller zu erreichen oder gar zu übertreffen – ganz wie Drogensüchtige, die den nächsten Schuss gar nicht erwarten können.

Mylan und Wells Fargo sind Extrembeispiele für den Niedergang der Ethik. Und solche Extrembeispiele demonstrieren sehr deutlich, wie die Mechanik bröckelnder Moral funktioniert. Aber lassen Sie sich nicht täuschen … und finden Sie sich nicht damit ab. Nur weil kein Betrug oder Skandal vorliegt, heißt das nicht, dass es keine Probleme gibt. Bei näherem Hinsehen können wir bereits in vielen Unternehmen erste Anzeichen für bröckelnde Moral feststellen. Dazu gehören zum Beispiel Bilanztricksereien, um die Steuerlast eines Unternehmens zu mindern. Andere bieten Preisnachlässe auf ein Produkt an, verlangen von ihren Kunden aber gezielt so viele Schritte – einen Strichcode ausschneiden, ein Formular ausfüllen, die Quittung beilegen und das Ganze einsenden –, dass die wenigsten diese Mühe auf sich nehmen, womit der Anbieter natürlich von vornherein gerechnet hat. Nahrungsmittel- und Getränkeunternehmen machen übertriebene Angaben zum gesundheitlichen Nutzen eines Produkts und versuchen, ungesunde Zutaten zu verheimlichen. Oder sie verändern die Portionsgröße auf der Verpackung, damit es so aussieht, als enthielte ihr Produkt weniger Zucker oder weniger Kalorien, als es tatsächlich der Fall ist. Nichts davon ist illegal. Alles fühlt sich ein bisschen unbehaglich an. Und je mehr solcher Entscheidungen wir zulassen, desto »normaler« wird dieses Verhalten – bis es dann »in der Branche üblich« ist.

Sie wissen ja: Wenn die Moral bröckelt, ist Selbstbetrug am Werk. Und dem kann jeder zum Opfer fallen, ganz gleich, wie gut sein persönlicher moralischer Kompass funktioniert. Die Manager, auf die wir empört mit dem Finger zeigen, weil sie ihre Unternehmen unethisch geführt und dafür auch noch ordentlich abkassiert haben, fühlen sich nicht im Unrecht. Und was für einen Anreiz hat jemand, der sich nicht im Unrecht fühlt, sein Verhalten zu ändern? Bei Mylan und Wells Fargo war ein öffentlicher Skandal nötig, um das Problem ans Licht zu bringen. Gelöst wird es davon aber nicht. In den meisten unserer Organisationen gibt es keine solchen Krisen, die die eine oder andere hässliche Wahrheit erkennbar machen. Und so lange die Moral unkontrolliert weiter bröckelt, ist die Wahrscheinlichkeit groß, dass früher oder später etwas auffliegt. Die entstehenden Kosten – nicht nur für unsere Unternehmen, sondern auch für unsere Mitarbeiter, Kunden und Investoren – sind dann weit höher als das, was wir aufwenden müssten, um die Dinge jetzt gleich in Ordnung zu bringen.

Als er den CEO-Posten bei Wells Fargo übernahm, räumte Tim Sloan ein, das Management habe »das ganze Ausmaß und die Schwere der Probleme zu spät erkannt«, und schwor, dass eine solche Situation »nie wieder zugelassen wird.«[21] Solche Versprechen sind schnell gegeben. Sie einzuhalten, ist nicht ganz so leicht. Bröckelt die Moral erst einmal, ist es mitunter extrem schwierig, die Entwicklung umzukehren. Fast unmöglich wird es, wenn das Topmanagement, das die Kultur verändern will, dabei weiterhin Ansätze verfolgt, die auf Endlichkeit ausgerichtet sind. Denn was tun auf

Endlichkeit fixierte Manager bei dem Versuch, eine Kultur zu verändern, die unter bröckelnder Moral leidet? Sie ahnen es: Sie suchen nach einer endlichen Lösung. (Kleiner Hinweis am Rande: Das funktioniert nicht.)

Wenn Struktur an die Stelle von Führung tritt

Früher arbeitete ich bei einer großen Werbeagentur. Nach meinem ersten Arbeitsjahr beschloss die Geschäftsleitung, Arbeitszeitnachweise einzuführen. Anders als in einer Anwaltskanzlei, in der ein Anwalt seinen Mandaten die tatsächlich geleisteten Arbeitsstunden in Rechnung stellen kann, würde in unserer Firma damit Buch geführt werden über … was eigentlich? So richtig verstand keiner, was diese Stundenzettel bringen sollten. Es war einfach eine Anweisung von oben.

Ich mogelte mich monatelang durch, ohne einen Zeiterfassungsbogen auszufüllen. (Wollte mein Arbeitgeber wissen, womit ich meine Zeit verbrachte, wurde er schließlich auch nicht schlauer, wenn ich angab, dass ich sie zu 100 Prozent den mir zugeteilten Kunden widmete.) Natürlich gab es irgendwann Ärger, weil ich keine Stundenzettel eingereicht hatte. Von da an setzte ich mich also am Ende eines jeden Monats hin und füllte alle Erfassungsbögen auf einmal aus – Beginn der Arbeitszeit: 9:30 Uhr, Ende 17:30 Uhr. In Wirklichkeit kam ich oft früher und ging später. Doch wen interessierte das? Ich weiß noch, wie ich mit meinen Zetteln zu meinem Chef ging, um sie abzeichnen zu lassen. Er überflog sie und kommentierte sarkastisch: »Nach Ihnen kann man ja die Uhr stellen.« Dann setzte er seine Unterschrift darunter.

Ich vermute, die Stundenzettel wurden eingeführt, weil es in der Buchhaltung gehakt hatte. Vielleicht waren einem Kunden zu viele Stunden in Rechnung gestellt worden, und der hatte die Agentur aufgefordert, nachzuweisen, dass die leitenden Mitarbeiter, deren Zeit für diesen Auftrag angesetzt worden war, auch wirklich diejenigen waren, die sich damit befassten … oder so. Um ein Buchhaltungsproblem zu beheben, wurde unternehmensweit ein neuer Prozess eingeführt. Eine solche Lösung bezeichnet Dr. Leonard Wong als »faule Führung«.

Gibt es ein Problem, hapert es an der Leistung, werden Fehler gemacht oder fällt auf, dass unethische Entscheidungen getroffen wurden, dann beschließt eine faule Führung, zur Problemlösung aktiv Prozesse zu entwickeln, statt ihren Leuten Rückhalt zu geben. Ein Prozess ist schließlich etwas Objektives, Verlässliches. Es ist einfacher, einem Prozess zu vertrauen als einem Menschen. Meinen wir jedenfalls. In Wirklichkeit »erzählt uns ein Prozess stets, was wir hören wollen«, so Dr. Wong. »[Er] gibt uns grünes Licht, sagt uns aber nicht unbedingt die Wahrheit.«[22] Verlassen sich Führungskräfte auf Prozesse statt auf ihr Urteilsvermögen, dann bleiben alle Voraussetzungen dafür bestehen, dass die Moral bröckelt … auch in Kulturen, die sich an höhere moralische und ethische Standards gebunden fühlen.

So glauben Soldaten beispielsweise, dass sie in puncto Ehrlichkeit und Integrität einem höheren Standard genügen müssen als die Allgemeinheit. Die Allgemeinheit glaubt das auch. In ihrem Paper »Lying to Ourselves: Dishonesty in the Army Profession« (deutsch sinngemäß: Wie wir uns selbst belügen: Unehrlichkeit unter Berufssoldaten) gelangten Dr. Wong und sein Forschungspartner Dr. Stephen Gerras, beide Ex-Offiziere, die jetzt am U.S. Army War College tätig sind, allerdings zu dem Schluss, dass systematisches Bröckeln der Moral ein Ergebnis der übermäßig vielen Prozesse, Verfahren oder Anforderungen ist, mit denen Soldaten konfrontiert werden.[23] Manche der gestellten Ansprüche waren nicht nur nicht nachvollziehbar, sondern schlichtweg unerfüllbar. So sollten die Soldaten beispielsweise mehr Ausbildungstage absolvieren, als im Kalender standen.

Wie in der Wirtschaft kommt der Druck zur Erfüllung der Aufgaben auch beim Militär von oben. Dort entsteht aber auch ganz unten gewaltiger Druck. Um sich hervorzutun, möchten Offiziere so erscheinen, als könnten sie alles – und das auch noch gut. Werden Anforderungen nicht erfüllt, schadet das dem Image beim Vorgesetzten, kann dem Betroffenen Rügen eintragen oder auch Beförderungen verhindern. Eine falsche Vollzugsmeldung sorgt dafür, dass das System reibungslos läuft und die Karriere in der Spur bleibt. Und weil Ehrlichkeit manchmal härter geahndet wird als eine Lüge, sind Soldaten in einer Position, in der sie glauben, lügen oder betrügen zu müssen, um die an sie gestellten Anforderungen zu erfüllen. Ein echtes Dilemma.

Das Ergebnis: Es hat sich im US-Militär eingebürgert, kreative Wege zu finden, um die Anforderungen in dem Gefühl zu erfüllen, dass der eigene hohe moralische Standard nicht kompromittiert wurde.[24] Ein von Wong und Gerras zitiertes Beispiel betrifft die in letzter Minute ergangenen Schulungsanforderungen, die an Einheiten vor einem Einsatz in Afghanistan oder im Irak gestellt wurden. Die Soldaten mussten ihre Ausweiskarten in einen Computer einführen, um ihre Identität nachzuweisen und die computerbasierte Schulung zu absolvieren. Ein Offizier räumte ein, er habe alle Ausweise seiner neunköpfigen Truppe eingesammelt und sich dann den klügsten Kopf aus der Gruppe herausgepickt, der die Schulung neun Mal hintereinander abschloss, damit jeder sein Zertifikat bekam.

Viele Soldaten betrachteten ein solches Vorgehen aber nicht als Betrug oder Lüge, sondern lediglich als ein »Abhaken von Kästchen«, als »Teil des bürokratischen Prozesses« oder meinten schlicht, genau das zu tun, was »von oben von ihnen erwartet wurde«. Manche fanden ihr Verhalten absolut nicht unethisch, weil sie die Anforderungen als so trivial erachteten, dass ihr Integritäts- oder Ehrlichkeitsstandard davon gar nicht berührt wurde – ähnlich wie ich seinerzeit meine Stundenzettel. Das gleiche Prinzip greift, wenn wir jemandem erzählen, wir müssten wegen »familiärer Probleme« absagen, obwohl es gar keine Probleme in der Familie gibt. Wir möchten uns nur aus der Affäre ziehen, ohne die Gefühle anderer zu verletzen. Und obwohl wir gelogen haben, fühlen wir uns immer noch ehrlich, denn es war ja nur eine »harmlose« kleine Notlüge.

Durchsetzen solche scheinbar nebensächlichen Grenzübertretungen aber eine Kultur, dann ist das ein Signal für bröckelnde Moral. Erinnern Sie sich? Diese ist definiert als unethisches Verhalten in dem Bewusstsein, uns noch innerhalb unseres persönlichen Moral- oder Ethikkodex zu bewegen. Wie in der Wirtschaft gilt: Hätte das unethische Verhalten der Soldaten schwerere Folgen, die öffentliche Empörung auslösten, dann würden die Soldaten vermutlich dafür bestraft – und natürlich würde der Rest der Truppe zusätzlichen Online-Schulungen unterzogen, damit sich so etwas in der Zukunft nicht wiederholt.

Das alles entbehrt nicht einer gewaltigen Ironie. Wenden wir endlich orientierte Lösungen an, um ein auf bröckelnder Moral beruhendes Problem zu lösen, das durch endlich orientierte Mentalität entstanden ist, bröckelt die Moral noch stärker. Setzen wir Prozesse und Strukturen ein, um kulturelle Probleme zu beheben, führt das häufig zu noch mehr Lügen und Betrug. Aus kleinen Lügen werden große. Und Fehlverhalten wird zur Norm.

Faule Führung ist kein Euphemismus für schlechte Führungskräfte oder schlechte Menschen. Ebenso wenig ist jemand, der sich entscheidet, keinen Sport zu treiben, ein schlechter Mensch. Entscheidungen durch faule Führung erfolgen oft in bester Absicht. Im Falle des US-Militärs oder jeder anderen großen Organisation glaubt die Führung vielleicht wirklich, dass all die zusätzlichen Ansprüche und Anforderungen an die Soldaten nützlich sind. Doch weil die hohen Offiziere von diesen zusätzlichen Anforderungen selbst meist nicht betroffen sind, merken sie gar nicht, welche Probleme ihre »Lösungen« aufwerfen. Wären sie sich der Heuchelei, Dysfunktion oder überbordenden Bürokratie bewusst oder ihr sogar selbst unterworfen, könnten sie – wie mein Chef in der Werbeagentur – in der Farce selbst zu Komplizen werden. Kommt es dazu, fallen solche Führungskräfte ebenfalls ihren Ausreden und Selbsttäuschungen zum Opfer. Und der Pfad wird noch schlüpfriger.

Kann die Moral dort bröckeln, wo Integrität ganz groß geschrieben wird – wie im Militär –, dann ist das überall möglich. Und so ist es auch. Ich kann gar nicht genug betonen, wie verbreitet bröckelnde Moral in unseren Unternehmen und Institutionen ist. Doch mehr Struktur ist kein probates Mittel dagegen. Prozesse sind toll, wenn es um das Management einer Lieferkette geht. Durch die richtigen Verfahren lässt sich die Effizienz in der Produktion steigern. Bröckelt aber die Moral, ist das ein menschliches Problem. Und so sehr das unserer Intuition zuwiderlaufen mag – um menschliche Probleme zu lösen, brauchen wir Menschen, nicht Papierkrieg, Schulungen oder Zertifikate.

Das beste Gegenmittel beziehungsweise der Impfstoff gegen bröckelnde Moral ist eine auf Unendlichkeit ausgerichtete Mentalität. Manager, die ihren Leuten eine gerechte Sache geben, die sie vorantreiben können, und es ihnen ermöglichen, zu diesem Zweck in einem vertrauensvollen Team zusammenzuarbeiten, entwickeln auf diese Weise eine Kultur, in der die Mitarbeiter auf die kurzfristigen Ziele hinarbeiten können, ohne dabei die Moralität, Ethik und die breiteren Auswirkungen der von ihnen zum Erreichen dieser Ziele getroffenen Entscheidungen aus den Augen zu verlieren. Und zwar nicht, weil ihnen das gesagt wird. Nicht, weil es da eine Checkliste gibt, die das verlangt. Auch nicht, weil sie die unternehmensinterne Online-Schulung zum »ethischen Handeln« absolviert haben. Sie tun das von sich aus. Wir handeln ethisch, weil wir dem Fortschritt der gerechten Sache nicht schaden möchten. Sehen wir uns als Teil eines vertrauensvollen Teams, wollen wir unsere Teamkollegen nicht im Stich lassen. Wir fühlen uns unserem Team und der Reputation der Organisation verpflichtet – nicht nur uns selbst und unserem persönlichen Ehrgeiz. Wenn wir uns als Teil einer Gruppe empfinden, der wir am Herzen liegen, möchten wir im Sinne dieser Gruppe handeln und unseren Vorgesetzten Ehre machen. Dadurch steigt unser Standard von ganz allein.

Als soziale Wesen reagieren wir auf unser Umfeld. Gerät ein anständiger Mensch in eine Umgebung, in der die Moral bröckelt, wird er selbst ebenfalls anfällig für Verstöße gegen ethische Grundsätze. Ein anderer, der womöglich zuvor unethisch gehandelt hat, dann aber in ein besseres, stärker wertorientiertes Umfeld versetzt wird, wird sein Verhalten ebenfalls an den Standards und Normen der neuen Umgebung orientieren. Wie schon gesagt, sind Führungskräfte nicht per definitionem für die Ergebnisse verantwortlich. Sie sind vielmehr für die Menschen verantwortlich, die für die Ergebnisse verantwortlich sind. Und diese Aufgabe verlangt unablässige Aufmerksamkeit, denn wenn eine Kleinigkeit zur anderen kommt, folgt irgendwann der große Knall.

Unendlich denkende Führungskräfte akzeptieren, dass Geduld und harte Arbeit erforderlich sind, um eine Kultur aufzubauen, in der die Moral nicht so leicht bröckelt. Es erfordert Hingabe zu einer Sache. Der Wille muss wichtiger sein als die Mittel. Und es müssen sich vertrauensvolle Teams bilden können. Es kann länger dauern als ein Quartal oder ein Jahr (je nach Unternehmensgröße), bis sich diese Investition auszahlt. Und sobald ethische Standards eingeführt (oder wiederbelebt) werden, müssen sie aufmerksam überwacht werden. Wenn bröckelnde Moral auf Selbstbetrug zurückgeht, dann verlangt die Aufrechterhaltung ethisch einwandfreien Verhaltens absolute Ehrlichkeit und ständige Selbstbewertung. Verstöße gegen die Unternehmensethik kommen vor und sind menschlich. Bröckelnde Moral ist aber nicht menschlich, sondern steht für mangelnde Führungsqualität. Sie ist ein Element der Unternehmenskultur, das gezielt gesteuert werden kann, weshalb umgekehrt gilt: Auch in ethischer Hinsicht starke Kulturen sind das Ergebnis des kulturellen Umfelds, das die Führungspersönlichkeiten schaffen.

Wenn ethisch einwandfreies Handeln zum Standard wird

Am 25. November 2011 warb der Outdoor-Spezialist Patagonia in *The New York Times* ganzseitig mit folgender Schlagzeile: »Kaufen Sie diese Jacke nicht.« Manche Zyniker werteten den Slogan zwar als Publicity-Coup einer hochpreisigen Marke, die sich viele nicht leisten können, doch die Details der Anzeige geben Hinweise auf die Unternehmenskultur von Patagonia, die den Anstoß zu dieser Aktion gab.

Mit dem Anzeigentext lieferte Patagonia etwas für die meisten anderen Unternehmen Undenkbares. Das Unternehmen erklärte in verständlicher Sprache, welche ökologischen Kosten die Herstellung seines Produkts verursachte – in diesem Fall des Verkaufsschlagers R2 Fleece. Der Wortlaut:

Die Herstellung [dieser Jacke] erforderte 135 Liter Wasser – genug, um den Tagesbedarf (drei Glas Wasser) von 45 Menschen zu decken. Die Reise von ihrem Ursprung als 60 % recyceltes Polyester bis in unser Lager in Reno erzeugte fast 10 Kilo Kohlendioxid – das 24-Fache des Gewichts des fertigen Produkts. Auf ihrem Weg nach Reno hinterließ die Jacke zwei Drittel ihres Gewichts an Abfall.[25]

»Es kann noch viel getan werden – und es bleibt für uns noch viel zu tun«, schließt die Anzeige. »Kaufen Sie nur, was Sie wirklich brauchen. Denken Sie zweimal nach, bevor Sie etwas kaufen. … Schließen Sie sich uns an … und stellen Sie sich eine Welt vor, in der wir nur das nehmen, was die Natur ersetzen kann.«

»Wir hatten Schuldgefühle«, erklärt Patagonia-Gründer Yvon Chouinard. »Wir wissen alle, dass wir unseren Konsum einschränken müssen.«[26] Während andere Unternehmen vielleicht auf Euphemismen zurückgreifen, um sich von den Auswirkungen ihrer Handlungen zu distanzieren oder diese zu verschleiern, übernimmt Patagonia die volle Verantwortung für seine Rolle in der Kausalkette und nimmt für sich keine Ausnahmen oder Ausreden in Anspruch, die das Unternehmen auf die schiefe Bahn bringen könnten. Bei Patagonia ist man in Bezug auf die – guten wie schlechten – Umweltauswirkungen der eigenen Tätigkeit vielmehr brutal ehrlich zu sich selbst und zur Öffentlichkeit. Dort weiß man: Wer im unendlichen Spiel überleben und Erfolg haben möchte, der muss so ehrlich sein. Die Leute von Patagonia stellen sich nicht als Opfer, sondern als Teil des Systems dar … und sie tun, was sie können, um es zu verändern. Kaum denkbar, dass Mylan eine einseitige Anzeige in der *New York Times* schaltet, um zu erklären, dass man dort wissentlich aus Menschen mit lebensbedrohlichen Allergien Kapital geschlagen hat, indem der Preis für EpiPens um 500 Prozent in die Höhe getrieben wurde – und das im Nachhinein unter dem Vorwand gerechtfertigt hat, unethische und rechtliche Missstände in der Pharmaindustrie anzuprangern.

Die Ursachenforschung nach einem Skandal oder einem Verfall der Moral weist fast immer auf Führungsversagen hin. Unternehmen mit einer Kultur, wie sie bei Mylan oder Wells Fargo herrschte, sind quasi prädestiniert für bröckelnde Moral. Unter Berufung auf Milton Friedman sehen ihre Führungseliten ihre Aufgabe ausschließlich darin, Ergebnisse zu erzielen – und ihre Anreizstrukturen bestärken sie noch in dieser Überzeugung. Infolgedessen räumen sie kürzerfristigen Finanzzahlen Vorrang vor einem Sinn der Sache ein (falls sie einen solchen jemals hatten). Die Führungsteams stellen die Mittel über den Willen und passen ihre Kulturen bereitwillig an ihre Prioritäten an. Bei Patagonia – wie übrigens in jeder Organisation, in der über endliche Ziele hinaus gedacht wird – orientieren sich die

Prioritäten und dementsprechend auch das Verhalten an ihrer gerechten Sache. Es geht nicht nur darum, wie viel sich im laufenden Jahr verdienen lässt. »Uns soll es auch in hundert Jahren noch geben. Deshalb denken wir an die langfristigen Ergebnisse«, so Dean Carter, Vice President für Human Resources und Shared Services des Unternehmens.[27] Patagonia tritt mit einer auf Unendlichkeit ausgerichteten Einstellung an. Deshalb will das Unternehmen nicht gewinnen oder einen Konkurrenten schlagen. Stattdessen wird es von der Vision einer Zukunft getragen, in der es hochwertige Produkte herstellt und dabei weniger Schaden verursacht und »auf wirtschaftlichem Wege zu Lösungen für die ökologische Krise anregt und diese umsetzt.«[28]

Patagonia ist als Unternehmen keinesfalls vollkommen. Dort werden Fehler gemacht, und Einzelnen passieren nach wie vor ethische Fehltritte. Doch dessen ist man sich bei Patagonia bewusst. Die Leute dort wissen, dass ihr Streben nach der gerechten Sache ein Kurs ist, der ständige Selbstoptimierung erfordert. Bei allzu vielen Unternehmen wird der Begriff »laufende Verbesserung« in dem Sinne verwendet, dass Prozesse optimiert und die Effizienz gesteigert werden. Bei Patagonia und anderen unendlichkeitsorientierten Unternehmen, die beide Währungen auf dem Schirm haben – den Willen und die Mittel –, bezieht sich dieser Terminus auf alle Facetten der Organisation, die eigene Kultur und die Standards, nach denen sie sich richtet, eingeschlossen. So können sie eine Kultur aufrechterhalten, die sich durch hohe ethische Standards auszeichnet. Patagonias Antrieb ist nicht, am besten zu sein – sondern besser.

Auch wenn nicht alle die Schlagzeile zu würdigen wussten – die »Kauf das nicht«-Kampagne war kein einmaliger Werbegag. Sie war bezeichnend für Patagonias unablässiges Streben nach Rechenschaftspflicht und laufender Verbesserung – ganz wie es auf der Website des Unternehmens nachzulesen ist:

Patagonia ist ein wachsendes Unternehmen – und wir möchten noch eine gute, lange Zeit im Geschäft bleiben. Die Bewährungsprobe für unsere Aufrichtigkeit (beziehungsweise unsere Heuchelei) wird sein, ob alles, was wir verkaufen, nützlich, möglichst multifunktionell, langlebig und schön, aber nicht der Mode unterworfen ist. Dieses Ziel haben wir noch nicht ganz erreicht.[29]

Im weiteren Wortlaut räumt Patagonia ein, dass nicht alle Produkte des Unternehmens diese Kriterien erfüllen. Doch im Weiteren wird dann die Common Threads Initiative vorgestellt, ein Programm, mit dem Patagonia seinen Zielen näherzukommen hofft. Die Initiative beinhaltet eine Verpflichtung, hochwertige Kleidungsstücke zu produzieren, die lange halten, damit sie nicht so oft ersetzt werden müssen (wodurch Abfall vermieden wird), ein Versprechen, die eigenen Produkte kostenlos zu reparieren, damit die Kunden sie nicht wegwerfen (wodurch Abfall vermieden wird) und eine Partnerschaft mit eBay, damit die Menschen gebrauchte Produkte »wiederverwenden«, kaufen und verkaufen (wodurch Abfall vermieden wird). Hat ein Produkt irgendwann doch das Ende seiner Lebensdauer erreicht, nimmt Patagonia es zurück, um es zu recyceln, damit wir es nicht in den Müll werfen müssen (wodurch Abfall vermieden wird).

Während manche Unternehmen alles tun, um Schlupflöcher zu finden, die sie nutzen können, um ihre Leistung zu steigern, bemüht sich Patagonia nach Kräften, Schlupflöcher zu stopfen, um seine Werte und Überzeugungen zu stärken. So arbeitet das Unternehmen beispielsweise schon seit zehn Jahren mit der Nichtregierungsorganisation Verité zusammen, um arbeitsrechtliche Missstände auf der ersten Ebene seiner Lieferkette aufzudecken und zu beheben – also in den Fabriken, in denen die vertriebenen Waren produziert werden. Aufgrund gesonderter interner Überprüfungen stellte das Unternehmen 2011 fest, dass trotz seiner Bestrebungen, eine sozialverantwortliche Lieferkette einzurichten, auf zweiter Ebene immer noch etliche Verstöße vorlagen, darunter mehrere Fälle von Menschenhandel und Ausbeutung – in den Fabriken, die Rohstoffe zu Stoffen und anderen für die Produktion benötigten Komponenten verarbeiten.[30] Schon bemerkenswert, dass sich Patagonia überhaupt für die Bedingungen interessierte, die bei Zulieferern der zweiten Ebene herrschen – von Versuchen, diese zu verbessern, ganz zu schweigen.

Dazu Gillian White in einem Artikel in *The Atlantic:* »Selbst die Fair Labor Association (FLA), die stichprobenartig Fabriken im Ausland überprüft und Unternehmen dabei unterstützt, ihre Programme zur unternehmerischen Verantwortung zu optimieren, verlangt nur, dass angeschlossene Marken ihre Zulieferer der ersten Ebene prüfen, überwachen und melden – eine Ebene, auf der Probleme wie Menschenhandel leichter feststellbar und anzupacken sind.« Die Ausmerzung von Zwangsarbeit ist ein schwieriges, komplexes Unterfangen, das einen höheren Zeitaufwand und mehr Kapital erfordert. Die meisten Unternehmen befassen sich damit erst, wenn sie aufgrund peinlicher Enthüllungen oder juristischer Probleme dazu gezwungen sind. Doch Patagonia hat aus eigenem Antrieb Zeit und Geld investiert in dem Bewusstsein, dass sich das Problem womöglich nicht vollständig lösen lässt. Man will es aber auf jeden Fall versuchen. Und nur darum geht es bei laufender Verbesserung und ethischem Handeln. Tatsächlich wären wir damit wieder bei dem Grundprinzip einer wirklich gerechten Sache – vielleicht erreichen wir das Ideal nie, das uns vorschwebt, aber wir versuchen es bis zum letzten Atemzug. Das verleiht unserer Tätigkeit für unsere Arbeitgeber Sinn und Bedeutung und hält uns dazu an, weiter für das Gute einzutreten.

Endlichkeitsorientierte Unternehmen haben vielleicht Bedenken, dass ein solcher Ansatz zu kostspielig sein, den Gewinn drücken, Kunden vergraulen oder ihren Ruf ruinieren könnte (denn heutzutage geben nur wenige Unternehmen proaktiv zu, dass sie etwas falsch machen). Bei Patagonia macht man sich darüber keine Gedanken.

Das Unternehmen hat keine Angst, auszuscheren und Risiken einzugehen. Es hat dabei natürlich einen enormen Vorteil, wie es offen einräumt: Es ist nicht an der Börse. »Der Druck auf eine Aktiengesellschaft, den Gewinn auf Quartalsbasis für die Leute zu steigern, die nur aus finanziellen Gründen am Unternehmensergebnis interessiert sind, ist erheblich«, gibt uns Dean Carter zu bedenken. »Will ein Unternehmen wirklich etwas bewegen, ist es ein Vorteil, wenn es nicht an der Börse ist.«[31]

Patagonia ist zwar eine zertifizierte Benefit Corporation, die den sogenannten »Stakeholder-Kapitalismus« praktiziert, aber keine Wohltätigkeitsorganisation. Patagonia ist vielmehr ein gewinnorientiertes Unternehmen, das gern in jedem Jahr mehr verdienen möchte als im Jahr zuvor. Dabei ist es sich bewusst, dass Gewinn nicht sein Daseinszweck ist. Wie alle guten auf Unendlichkeit ausgerichteten Unternehmen sieht es Geld als Treibstoff, der nötig ist, um seine gerechte Sache voranzubringen. Für die Zertifizierung als Benefit Corporation (B Corp) müssen Unternehmen ihre grundlegendsten gesellschaftlichen und ökologischen Werte ermitteln und respektieren und ihren Verpflichtungen gegenüber Mitarbeitern, Kunden, Zulieferern und Gesellschaft – und auch gegenüber der finanziellen Gesundheit ihrer Investoren – nachkommen.[32] Patagonia weiß: Je größer der geschäftliche Erfolg, desto besser lässt sich der Standard aufrechterhalten und desto größer wird der potenzielle positive Einfluss in der Welt. Wenn sie ihre gerechte Sache im Blick behalten und sich vor bröckelnder Moral in Acht nehmen, ziehen sie auf lange Sicht Menschen an, die ihre Vision und ihre Werte teilen, führen diese und genießen dadurch Erfolg – und das ist den Verantwortlichen klar.

Ethische Entscheidungen werden nicht darauf gegründet, was kurzfristig am besten ist. Sie basieren darauf, was »richtig« ist. Kurzfristige Orientierung auf Kosten der Ethik schwächt ein Unternehmen nach und nach. »Das Richtige zu tun«, stärkt es dagegen immer mehr. Patagonias Modell, sich mit allen Kräften zu bemühen, richtig zu handeln und Menschen und Umwelt vor den Profit zu stellen, hat dem Unternehmen bei Mitarbeitern und Kunden viel Loyalität eingetragen. Gepaart mit dem guten Willen und dem Vertrauen, die es auf dem Markt aufbauen konnte, konnte sich Patagonia so zu einem der erfolgreichsten, innovativsten und profitabelsten Unternehmen seiner Klasse entwickeln. Im vergangenen Jahrzehnt konnte es seinen Umsatz vervierfachen und den Gewinn verdreifachen. Patagonia-CEO Rose Marcario kommentiert das so: »Dem Planeten etwas Gutes zu tun, schafft neue Märkte und bringt [uns] mehr Geld ein.«[33] (Achten Sie auf die Reihenfolge, in der sie ihre Prioritäten angibt.)

»Soweit wir es derzeit überblicken können«, so Rick Ridgeway, Patagonias VP für Environmental Affairs, »produzieren wir weiter Produkte, die den Menschen durch die Auswahl ihrer Kleidungsstücke ein verantwortungsbewussteres Leben ermöglichen. Solange es da draußen noch viele gibt, die das nicht tun … sollten wir eigentlich wachsen.« Doch Ridgeway relativiert: »Irgendwann werden wir den Punkt erreichen, an dem unser eigenes Wachstum mehr Probleme schafft als Lösungen.« Mal sehen, wie Patagonia damit umgeht, wenn es soweit ist. Doch allein schon die Tatsache, dass man dort darüber nachdenkt und darüber spricht (sogar öffentlich), ist ein weiteres Zeichen für ethische Stärke.

Weil Patagonia mit einer auf Unendlichkeit ausgerichteten Einstellung geführt wird, ist ein Unternehmen entstanden, das nicht nur weniger anfällig ist für bröckelnde Moral, sondern auch Maßstäbe dafür gesetzt hat, wie ethisches Handeln in einem Unternehmen aussehen kann. Und zwar ganz bewusst. »Wenn wir der Unternehmenswelt zeigen können, dass wir Erfolg haben«, meint COO Doug Freeman, »können wir zum Vorbild dafür werden, wie Geschäftstätigkeit auch aussehen kann, da sind wir uns sicher.«[34] Patagonia handelt nicht nur so, dass das Unternehmen selbst davon profitiert, sondern auch das Spiel … und das funktioniert. Obendrein macht das Beispiel Schule.

Neuntes Kapitel

EIN WÜRDIGER MITSTREITER

Wann immer ich seinen Namen hörte, bekam ich Bauchschmerzen. Wurde er gelobt, packten mich Neidgefühle. Ich weiß, dass er ein guter Mensch und ein sympathischer Kerl ist. Ich habe viel Hochachtung vor seiner Arbeit, und er war immer nett zu mir, wenn wir beruflich miteinander zu tun hatten. Wir sind in derselben Branche – wir schreiben Bücher und halten Vorträge über unsere Sicht der Dinge. Obwohl es so viele andere gibt, die ganz Ähnliches tun, war ich aus irgendeinem Grund ausgerechnet von *ihm* wie besessen. *Ihn* wollte ich übertreffen. Ich prüfte regelmäßig die Online-Rankings, um zu sehen, wie sich meine Bücher verkauft hatten – und verglich das mit seinen Verkaufszahlen. Andere interessierten mich nicht. Nur seine. Lag ich vorne, lächelte ich triumphierend und fühlte mich überlegen. Zog er an mir vorbei, verdarb mir das die Laune und ich ärgerte mich. Er war mein Hauptkonkurrent. Gegen ihn wollte ich gewinnen.

Doch dann passierte Folgendes.

Wir wurden bei zur selben Veranstaltung geladen und sollten gemeinsam auftreten. Wir hatten zwar schon früher beide teilgenommen, waren aber noch nie gleichzeitig auf dem Podium gewesen. Zuvor hatte ich beispielsweise am ersten Tag der Konferenz gesprochen, er am zweiten. Doch diesmal sollten wir zeitgleich interviewt werden und dabei nebeneinander sitzen. Der Moderator dachte, es wäre »lustig«, wenn wir uns gegenseitig vorstellten. Ich war zuerst an der Reihe.

Ich sah ihn an, schaute ins Publikum, blickte wieder zu ihm und sagte: »Sie verunsichern mich ungeheuer, denn all Ihre Stärken sind meine Schwächen. Ihnen gelingt mit Bravour, womit ich größte Probleme habe.« Das Publikum lachte. Er schaute mich an und antwortete: »Das beruht absolut auf Gegenseitigkeit.« Dann griff er ein paar meiner Stärken als Beispiele für Bereiche heraus, in denen er gern besser wäre.

Plötzlich wurde mir klar, woher dieses Konkurrenzdenken bei mir gekommen war. Was ich in ihm sah, hatte gar nichts mit ihm zu tun – sondern mit mir. Wenn sein Name erwähnt wurde, wurden mir sofort meine Unzulänglichkeiten bewusst. Doch statt meine Kräfte zu nutzen, um an mir zu arbeiten – meine Schwächen zu überwinden oder meine Stärken auszubauen –, fiel es mir leichter, mich darauf zu konzentrieren, dass ich besser sein wollte als er. Konkurrenzdenken in Reinkultur, oder? Dahinter steckt der Drang, zu gewinnen. Das Problem dabei: Alle Messgrößen dafür, wer vorne lag und wer nicht, waren willkürlich, und ich legte den Vergleichsmaßstab selbst fest. Außerdem gab es keine Ziellinie, sodass ich im Grunde einen Wettlauf versuchte, der nicht zu gewinnen war. Mir war ein klassischer Fehler unterlaufen, wie ihn auf Endlichkeit gepoltes Denken verursacht. Obwohl wir ähnliche Dinge tun, ist er in Wirklichkeit nicht mein Konkurrent, sondern mein Mitstreiter – und zwar ein ausgesprochen würdiger.

Wer schon einmal bei irgendeinem Spiel oder einer Sportveranstaltung zugesehen oder selbst daran teilgenommen hat, dem ist die

Vorstellung von einem endlichen Wettbewerb vertraut, bei dem ein Spieler oder eine Seite die anderen schlägt, um einen Titel oder Preis zu gewinnen. Den meisten von uns ist dieses Konzept so in Fleisch und Blut übergegangen, dass wir automatisch eine »Wir gegen die anderen«-Haltung einnehmen, sobald noch andere Akteure auf dem Spielfeld sind – ganz gleich, um was für ein Spiel es sich handelt. In einem unendlichen Spiel müssen wir uns aber von der Vorstellung befreien, dass andere Spieler Konkurrenten sind, die geschlagen werden müssen. Wir sollten sie stattdessen als würdige Mitstreiter sehen, die uns zu besseren Spielern machen können.

Ein würdiger Mitstreiter ist ein Mitspieler, bei dem es sich lohnt, sich an ihm zu messen. Das kann ein Akteur aus unserer eigenen Branche oder auch ein Branchenfremder sein. Es kann auch ein erklärter Feind sein oder ein Mitarbeiter oder Kollege. Dabei spielt es keine Rolle, ob der andere auf Endlichkeit oder Unendlichkeit fixiert ist. Wichtig ist lediglich, dass unsere Einstellung auf Unendlichkeit ausgerichtet ist. Es ist gleichgültig, wer er ist oder wo wir ihm begegnen. Wichtig ist nur, dass er etwas (oder vieles) genauso gut oder besser kann als wir. Vielleicht ist es jemand, der ein besseres Produkt herstellt, loyalere Kunden hat, mehr Führungsqualitäten oder ein glasklares Ziel im Sinn. Wir müssen gar nicht alles an ihm bewundern, seiner Meinung sein oder ihn mögen. Wir räumen lediglich ein, dass er Stärken beziehungsweise Fähigkeiten hat, von denen wir uns ein oder zwei Scheiben abschneiden könnten.

Wir können uns unsere würdigen Mitstreiter selbst aussuchen und täten gut daran, bei der Auswahl strategisch vorzugehen. Es ist nicht sinnvoll, sich Spieler herauszupicken, die wir locker in den Schatten stellen können, nur um uns überlegen zu fühlen. Das bringt uns nichts für unsere persönliche Weiterentwicklung. Ein würdiger Mitstreiter muss weder der größte Akteur sein noch besonders gut etabliert. Wir entscheiden uns für einen würdigen Mitstreiter, weil er uns unsere eigenen Schwächen erkennen lässt und uns dazu antreibt, uns laufend zu verbessern … und das ist die Voraussetzung, wenn wir stark genug werden möchten, um im Spiel zu bleiben.

Von Mitte der 1970er- bis in die 1980er-Jahre hinein waren Chris Evert Lloyd und Martina Navratilova die beiden dominanten Spielerinnen im Damentennis. Auf dem Platz waren sie zwar Konkurrentinnen, und jede wollte gewinnen, doch der Respekt, den sie einander entgegenbrachten, machte beide zu besseren Tennisspielerinnen.[1] »Ich weiß zu schätzen, was sie als Gegnerin für mich getan hat, um mein Spiel zu verbessern«, hat Lloyd einmal anerkennend über Navratilova gesagt. »Und ich denke, sie sieht das genauso.« Wegen Navratilova musste Evert ihre Spielweise ändern. Sie konnte sich nicht länger einfach an die Grundlinie halten. Sie musste aggressiver spielen. Genau dadurch profitieren wir von einem würdigen Mitstreiter. Er bringt uns weiter als die meisten anderen, den Trainer eingeschlossen. Im Falle von Evert und Navratilova verbesserten beide ihre Technik und wurden bessere Spielerinnen.

Eine so subtile Änderung der Einstellung kann sich ganz erheblich darauf auswirken, wie wir Entscheidungen treffen und mit unseren Ressourcen haushalten. Ein klassischer Wettbewerb zwingt uns zu einer erfolgsorientierten Einstellung. Ein würdiger Mitstreiter regt uns an, mehr Wert darauf zu legen, an uns zu arbeiten. Im ersten Fall liegt unser Fokus auf dem Ergebnis, im zweiten auf dem Prozess. Diese einfache Veränderung der Perspektive eröffnet uns ganz neue Blickwinkel auf unser Geschäft. Durch den Schwerpunkt auf dem Prozess und der laufenden Verbesserung treten neue Kompetenzen zutage und wir werden widerstandsfähiger.[2] Ein übermäßiger Fokus darauf, die Konkurrenz zu schlagen, bringt uns langfristig nicht nur ans Ende unserer Kräfte, sondern kann Innovation abwürgen.

Ein weiterer Grund, unseren Blick bewusst auf die starken Spieler im Feld zu richten – als würdige Mitstreiter: Es fällt uns dann leichter, ehrlich zu bleiben. Das ist wie bei einem Läufer, der so besessen davon ist, das Rennen zu gewinnen, dass er darüber alles vergisst – die Regeln, die Moral und auch, warum er überhaupt angefangen hat, zu laufen. So jemand wendet manchmal Zeit und Kraft auf, um einen anderen zu schwächen, der schneller laufen kann, oder ihm sogar ein Bein zu stellen. Vielleicht dopt er sich aber auch mit Medikamenten, um sich heimlich einen Vorteil zu verschaffen. Beide Taktiken verbessern natürlich die Chancen, dass er das Rennen gewinnt – doch für Erfolge, die über diesen Wettbewerb hinausgehen, ist er damit nicht gerüstet. Irgendwann kommt man mit diesen Strategien nicht mehr weiter und ist dann immer noch ein zweitklassiger Läufer. Sehen wir andere Akteure dagegen als würdige Mitstreiter an, nimmt uns das den Druck, um jeden Preis gewinnen zu müssen. Dadurch sehen wir keine Notwendigkeit mehr, unethisch oder ungesetzlich zu handeln. Sich an die Werte zu halten, die unserer Tätigkeit zugrunde liegen, wird wichtiger als die erzielten Punkte. Das motiviert uns tatsächlich zu mehr Ehrlichkeit. (Gute Beispiele dafür sind Organisationen oder Politiker, die sich entscheiden, das Richtige zu tun – nicht das, was ihnen einen Vorsprung verschafft.)

Was nun meinen würdigen Mitstreiter angeht, so hat es mich nicht weitergebracht, Adam Grant als Konkurrenten zu betrachten. Es hat vielmehr meinen Blick eingeengt. Ich war mehr damit beschäftigt, willkürliche Ratings zu vergleichen, statt meine eigene Sache voranzutreiben. Ich wendete zu viel Zeit und Kraft auf, mir darüber Gedanken zu machen, was *er* tat, statt meine Energie darauf zu konzentrieren, selbst besser zu werden.

Seit ich gelernt habe, meine Einstellung zu verändern, vergleiche ich meine Bücher-Ratings nicht mehr mit denen von Adam (oder anderen). Ich kanalisiere nicht länger mein Gefühl der Unsicherheit auf ihn als Gegner, sondern sehe ihn als Partner, um unser gemeinsames Anliegen voranzubringen. Wir sind heute gute Freunde (er war so freundlich, dieses Buch Korrektur zu lesen und es zu verbessern), und ich freue mich ehrlich, wenn ich seinen Namen höre oder sehe, dass er Erfolg hat. Ich möchte, dass sich seine Ideen verbreiten. Tatsächlich sollte jeder meiner Leser unbedingt auch *Geben und Nehmen* und *Nonkonformisten* gelesen haben – ob nun aus wirtschaftlichem oder anderem Interesse. (Nebenbei: In einem unendlichen Spiel können wir beide Erfolg haben. Manche Leute kaufen sich schließlich mehr als ein Buch. Eine auf Unendlichkeit ausgerichtete Mentalität begrüßt ein reichhaltiges Angebot, während eine endlichkeitsorientierte Einstellung eher auf den Mangel setzt. Im unendlichen Spiel akzeptieren wir, dass nur ein Narr versucht, »der Beste« zu sein, und dass stets mehrere Spieler gleichzeitig gut abschneiden können.)

Würdige Mitstreiter können uns helfen, unsere Leistung zu verbessern

Als Alan Mulally 2006 den Flugzeughersteller Boeing Commercial verließ, um CEO der kriselnden Ford Motor Company zu werden, begann für ihn damit ein Weg, der zu einem der erfolgreichsten Turnarounds in der Geschichte der Automobilindustrie führte. Im Anschluss an die offizielle Pressekonferenz, bei der er als neuer Ford-Chef vorgestellt wurde, beantwortete Mulally ein paar Fragen. Ein Reporter wollte wissen, was er für ein Auto fuhr. »Einen Lexus«, entgegnete Mulally. »Das beste Auto der Welt.« Damit hatte der frischgebackene Ford-CEO zugegeben, dass sein von Toyota hergestelltes Fahrzeug besser war als alles, was sein neuer Arbeitgeber produzierte! Das war für manche ein Sakrileg. Für Mulally jedoch, der Wert auf die Wahrheit legt, selbst wenn sie unbequem ist, war das eine ehrliche Aussage.

In den 15 Jahren vor Mulallys Einstieg bei Ford hatte das Unternehmen 25 Prozent seines Marktanteils eingebüßt und stand vor dem Konkurs.[3] Mulally brauchte daher auf jeden Fall eine Turnaround-Strategie, wollte aber zunächst möglichst viel über das Unternehmen in Erfahrung bringen. Er wollte wissen, wie es über die Bilanzzahlen hinaus um Fords Gesundheit bestellt war. Dabei erfuhr er unter anderem, dass die Verbraucher von der Marke desillusioniert waren.[4] Fahrzeuge von Ford galten (zumindest in den Vereinigten Staaten) als biedere, unzuverlässige Spritschlucker. Vielleicht war das ja einer der Gründe, aus denen sich immer weniger Leute einen Ford kauften.

Früher waren die Autohersteller aus Detroit, zu denen auch Ford gehörte, besessen vom Marktanteil als primärem Vergleichsmaßstab.[5] Mulally wusste aber, dass manche der rentabelsten Autounternehmen der Welt gleichzeitig zu den kleinsten zählten. Er begriff schnell, dass es langfristig nicht im Sinne von Ford war, nur den Marktanteil zu steigern – was durch Verkaufsförderung und Kostensenkung erreicht werden könnte (und genau das stand auch in dem Turnaround-Plan, den die Fordianer Mulally vorlegten, als er seinen Posten übernahm). Diese Strategie würde nur ein paar Jahre lang greifen. »Wir werden nicht Marktanteilen hinterherlaufen«, erklärte Mulally. »Wir werden nicht Autos auf den Markt werfen, für die es keine Nachfrage gibt, und dann Preisnachlässe anbieten, um das Ganze noch zu verschlimmern.«[6] Wenn Ford im Spiel bleiben wollte, musste das Unternehmen seine Spielweise ändern. Und das bedeutete, es musste ganz neu lernen, wie man Autos baute, die die Leute auch wirklich fahren wollten.

In der ersten Zeit nach seinem Eintritt in das Unternehmen fuhr Mulally jeden Abend in einem anderen Fordmodell nach Hause. Nachdem er jedes einzelne Produkt des Unternehmens ausprobiert hatte, wollte er für die Heimfahrt gern einen Toyota Camry haben. Das war jedoch ein Problem, denn den gab es bei Ford nicht. Es war dort zwar gängige Praxis, die Autos anderer Hersteller zu kaufen, damit die Ford-Ingenieure sie zerlegen und prüfen konnten, wie sie gebaut waren, doch es stand keiner fahrbereit zur Verfügung. Lassen Sie sich das mal kurz durch den Kopf gehen. Die leitenden Mitarbeiter einer großen Autoschmiede mit Absatzproblemen hatten keine Ahnung, wie sich die Fahrzeuge anderer Hersteller eigentlich fuhren. Wenn Autokäufer Probefahrten machten, sollte das Management von Ford dann nicht wissen, welche Fahrzeuge sie ausprobierten? Mulally ließ eine ganze Flotte von Modellen anderer Hersteller anschaffen und wies seine Führungsriege an, sie zu fahren.

Als Mulally seinen Lexus als bestes Auto der Welt bezeichnet hatte, wollte er damit keinesfalls die Ford-Belegschaft unglücklich machen. Er bot seinen Leuten vielmehr einen würdigen Mitstreiter an. Er war überzeugt: Um Ford zu retten, mussten sie offen darüber sprechen, wie es um ihre eigenen Produkte und Prozesse bestellt war, und sich mit allem Respekt darüber informieren, was die anderen Branchenakteure so taten. Toyota war mit Mulallys Worten ein Unternehmen, das »Produkte [herstellt], die die Menschen haben wollen … mit weniger Ressourcen und in kürzerer Zeit als alle anderen weltweit.« Das war der Maßstab, an dem sich Ford messen konnte, um die Qualität der eigenen Fahrzeuge und ihre Produktion zu verbessern. Gelang das, würde sich der Gewinn von alleine einstellen. Mulally wollte andere Autoproduzenten nicht unter die Lupe nehmen, um sie zu kopieren oder bessere Verkaufszahlen zu erzielen, sondern um von ihnen zu lernen. »Ich habe nie versucht, GM oder Chrysler zu schlagen«, so Mulally. »Wir waren immer auf unser Anliegen fokussiert und maßen uns an unserer Konkurrenz, um aufschlussreiche Daten dazu zu gewinnen, an welcher Stelle wir unsere Tätigkeit laufend verbessern konnten.« Verbesserten sie fortlaufend ihren Prozess, würden sie bessere Produkte herstellen, womit sie wiederum Henry Fords ursprüngliche, gerechte Sache vorantreiben konnten: jedermann eine sichere, effiziente Transportmöglichkeit zu bieten und die Autobahnen für alle zugänglich zu machen. Henry Fords gerechte Sache fungierte auch als Filter für andere Entscheidungen. So stieß Mulally Marken wie Jaguar, Land Rover und Volvo ab. Ford hatte sie ursprünglich eingekauft, um in so vielen Autokategorien wie möglich an den Start zu gehen – was das

Unternehmen nach Mulallys Überzeugung von seinem Gründungsgedanken abgebracht hatte.

Dann kam der Börsencrash von 2008, der für die US-Autoindustrie besonders verheerend war. Ohne staatliche Hilfen wären GM und Chrysler pleite gegangen. Dank eines Kredits über fast 24 Milliarden US-Dollar, den Mulally 2006 aufgenommen hatte, um Ford zu helfen, sich neu zu erfinden, sowie der ständigen Verbesserungen, die das Unternehmen an seinem Betrieb und seinen Produkten vornahm, würde Ford die Flaute auch ohne staatliche Unterstützung überstehen. Als Mulally vor dem Kongress aussagte, bevor das Hilfspaket geschnürt wurde, hätte er daher darauf dringen können, dass die Regierung GM oder Chrysler kein Geld gibt. Ein CEO, der andere Akteure als Konkurrenten betrachtet, hätte sie vermutlich mit Freude Bankrott machen sehen. Dann hätte Ford als einziger großer US-Autohersteller überlebt. Wenn das kein Sieg auf ganzer Linie gewesen wäre?

Doch weil Mulally in den anderen Herstellern würdige Mitstreiter sah, unterstützte er die Rettungsaktion sogar. Er wusste: Wenn die anderen Anbieter erhalten blieben, würde das Ford zu einem besseren Unternehmen machen. Außerdem war ihm klar, dass Fords Mitstreiter Teil eines größeren Ökosystems waren. Gingen GM und Chriysler unter, würde das viele Zulieferer in Existenznot bringen. Das konnte auch Fords Existenz gefährden. Daher überlegte sich Mulally, wie man möglichst vielen Autozulieferern helfen könnte, den Abschwung zu überstehen. Bedauerlicherweise lehnten die Chefs der krisengeschüttelten Autoschmieden GM und Chrysler, die noch einer auf Endlichkeit ausgerichteten Mentalität verhaftet waren, Fords Anfrage ab, zum Wohl der Branche zusammenzuarbeiten. Honda, Toyota und Nissan taten sich dagegen mit Ford zusammen, damit die großen Zulieferer, von denen sie ebenfalls abhängig waren, im Geschäft bleiben konnten. Die weiter denkenden Akteure begriffen, dass sich ihre eigenen Überlebenschancen am besten sichern ließen, wenn man das Spiel am Laufen hielt – im Grunde das ultimative Ziel jedes auf Unendlichkeit orientierten Managers.

Würdige Mitstreiter können uns helfen, unsere Motive klarer zu formulieren

Anfang der 1980er-Jahre war die Computerrevolution bereits voll im Gang. Eines der Unternehmen, die an der Spitze mitmischten, war Apple. Für Apple hatte der Wert eines Mitstreiters nur wenig mit Produktoptimierung zu tun. Es ging um mehr. Sein würdiger Mitstreiter half dem Unternehmen dabei, das eigene Anliegen zu konkretisieren und seine Mitarbeiter zu motivieren. Allein durch seine Existenz erinnerte der Mitstreiter jeden inner- und außerhalb des Unternehmens daran, wofür es stand – an seinen Daseinsgrund. »Sie waren die Marine. Wir waren die Piraten.«

In den 1970er-Jahren entfiel der Löwenanteil des Marktes für Großrechner auf IBM. Das waren riesige Anlagen, die ganze Zimmer füllten und Unternehmen gewaltige Rechenleistung lieferten. Doch IBM wollte keine eigenen »Mikrocomputer« entwickeln, wie sie dort bezeichnet wurden. Die IBM-Leute dachten, diese würden über zu wenig Rechenleistung verfügen, um die Bedürfnisse von Unternehmen zu erfüllen. Für Personal Computer war nach Überzeugung von IBM kein Platz im Büro.

Das alles änderte sich 1981. Als IBM sah, wie viel die Personal-Computer-Pioniere – Commodore, Tandy und Apple – an Unternehmen verkauften, wurde der Kurs korrigiert. IBM war hochliquide und konnte daher riesige Summen in die Entwicklung eigener PCs investieren. Das Unternehmen zahlte exorbitante Gehälter, um die besten und fähigsten Ingenieure in der Branche von anderen Anbietern abzuwerben – auch von Apple. In nur zwölf Monaten stellte IBM der Welt seinen »PC« vor.

Vor dem Markteintritt von IBM hielt Apple den größten Anteil am PC-Markt. Apple hatte deshalb auch am meisten zu verlieren, als IBM diesen Schritt machte. Ein endlich orientierter Mitbewerber wäre angesichts solcher Neuigkeiten vielleicht in Panik geraten. Als auf Unendlichkeit ausgerichteter Akteur tat Apple genau das Gegenteil. Im August 1982 – im selben Monat, als IBM seinen ersten PC verkaufte – schaltete Apple im *Wall Street Journal* eine ganzseitige Anzeige mit der Schlagzeile: »Herzlich willkommen, IBM. Ganz im Ernst.«[7] Der weitere Text der Anzeige verrät uns alles, was wir darüber wissen müssen, wie Apple den neuen Akteur betrachtete – nämlich nicht als Konkurrenten, sondern als würdigen Mitstreiter.

»Willkommen auf dem aufregendsten und wichtigsten Markt seit Beginn der Computerrevolution vor 35 Jahren«, hieß es im ersten Satz der Apple-Anzeige. »Jedem Einzelnen echte Rechenleistung in die Hand zu geben, erleichtert uns bereits heute die Arbeit, das Denken, das Lernen, die Kommunikation und die Freizeitgestaltung«, stand in der Anzeige. »Über die nächsten zehn Jahre wird das Wachstum des Personal Computers weitergehen und logarithmische Sprünge vollziehen. Wir freuen uns auf verantwortungsvollen Wettbewerb in dem energischen Bemühen, diese amerikanische Technik in die Welt hinaus zu tragen. Und wir wissen euren Einsatz wirklich zu schätzen. Denn was wir tun, mehrt das Sozialkapital, indem es die Produktivität des Einzelnen steigert.« Apple unterzeichnete seinen Brief an den neuen Mitstreiter mit der Aufforderung: »An die Arbeit, wir freuen uns darauf.«[8] Apple wollte eine gerechte Sache voranbringen, und IBM würde dem Unternehmen dabei helfen.

IBM nahm die Herausforderung an. Und aufgrund seiner Dominanz im Firmenkundengeschäft konnte das Unternehmen seine bestehenden Beziehungen nutzen, um seine neuen PCs an große Konzerne zu vertreiben. Dadurch war Big Blue, wie IBM liebevoll genannt wurde, die sichere und folgerichtige Wahl für jeden Einkaufsmanager, der dafür zuständig war, für sein Unternehmen PCs anzuschaffen. »Es ist noch nie jemand entlassen worden, weil er IBM gekauft hat«, hieß es. Um sein Geschäft noch zu erweitern, erlaubte IBM anderen Computerherstellern, sein Betriebssystem in ihren Produkten zu »klonen« oder zu nutzen. Das wollte Apple nicht. Wer Apples Betriebssystem haben wollte, musste einen Apple kaufen. Weil sie Apples Betriebssystem nicht klonen konnten und es teuer war, noch ein weiteres Betriebssystem für den Massenmarkt zu entwickeln, nutzten die meisten übrigen Computerproduzenten das Betriebssystem von IBM unter Lizenz, um IBM-kompatible Produkte zu bauen. Dadurch wurde der PC in der Geschäftswelt und darüber hinaus zum Branchenstandard.

IBM half Apple, den PC zur unverzichtbaren Ausrüstung auf jedem Schreibtisch und zur Basisausstattung für jeden Haushalt zu machen. Doch IBM hat für Apple noch mehr getan. Apple bediente sich IBMs als Projektionsfläche, um klarer und überzeugender darzustellen, wofür das Unternehmen stand. Die gerechte Sache existiert in unserer Vorstellung, doch Unternehmen und Produkte sind real. Hat eine Person oder Firma ein konkretes Anliegen, kann sie selbst zum materiellen Symbol für die immaterielle Vision werden. Es fällt uns leichter, einer realen Organisation oder Leitfigur zu folgen als einer abstrakten Idee. Und es ist einfacher, ein überzeugendes Narrativ für unsere gerechte Sache zu formulieren, wenn man auf eine konkrete Darstellung der Alternative verweisen kann.

»Sie waren wie die Marine – ein berechenbarer Zulieferer von Unternehmen«. So wurde IBM von John Couch beschrieben, einem von Apples Mitarbeitern der ersten Stunde. »Wir wollten die Piraten sein, die dem Individuum ermöglichten, kreativ zu arbeiten.« Wie die Republikaner und die Demokraten, wie die Sowjetunion und die Vereinigten Staaten, so standen auch IBM und Apple symbolisch für alternative Ideologien, die um Anhänger warben. IBM repräsentierte Wirtschaft, Stabilität und Beständigkeit. Apple dagegen stand für Individualität, Kreativität und Andersdenkende. Indem

Apple ganz öffentlich auf diese Kontraste anspielte, verwandelte sich das Unternehmen vom Anführer der PC-Revolution zum Anführer gleichgesinnter Revolutionäre.

Den Standardgrößen zufolge, an denen die Qualität eines Computers gemessen wurde – wie Preis, Geschwindigkeit und Speicherplatz – lagen PCs und Apple-Geräte mehr oder minder gleichauf. Die IBM-Klone waren sogar oft ein bisschen billiger. Doch während Konkurrenten fast immer nur die Eigenschaften und Vorteile ihrer Produkte vergleichen, entschloss man sich bei Apple, IBM auf einer höheren Ebene anzugehen. Konkurrenten konkurrieren um Kunden. Mitstreiter suchen nach Anhängern. Für die Apple-Gefolgschaft war IBM die Vergangenheit und Apple die Zukunft. Für IBM-Fans produzierte Apple Spielzeug für kreative Köpfe, IBM dagegen Geräte für ernstzunehmende Menschen, die seriöse Arbeit verrichteten. Es ging um weit mehr als um Produkte und ihre Merkmale. Es ging um Glaubensfragen.

Wie Apple auf IBMs Einstieg in den PC-Markt reagierte, unterschied sich total vom üblichen Verhalten. Dringt ein Neuling so energisch in eine Branche vor, schreckt das die etablierten Anbieter häufig auf. Oftmals verlieren sie dann ihre Vision aus den Augen und fokussieren sich ganz auf den Wettbewerb mit dem neuen Akteur – durch Produktvergleiche und andere Standardkennzahlen. Wenn sie nicht ohnehin schon mit endlicher Mentalität angetreten waren, dann versinken sie durch die Entscheidung, den Neuzugang als Konkurrenten zu betrachten statt als würdigen Mitstreiter, bald im Morast des auf endliche Ziele orientierten Denkens. Genau das ist dem kanadischen Handyhersteller BlackBerry passiert.

Mehr als 25 Jahre nachdem IBM den Apple-Markt gestürmt hatte, machte Apple dasselbe mit BlackBerry. Apple hat damals allerdings beschlossen, IBM als würdigen Mitstreiter zu betrachten, und konnte dadurch sein eigenes Profil schärfen. BlackBerry dagegen entschied sich, in Apple einen Konkurrenten zu sehen, den es zu schlagen galt. Diese auf Endlichkeit ausgerichtete Entscheidung sollte das Unternehmen teuer zu stehen kommen.

Bevor es das iPhone gab, verfügte BlackBerry über das zweitgrößte Mobilfunkbetriebssystem der Welt. Die leistungsstarken, äußerst robusten und ausgesprochen zuverlässigen Produkte waren in vielen Behörden und Unternehmen unverzichtbar. Der Firmenkundenmarkt gehörte BlackBerry. Nachdem Apple 2007 das iPhone auf den Markt gebracht hatte, reichte BlackBerrys Dynamik noch, um dem Unternehmen 2009 ein rekordhohes Plus beim Handyabsatz von 20 Prozent zu bescheren. Doch die wachsende Popularität des iPhones versetzte BlackBerry in Panik. Nun hätte sich das Management von BlackBerry entscheiden können, auf einen klaren Kontrast zwischen den Philosophien beider Unternehmen zu setzen, wie es Apple Jahrzehnte zuvor mit IBM gemacht hatte. Sie hätten Apple als Projektionsfläche für die eigene Weltsicht benutzen können, die vor allem auf die Sicherheits- und Verlässlichkeitsbedürfnisse von Unternehmen und Behörden ausgerichtet war. Doch das geschah nicht. Stattdessen reagierte BlackBerry auf die steigende iPhone-Nachfrage mit dem Versuch, das iPhone zu kopieren – zunächst durch das Angebot von Apps und Spielen für die Bestandsgeräte, worunter die Leistung der Produkte stark litt. Dann ging BlackBerry von seinen kultigen vollwertigen QWERTY-Tastaturen ab und führte Touchscreen-Optionen ein. Diese funktionierten jedoch nie so gut wie beim iPhone und waren auch nicht so langlebig wie ihre Vorläufer.

Das ist leider ein gängiges Szenario. Sie wissen ja inzwischen: Disruption ist häufig ein Symptom für eine endlichkeitsorientierte Mentalität. Topmanager, die mit einer solchen Haltung antreten, verpassen oft die Chance, ein disruptives Ereignis in ihrer Branche zu nutzen, um ihr Anliegen zu konkretisieren. Stattdessen setzen sie mit doppelter Kraft auf das endliche Spiel und kopieren einfach, was die anderen Akteure tun, in der Hoffnung, dass das auch für sie funktioniert. Bei BlackBerry war das nicht der Fall. Dort verzichtete man auf die Chance, sich zum Marktführer für eine bestimmte Sache aufzuschwingen, und entschied sich dafür, einem Produkt hinterherzulaufen. In ihrer Besessenheit, Apple schlagen zu wollen, verloren die BlackBerry-Manager ihre eigene Vision aus den Augen. Sie vergaßen, wozu sie eigentlich angetreten waren. Und schon bald setzte bei BlackBerry ein rasanter, unaufhaltsamer Niedergang ein. 2013 hatte das Unternehmen nicht einmal mehr einen Marktanteil von einem Prozent – ein Rückgang um fast 99 Prozent in nur vier Jahren. Auf einem Markt, den es einst dominierte, ist BlackBerry heute ein unbedeutender Akteur und für andere Anbieter kein würdiger Mitstreiter.

IBM fungierte viele Jahre lang als Apples würdiger Mitstreiter. Als sich Computer schließlich massenhaft verbreitet hatten und sich der Markt veränderte, stieg IBM aus dem PC-Geschäft aus. Dass der Mitstreiter aufgab, heißt aber nicht, dass Apple gewonnen hat. In Microsoft fand das Unternehmen rasch ein neues Symbol für soliden, stabilen Unternehmergeist (»Ich bin ein Mac. Ich bin ein PC.« Für alle, die sich daran noch erinnern). Doch wie bei IBM wurde auch bei Microsoft die eigene Sache schwammiger und das Unternehmen bot nicht mehr denselben klaren ideologischen Kontrast zu Apple wir früher. Wer aber ist heute Apples würdiger Mitstreiter?

Vielleicht Google und Facebook. Diese beiden Unternehmen stehen heute für den Big Brother des Internets. Sie beobachten uns ständig und verfolgen jede unserer Bewegungen, um unsere Daten an Unternehmen zu verkaufen, die gezielt bei uns werben möchten (wodurch Google und Facebook mehr verdienen). Das ist inzwischen branchenüblich. Apple kämpft offenbar weiter für die Rechte des Einzelnen und stellt den Status quo infrage. Das Unternehmen ist zum offenen Verfechter des Schutzes personenbezogener Daten geworden. Anders als seine Mitstreiter hat Apple beschlossen, erfasste Daten nicht weiterzuverkaufen, um dadurch seinen Umsatz zu steigern. Das Unternehmen hat sich auch dem Staat entgegengestellt und ihm den Zugriff auf seine Textnachrichten verweigert. Obwohl sich die Welt ständig verändert, gelingt es Apple seit über 40 Jahren, würdige Mitstreiter zu finden, um selbst auf Kurs zu bleiben im Einsatz für die Sache, für die das Unternehmen ursprünglich gegründet wurde.

Wenn die Sache blind macht

Ich habe eine Freundin, die ganz und gar auf ihr Anliegen fokussiert ist. Darüber hat sie offenbar vollkommen vergessen, dass es auf der Welt noch andere Standpunkte gibt als ihren. Bedauerlicherweise bezeichnet sie inzwischen jeden, der anderer Meinung ist als sie, als fehlgeleitet, dumm oder moralisch verkommen. Ihre Sache hat meine Freundin blind gemacht.

Das geschieht, wenn wir so in unserem Thema – oder in der Kritik der Anliegen anderer – aufgehen, dass wir unsere eigenen Stärken oder Schwächen nicht mehr sehen. Wir gehen dann fälschlicherweise davon aus, dass andere nur deshalb keine würdigen Vergleichsmaßstäbe darstellen, weil wir ihre Haltung ablehnen oder sie persönlich unsympathisch oder moralisch verwerflich finden. Dadurch verlieren wir den Blick dafür, inwiefern sie womöglich effektiver oder gar besser agieren als wir und was wir de facto von ihnen lernen können.

Sieht man nur noch die eigene Sache, verliert man jede Demut und wird arrogant. Das wiederum schadet der Innovationsfähigkeit und mindert die nötige Flexibilität, um langfristig im Spiel zu bleiben. Weil wir uns dann nicht mehr so gut der ehrlichen beziehungsweise produktiven Praxis widmen können, uns ständig zu verbessern, begehen wir am Ende immer wieder dieselben Fehler oder entwickeln uns nicht weiter. Außerdem steigt mit der Überheblichkeit auch die Wahrscheinlichkeit, dass potenzielle Schwächen unserer Organisation von anderen Akteuren ausgenutzt werden können. Das alles dezimiert unseren Willen und unsere Ressourcen, die wir brauchen, um weiterzuspielen. Ich versuche manchmal, meiner Freundin begreiflich zu machen, dass Akteure, die sie verächtlich abtut, bestimmte Dinge richtig gut machen und dafür durchaus ihre Anerkennung verdienen. Dann macht sie sich prompt über mich lustig oder bezeichnet mich als Wendehals, weil ich es wage, an ihrem Gegenspieler etwas Positives zu sehen.

So schwer es uns auch fällt, einen anderen Spieler als würdigen Mitstreiter wahrzunehmen – vor allem, wenn wir ihn nicht mögen: Es ist der beste Weg, selbst zu einem besseren Spieler zu werden. »Je länger ich diese Leute verhörte, desto klarer wurde mir, dass erfolgreiche Kriminelle gute Profiler sind«, erklärte John Douglas, ehemaliger Abteilungsleiter beim FBI und Pionier bei der Erstellung von Täterprofilen.[9] Douglas hatte begriffen: Die beste Methode, um einen Serienmörder zu fangen, ist anzuerkennen, dass er genau das wirklich gut kann, was das FBI macht – so sehr wir ihn als Mensch auch verurteilen mögen. Das wiederum hieß, dass das FBI noch besser werden musste. Würdige Mitstreiter – also Verbrecher, denen es gelungen ist, sich dem FBI zu entziehen – zwingen die Behörde, ihre Methoden ständig zu optimieren.

Wenn wir jemanden als Mitstreiter betrachten, mit dem es sich zu messen lohnt, bedeutet das nicht, dass dessen Sache moralisch oder ethisch einwandfrei ist oder dem Allgemeinwohl dient. Es bedeutet lediglich, dass er etwas Bestimmtes richtig gut beherrscht und uns zeigen kann, wie wir besser werden können. Seine Spielweise fordert uns heraus, inspiriert uns oder zwingt uns, besser zu werden. Wer unsere würdigen Mitstreiter sein sollen, bleibt ganz uns überlassen. Und es liegt im ureigenen Interesse des unendlichen Spiels, uns hier alle Optionen offen zu lassen.

Wer einen würdigen Mitstreiter verliert, hat nicht automatisch gewonnen

Kurz nach dem Fall der Berliner Mauer unterlief den Vereinigten Staaten ihr wohl größter außenpolitischer Fehler des 20. Jahrhunderts. Amerika erklärte sich zum »Sieger« des Kalten Krieges. Das war aber nicht so. Allen Lesern dieses Buches ist das Mantra nunmehr schon vertraut: Im unendlichen Spiel gibt es keine Sieger. Das gilt für die Wirtschaft ebenso wie für die Weltpolitik. Amerika hat den Kalten Krieg nicht gewonnen. Der Sowjetunion sind der Wille und die Mittel ausgegangen, weshalb sie aus dem Spiel ausstieg.

Der Kalte Krieg erfüllte alle Kriterien eines unendlichen Spiels. Anders ist das in einem auf ein endliches Ziel ausgerichteten Krieg, in dem es vereinbarte Spielregeln, klar erkennbare Seiten und eine unmissverständliche Definition des Punktes gibt, an dem der Krieg zu Ende ist (zum Beispiel die Eroberung eines Gebiets oder ein anderes leicht messbares endliches Ziel). Der Kalte Krieg wurde dagegen häufig über Stellvertreter geführt, es gab dafür keine Grundregeln und ganz sicher kein klar definiertes Ziel, das allen Beteiligten signalisieren würde, wann er vorüber war. So viel die Vereinigten Staaten und die westliche Welt auch über die »Niederlage« der Sowjetunion und den »Sieg« im Kalten Krieg sprachen, konnte – von einem ausgewachsenen Atomkrieg, den keiner wollte, einmal abgesehen – kaum einer sich vorstellen oder genau festlegen, was den Sieg ausmachte. Es gab auch kein Abkommen, das den Kalten Krieg beendet hätte. Vielmehr spielten beide Seiten einfach weiter und versuchten, ihre Spielweise zu optimieren, ohne genau zu wissen, wohin das führen würde. Als dann 1989 die Berliner Mauer fiel, war das nichts, was die eine oder andere Seite vorhergesagt hätte.

Wie in der Wirtschaft verändern sich die Zeiten – und die Spieler ebenfalls. Und wie in der Wirtschaft gilt: Geht ein großes Unternehmen bankrott, heißt das nicht, dass das Spiel vorbei oder ein anderes

Unternehmen der Gewinner ist. Die verbleibenden Spieler wissen genau, dass wieder andere Unternehmen an Bedeutung gewinnen und neue in die Branche eintreten werden. Ist unser wichtigster würdiger Mitstreiter, der uns mehr als jeder andere angetrieben hat, plötzlich aus dem Spiel, heißt das aber nicht, dass andere schon auf der Ersatzbank sitzen und sofort ins Spiel einsteigen. Fortgeschrittene Spieler des unendlichen Spiels wissen das und bemühen sich, bescheiden zu bleiben, wenn ein maßgeblicher Mitstreiter das Handtuch wirft. Sie passen auf, dass sich weder Überheblichkeit noch kurzfristiges Denken einbürgern, und spielen in dem Bewusstsein weiter, dass es nur eine Frage der Zeit ist, bis neue Spieler ins Spiel kommen. Geduld ist im unendlichen Spiel eine Tugend. Amerika hat das offenbar nicht gewusst.

Nachdem die Sowjetunion aus dem Spiel ausgeschieden war, sah Amerika nur noch seine eigene Sache und hielt sich für konkurrenzlos. Dementsprechend verhielt es sich – wie ein Sieger nämlich. Selbst wenn dies in bester Absicht geschah, so zwang das Land doch der Welt unkontrolliert rund elf Jahre lang seinen Willen auf. Es schwang sich zur Weltpolizei auf, indem es beispielsweise Soldaten ins ehemalige Jugoslawien schickte und über souveräne Staaten Flugverbotszonen verhängte. Das alles wäre schwieriger, wenn nicht gar unmöglich gewesen, solange die Sowjetunion noch mitgemischt hatte. Erkennen starke Spieler keinen würdigen Mitstreiter mehr, fallen sie der Illusion anheim, die Richtung des Spiels oder die anderen Spieler beeinflussen zu können. Das aber ist unmöglich. Das unendliche Spiel ist so ähnlich wie eine Börse: Die Unternehmen kotieren und dekotieren ihre Aktien, doch den Markt kann keiner kontrollieren.

Extrem erfolgreiche Spieler mit vielen Stärken kommen vielleicht eine Zeitlang damit durch, die eigenen Schwächen zu ignorieren, aber nicht für immer. Schnell wachsende Unternehmen mit starken Produkten, Marketingstrategien und Bilanzen widmen der Entwicklung ihrer Führungskräfte oder der aktiven Pflege ihrer Kultur beispielsweise oft zu wenig Zeit und Aufmerksamkeit. Das kann sich später rächen. Ein Beispiel dafür ist Groupon. Von der Wirtschaftspresse für seine innovativen Produkte und seine Wachstumsraten gefeiert, vernachlässigte das Management seine Mitarbeiter. Und das erwies sich als Achillesferse, als das Wachstum nachließ und andere Unternehmen vergleichbare Produkte anboten. Ein weiteres Beispiel ist Uber. Das Unternehmen mag Pionier in der Mitfahrtechnologie sein, litt aber unter vernachlässigter Kultur viel mehr als unter jedem gefloppten Produkt. Als Dara Khosrowshahi 2017 Travis Kalanick als CEO ablöste, geschah das zu dem erklärten Zweck, die Unternehmenskultur auf Vordermann zu bringen.

Amerika hätte es gut angestanden, sich nach würdigen Mitstreitern umzusehen, die das Land besser auf das nächste Kapitel des Kalten Krieges vorbereitet hätten. Die Spitzenpolitiker hätten über ihre Stärken auf militärischem und wirtschaftlichem Gebiet hinausblicken und sich auf so manche Schwächen konzentrieren können, die sie über so viele Jahre sträflich vernachlässigt hatten. Das geschah aber nicht. Amerika verließ sich weiter auf seine im Kalten Krieg 2.0 entwickelte und perfektionierte Spielweise und übersah dadurch den Aufstieg neuer Mitstreiter, die das Land in seinem Elan und Ehrgeiz bremsen wollten.

Der Kalte Krieg 2.0

Der Kalte Krieg wird von drei Spannungsfeldern bestimmt – Nuklearwaffen, Ideologie und Wirtschaft. (Kein Zufall übrigens, dass sich diese mit Leben, Freiheit und dem Streben nach Glück decken, wie in der amerikanischen Unabhängigkeitserklärung festgeschrieben. Für Amerika und alle Länder sind diese Dinge lebenswichtig. Zu ihrer Verteidigung ist keine Bürde zu groß und kein Preis zu hoch.) Im Kalten Krieg 1.0 vereinten sich alle drei Spannungsfelder praktischerweise in einem Mitstreiter – der Sowjetunion. Die beiden Nationen besaßen jeweils gleich um eine ganze Größenordnung mehr Nuklearwaffen als alle anderen Nuklearmächte zusammen. Beide Nationen exportierten ihre Ideologie und waren auf der Suche nach Alliierten und Kunden. Amerika verbreitete die Botschaft der Demokratie und des Kapitalismus, während die Sowjets versuchten, den Rest der Welt zum Kommunismus zu bekehren. Die Volkswirtschaften dieser Länder waren ab dem Ende des Zweiten Weltkriegs bis zum Fall der Berliner Mauer die beiden größten der Welt – also über die gesamte Dauer des Kalten Kriegs 1.0.

Einen würdigen Hauptmitstreiter zu haben, hat gewaltige Vorteile. Man kann sich dann bei der Entwicklung von Strategien, der Zuweisung von Ressourcen und der Ausrichtung der Aufmerksamkeit auf interne Splittergruppen ganz auf einen Schwerpunkt konzentrieren. So wurde beispielsweise nach den Ereignissen vom 11. September 2001 viel über die mangelnde Kooperation zwischen den amerikanischen Geheimdiensten geschrieben. Und das war keine neue Entwicklung. Die Behörden hatten sich im Umgang miteinander stets territorial verhalten und Konkurrenzdenken an den Tag gelegt. Das war anders gewesen, als Amerika noch wusste, wer sein würdiger Mitstreiter war: Wenn es darauf ankam, konnten alle Behörden ihre internen Querelen beiseiteschieben und sich geschlossen der gemeinsamen Bedrohung stellen. Da sich aber keine neuen würdigen Mitstreiter abzeichneten, wurden die internen Machtkämpfe zwischen so vielen amerikanischen Institutionen unkontrolliert ausgetragen. Selbst Republikaner und Demokraten waren sich früher zumindest darin einig, dass die Sowjetunion eine noch größere Gefahr für die Vereinigten Staaten darstellte als die jeweils andere Partei, und fanden in einer klaren gemeinsamen Sache stets zusammen. Das ist heute anders. Ohne einen erklärten externen würdigen Mitstreiter betrachten sich die beiden Parteien nun gegenseitig als Existenzbedrohung für die Nation. Dabei werden die eigentlichen Gefahren für Amerika ständig größer.

Während Amerika seine Kräfte also darauf konzentrierte, sich selbst zu bekämpfen, übersah es, dass der Kalte Krieg munter weiterging. Nur dass es – anders als im Kalten Krieg 1.0 – im Kalten Krieg 2.0 nicht nur einen würdigen Mitstreiter gab, sondern gleich mehrere. Bei der nuklearen Bedrohung traten Nordkorea und andere an die Stelle der Sowjetunion. Als wirtschaftlicher Rivale wurde die Sowjetunion von China abgelöst (das drauf und dran ist, Amerika wirtschaftlich zu überflügeln). Und in ideologischer Hinsicht wurde die Sowjetunion durch Extremisten verdrängt, die unter dem Mäntelchen der Religion agieren. Dass Russland auch weiterhin Amerikas Entschlossenheit in allen drei Spannungsfeldern auf die Probe stellt, sobald sich ihm die Gelegenheit bietet, kommt erschwerend hinzu.

Wie in der Wirtschaft verändert das Auftauchen neuer Spieler notgedrungen die Spielregeln. Blockbuster – früher weit und breit die einzige Supermacht im Filmverleihgeschäft – erkannte zu spät, dass ein kleines Unternehmen wie Netflix und eine junge Technologie wie das Internet ein Überdenken seines ganzen Geschäftsmodells erforderlich machten. Und als Amazon auf der Bildfläche erschien, setzten große Verlagshäuser verstärkt auf überholte Modelle, statt sich zu fragen, wie sie diese angesichts eines neuen digitalen Zeitalters aktualisieren und aufwerten konnten. Gleichermaßen überlegten sich auch Taxiunternehmen nicht, welche Veränderung der Wandel der Zeit erfordert, sondern zerrten Mitfahrdienste lieber vor Gericht, um ihre eigenen Geschäftsmodelle zu schützen, statt zu lernen, sich anzupassen und einen besseren Taxidienst anzubieten. Weil es über Jahrzehnte Papierkataloge verschickte, wurde Sears groß und reich – so sehr, dass es sich nicht schnell genug anpassen konnte, als Großmärkte wie Walmart und der E-Commerce auf den Markt traten. Und weil er sich für konkurrenzlos hielt, sah der einstige Marktriese Myspace Facebook nicht einmal kommen. Was bisher funktioniert hat, muss nicht unbedingt auch weiterhin funktionieren. Und wer seine würdigen Mitstreiter kennt, kann sich am besten optimieren und anpassen, bevor es zu spät ist.

Ohne würdige Mitstreiter laufen wir Gefahr, unsere Demut und unsere Agilität einzubüßen. Wer keinen würdigen Mitstreiter hat, für den steigt das Risiko, dass aus einem einst mächtigen Akteur im unendlichen Spiel mit ausgeprägten Engagement für die eigene Sache nach und nach einer von vielen auf Endlichkeit orientierten Spielern wird, der Punkte für den Sieg sammeln will. Wo sich eine Organisation zuvor noch vor allem für das Wohl anderer einsetzte, geht es ohne würdige Mitstreiter oft nur noch um den eigenen Vorteil. Wenn das passiert und die Selbstgefälligkeit überhandnimmt, wird die Organisation bald feststellen, dass ihre Flanken offen sind – und wird nicht mehr flexibel genug reagieren können, um im Spiel zu bleiben.

Zehntes Kapitel

EXISTENZIELLE FLEXIBILITÄT

Manche glaubten, er sei verrückt geworden. Er begann, sein Vermögen flüssig zu machen und seinen Besitz zu verkaufen. Er belieh seine Lebensversicherungspolice und vergab sogar Lizenzen für die Rechte an seinem eigenen Namen. Der Firma ging es doch gut. Warum also sollte er jetzt aussteigen, um ein ganz anderes, so riskantes Projekt in Angriff zu nehmen? Doch genau das tat Walt Disney 1952. Und er war keineswegs verrückt geworden. Er bewies vielmehr existenzielle Flexibilität.

Walt Disney war daran gewöhnt, Risiken einzugehen und Neuland zu betreten. Als junger Künstler im neuen Trickfilm-Genre war Disney stets auf seine Innovationsfähigkeit angewiesen. Als einer der Ersten drehte er Kurzfilme, in denen reale Schauspieler mit Zeichentrickfiguren interagierten. 1928 produzierte er als Erster einen vertonten Trickfilm – den Klassiker *Steamboat Willie*. Doch Disney reichte es nicht, unterhaltsame Kurzfilme auf die Leinwand zu bringen, die das Publikum amüsierten. Er wollte einen Animationsfilm drehen, der die Realität glaubwürdig ersetzte. Einen, der das ganze menschliche Gefühlsspektrum ansprach. 1937 erschien der erste Trickfilm in Spielfilmlänge: *Schneewittchen und die sieben Zwerge*. So etwas hatte die Welt noch nicht gesehen. Doch diese Weiterentwicklung von Disneys Werk war nicht etwa das Ergebnis des Experimentierens aus Freude am Experimentieren. Dahinter stand auch nicht der Wunsch, reich oder berühmt zu werden. Vielmehr trieb Disney mit jedem Schritt seine gerechte Sache voran und lud das Publikum ein, Stress und Alltagssorgen hinter sich zu lassen und eine idyllischere Welt zu betreten, die er geschaffen hatte.

Die Wurzeln von Disneys gerechter Sache reichten zurück bis in seine Kindheit. Als er vier Jahre alt war, zog sein Vater Elias mit der Familie aus Chicago auf einen Bauernhof im ländlichen Marceline, Missouri. Der kleine Walt spielte draußen, wo häufig Tiere umherstreiften, im Kreise der erweiterten Familie und einer fürsorglichen Gemeinschaft – »ein richtiges Paradies für Stadtkinder«, wie sich sein älterer Bruder Roy später erinnerte.[1] Doch diese heile Welt war nicht von Dauer. Elias Disney scheiterte als Landwirt, und fünf Jahre, nachdem sie nach Marceline gezogen war, musste die Familie wieder weg.

Sie landeten in Kansas City, wo Elias einen Zeitungsbezirk übernahm. Der junge Walt musste mithelfen, damit die Familie durchkam. Doch das Geld reichte nicht. Als sich die Finanzprobleme zuspitzten, stieg der Druck auf Elias … und er explodierte. »Um die Wahrheit zu sagen, kam es mit meinem Vater so weit, dass er mich verprügelte«, erzählte Walt Disney. Zu seinem Glück hatte er noch auf der Farm das Zeichnen als Hobby für sich entdeckt, und das bot ihm ideale Fluchtmöglichkeiten aus dem persönlichen Elend seiner Realität. Bis ans Ende seiner Tage sollte Disney sein künstlerisches Schaffen und seine Fantasie einsetzen, um anderen ebenfalls Gelegenheit zu bieten, ihrer jeweiligen Situation zu entfliehen, sie an einen Ort zu entführen, an dem sie die Freude empfinden konnten, die er mit seiner Kindheit in dem kleinen Ort Marceline verband.

Bis in alle Ewigkeit und weiter

Walt Disneys Fähigkeit, die Menschen in eine andere Welt zu versetzen, erwies sich als recht lukrativ. *Schneewittchen* kam nicht nur bei Kritikern und Zuschauern gut an, sondern spielte allein im ersten Jahr über 8 Millionen Dollar ein (was heute mehr als 140 Millionen Dollar entsprechen würde). Mit Hilfe des Geldes und der Popularität des Films gründete Walt im kalifornischen Burbank ein Studio mit einer Unternehmenskultur, die der ehemalige Mitarbeiter Don Lusk als »Himmel auf Erden« beschrieb. Um die für den Aufbau des Studios aufgenommenen Kredite zurückzuzahlen und Wachstum zu finanzieren, wollte Roy Disney, der CEO von Walt Disney Productions, das Unternehmen an die Börse bringen. Walt war gegen den Börsengang, weil er befürchtete, die Aktionäre könnten sich in geschäftliche Entscheidungen einmischen. Später gab er jedoch nach, und das Unternehmen ging an die Börse.

Es wurde größer und sah sich mit einer Vielzahl neuer Herausforderungen konfrontiert. Zunächst wurde die Kultur von Walt Disney Productions vielschichtiger.[2] Vergünstigungen, die früher allen Mitarbeitern offengestanden hatten, wurden nur noch höherrangigen Beschäftigten angeboten. Und mit dem Lohngefälle wuchs intern auch die Unzufriedenheit. Zum ersten Mal musste sich Disney mit feindlich gesinnten Gewerkschaften auseinandersetzen. Der Zusammenbruch von Disneys Utopia-Studio ließ Disney in Verbindung mit dem Druck, aus Kostengründen mehr Realfilme zu drehen, und den bürokratisch bedingten Einschränkungen seiner Kreativität an der Zukunft regelrecht verzweifeln. Walt Disney Productions war endlichkeitsorientierter geworden und nicht mehr so visionär. Disney gelangte zu der Überzeugung, dass das Unternehmen nicht länger als Mechanismus dienen konnte, seine gerechte Sache voranzubringen. So frustriert er war – seine Vision war so zeitlos wie eh und je. Deshalb entschied sich Disney für existenzielle Flexibilität. Er stieg aus. Fünfzehn Jahre nach der

Erstaufführung von *Schneewittchen* machte er sich zu neuen Ufern auf.

Mit allem Geld aus dem Verkauf seines Besitzes, sonstiger Vermögenswerte und seiner Aktien an Walt Disney Productions sowie einem Kredit auf seine Lebensversicherungspolice gründete Disney 1952 ein neues Unternehmen. Das nannte er nach seinen Initialen WED und machte sich an die Arbeit an einem neuen Projekt, mit dem er seiner Ansicht nach seiner Sache besser dienen würde als je zuvor: einem realen Ort, an dem die Menschen der Realität ihres Alltags entfliehen konnten – einen Ort zum Glücklichsein. Er wollte Disneyland bauen.

Anders als die oft gefährlichen und schmuddeligen Vergnügungsparks, die es damals gab und die in aller Regel nur eine zufällige Ansammlung von Fahrgeschäften waren, schwebte Walt Disney ein Ort vor, der sicher und sauber war und eine zusammenhängende Geschichte erzählte. Nichts sollte dort an Mühe und Not erinnern, nichts Düsteres, Verwahrlostes im Schatten lauern. Hier würden die Menschen voll und ganz in eine perfekte Illusion eintauchen. »Vor allem möchte ich wohl, dass Disneyland ein glücklicher Ort wird – wo Erwachsene und Kinder gemeinsam das eine oder andere Wunder des Lebens und manches Abenteuer erleben und sich danach besser fühlen«, erklärte Disney. Ein Ort, an dem man »das HEUTE verlässt … und die Welt von GESTERN und von MORGEN betritt.«

Während Filme das Publikum zu Zuschauern degradierten, konnte es in Disneyland selbst mitspielen. Und anders als ein endlicher Film konnte sich der Park auch in Zukunft ständig weiterentwickeln. In echter unendlichkeitsorientierter Manier stellte Disney fest: »Disneyland wird nie fertig werden. Wir können es immer weiterbauen und ergänzen. Bei einem Film ist das anders. Ist er erst abgeschlossen und produziert, haben wir keinen Einfluss mehr darauf. Gibt es

Verbesserungsbedarf, können wir nichts mehr tun. Ich wollte schon immer an etwas Lebendigem arbeiten, das weiterwächst. Das haben wir in Disneyland.«

Wie so viele Unternehmer setzte Walt Disney alles aufs Spiel, als er seine Unternehmen gründete. Das allergrößte Risiko war aber womöglich seine Entscheidung, Disneyland zu bauen, denn das hätte er nicht tun müssen. Und damals hatte er wesentlich mehr zu verlieren als beim ersten Mal. Das war der Fluch des auf Unendlichkeit ausgerichteten visionären Managers. Sobald ihm klar wurde, dass sein Unternehmen auf einem Kurs war, der nichts mehr für seine Sache tun würde, war er bereit, alles zu riskieren, um noch einmal von vorne anzufangen. Er stieg nicht aus, weil er die Chance sah, mehr Geld zu verdienen. Er verließ kein sinkendes Schiff. Er hatte lediglich eine bessere Gelegenheit entdeckt, für seine gerechte Sache einzutreten – und sofort zugegriffen.

Eine auf Flexibilität ausgerichtete Vision

Existenzielle Flexibilität ist die Fähigkeit, ein Geschäftsmodell oder einen strategischen Kurs ganz grundlegend zu verändern, um effektiver der gerechten Sache zu dienen. Ein bis ins Unendliche denkender Akteur ist sich des Unvorhersehbaren bewusst und kann entsprechende Änderungen vornehmen. Während der auf endliche Ziele ausgerichtete Spieler Angst vor allem Neuen oder Revolutionären hat, schwelgt der auf Unendlichkeit orientierte förmlich darin. Erkennt eine wirklich weitsichtige Führungspersönlichkeit mit echtem Bewusstsein für die Sache beim Blick auf die Zukunft, dass der aktuelle Kurs die Fähigkeit, die gerechte Sache weiterzubringen, erheblich einschränkt, reagiert sie flexibel. Stößt eine solche Führungskraft auf eine neue Technologie, die künftig bessere Möglichkeiten bieten könnte, die eigene Sache voranzutreiben als die derzeit eingesetzte Technologie, so stellt sie sich darauf um. Ohne dieses Bewusstsein für eine unendliche Vision sind selbst extreme strategische Veränderungen in aller Regel reaktiv oder opportunistisch. Existenzielle Flexibilität ist stets offensiv und nicht zu verwechseln mit den defensiven Manövern, mit denen viele Unternehmen versuchen, angesichts einer neuen Technologie oder einer Veränderung der Konsumgewohnheiten ihre Existenz zu retten. So haben beispielsweise viele Zeitungen und Zeitschriften ihre Geschäftsmodelle durch die Digitalisierung auf den Kopf gestellt – doch nicht etwa, weil sie darin einen besseren Weg sahen, ihrer Sache zu dienen, sondern weil sie angesichts einer Welt im Wandel dazu gezwungen waren. Solche Schritte mögen zwar überlebensnotwendig sein, wirken auf die Menschen in einer Organisation aber selten inspirierend und fachen auch ihre Leidenschaft nicht neu an. Existenzielle Flexibilität aber schon.

Viele Start-ups werden mehr von der Leidenschaft eines Unternehmers für eine Vision angetrieben als durch die ihnen zur Verfügung stehenden Ressourcen, um diese Vision umzusetzen. Existenzielle Flexibilität lässt wieder Begeisterung für etwas Neues entstehen, wenn das Unternehmen bereits auf Erfolgskurs ist. Als Walt Disney mit WED noch einmal neu anfing, nahm er ein paar Leute aus dem alten Unternehmen mit, die bereit waren, sich mit ihm in das neue Abenteuer zu stürzen, als wäre es das erste Mal. Sie waren willens, die Risiken zu teilen, die Zeit zu investieren und alles Nötige zu tun, um diese neue Idee zum Erfolg zu führen. Sie fanden Disneys Begeisterung ansteckend – und sie fanden es aufregend, noch einmal zu tun, wovon sie nie zu träumen gewagt hätten. Diese Flexibilität erneuerte auch Disneys persönliche Leidenschaft. »Teufel noch eins, hier gefällt's mir«, sagte er über sein neues Unternehmen.

Zu existenzieller Flexibilität kommt es nicht bei der Unternehmensgründung, sondern dann, wenn das Unternehmen bereits Formen angenommen hat und läuft. Für alle endlich orientierten Beobachter ist sie existenziell, weil der Manager die scheinbare Sicherheit des aktuellen profitablen Weges aufs Spiel setzt für die Ungewissheit einer neuen Richtung – die das Unternehmen in den Niedergang oder sogar in den Ruin führen könnte. Endlich denkenden Akteuren ist das Risiko zu groß. Auf Unendlichkeit orientierte sehen dagegen größere Gefahren, wenn der aktuelle Kurs beibehalten wird. Sie begrüßen Ungewissheit. Mangelnde Flexibilität, so meinen sie, schränkt ihre Fähigkeit, die eigene Sache voranzubringen, erheblich ein. Sie befürchten sogar, dass es die Organisation ins Aus führt, wenn alles beim Alten bleibt.

Die Motivation für einen auf Unendlichkeit gepolten Spieler, flexibel zu agieren, entstammt dem Wunsch, der Sache zu dienen – auch wenn dadurch das bisherige Geschäftsmodell aus der Bahn geworfen wird. Für den endlich orientierten Akteur ist der Schutz des bestehenden Geschäftsmodells – selbst wenn es die eigene Sache untergräbt – der explizite Grund, unflexibel zu bleiben. Ist das Unternehmen das Vehikel, das ein Manager einsetzt, um die eigene Sache voranzutreiben, dann ist es im unendlichen Spiel von höchster Wichtigkeit, die Strategie so drastisch zu verändern, dass das Unternehmen – in der einen oder anderen Form – noch lange fortbestehen kann.

Existenzielle Flexibilität beschränkt sich nicht auf die übliche alltägliche Flexibilität, die die Führung einer Organisation erfordert. Wir dürfen sie auch nicht mit dem »Glänzende-Objekte-Syndrom« verwechseln. Weltweit gibt es eine ganze Kategorie frustrierter Mitarbeiter, die für wohlmeinende und manchmal sogar visionäre Chefs arbeiten, welche jeder guten Idee, die ihnen unterkommt, hinterherjagen wie eine Katze einem glänzenden Objekt – nach dem Motto: »Das ist es! Das müssen wir tun, um unsere Vision zu realisieren!« Kommt es zu existenzieller Flexibilität, ist allen, die an die Sache glauben, klar, warum. Sie sind nicht unbedingt glücklich über die Verwerfungen und kurzfristigen Belastungen, die eine solche Veränderung mit sich bringt, doch sie sind sich einig, dass es sich lohnt und dass sie es wagen wollen. Das Glänzende-Objekte-Syndrom dagegen inspiriert die Beteiligten nicht, sondern verwirrt und ermüdet sie eher.

Zeigt sich ein visionärer Manager existenziell flexibel, kommt es seiner Umwelt manchmal so vor, als könne er in die Zukunft blicken. Kann er nicht. Er stützt sich aber auf eine klare, konkrete Vision einer Zukunft, die noch nicht existiert – die gerechte Sache – und ist stets auf der Suche nach Ideen, Chancen oder Technologien, die ihm auf dem Weg zu dieser Vision weiterhelfen können. Alan Mulally nutzte seine Business-Plan-Review-Sitzungen bei Ford auch, um sich Einblick in die Vorgänge in Unternehmen zu verschaffen, die keine klassischen Mitbewerber waren. »Es geht darum, immer alles mitzukriegen, was vor sich geht, und daraus zu lernen«, erklärte er. Auch ein eher endlichkeitsorientierter Manager achtet auf Chancen, doch sein Blick ruht dabei in aller Regel nur auf der eigenen Branche oder der Bilanz und reicht bestenfalls bis zum Horizont. Ein auf Unendlichkeit ausgerichteter Manager mit einer gerechten Sache blickt dagegen über seine Branche und über den Horizont hinaus – auf einen Ort, der nur mit Fantasie erkennbar ist. So war es auf jeden Fall bei Apple, als Steve Jobs Anfang der 1980er-Jahre existenzielle Flexibilität bewies.

Wie im Vorkapitel bereits geschildert, war der Sinn für die Sache bei Apple sehr ausgeprägt. Die Saat dafür war bereits ausgebracht worden, lange bevor Apple gegründet wurde. Die Unternehmensgründer Steve Jobs und Steve Wozniak waren während des Vietnamkriegs in Nordkalifornien aufgewachsen und standen dem Establishment ausgesprochen misstrauisch gegenüber. Die Idee, dem Einzelnen Möglichkeiten zu geben, sich Big Brother entgegenzustellen, sprach sie an. Während der Computerrevolution der 1970er-Jahre sahen die beiden Jungunternehmer im PC das perfekte Werkzeug, mit dem das Individuum den Status quo infrage stellen konnte. Sie stellten sich vor, dass der Einzelne mit Hilfe des PC irgendwann die Möglichkeit haben würde, sich einem großen Unternehmen gegenüber zu behaupten und vielleicht sogar mit ihm zu konkurrieren.

Nach der Einführung des Apple I und des Apple II war Apple bereits ein sehr erfolgreiches Unternehmen. Man arbeitete gerade an der nächsten Produktiteration, als Jobs und ein paar seiner Manager im Dezember 1979 den Xerox PARC besuchten, das Innovationszentrum von Xerox im kalifornischen Palo Alto. Während ihres Rundgangs wurde den Apple-Managern eine der neuen Technologien vorgeführt, die Xerox entwickelt hatte – die sogenannte »grafische Benutzeroberfläche«. Sie ermöglichte es Menschen, einen Computer zu verwenden, ohne erst eine Computersprache wie DOS zu erlernen. Stattdessen konnten Nutzer mit Hilfe dieser Oberfläche erstmals eine »Maus« verwenden, den »Cursor« auf dem Bildschirm bewegen, auf visuelle »Icons« und »Ordner« auf dem »Desktop« klicken. War die Vision, Einzelne zu befähigen, dann würde es diese eine Innovation noch mehr Menschen als zuvor möglich machen, Computer zu verwenden.

Als die Apple-Gruppe den Xerox PARC verlassen hatte, teilte Jobs den anderen seine Idee mit. Apple musste seinen bisherigen Kurs verändern. Sie mussten in grafische Benutzeroberflächen investieren. Einer der Teilnehmer, der sich als Stimme der Vernunft empfand, meldete sich zu Wort. »Das geht nicht«, sagte er und erinnerte Jobs, dass Apple bereits Millionen Dollar und unzählige Arbeitsstunden in eine ganz andere Strategie investiert hatte. Davon abzugehen, um augenscheinlich ein neues Produkt von Grund auf zu entwickeln, würde das Unternehmen erheblich belasten. Bei Apple erzählt man sich, der Manager habe noch hinzugefügt: »Steve, wenn wir darin investieren, richten wir unsere Firma zugrunde.« Darauf Jobs: »Dann tun wir das lieber selbst, als es einem anderen zu überlassen.«

Ein kürzer denkender Unternehmenslenker hätte größere Probleme gehabt, sich mal eben von einer bestehenden Strategie zu verabschieden – ganz besonders, wenn damit auch noch erheblicher vorgeleisteter Zeit- und Geldaufwand oder aber die Aussicht auf eine Leistungsprämie verpuffte. Trotz der Kosten und Belastungen, denen das Unternehmen dadurch ausgesetzt würde, war existenzielle Flexibilität für Jobs damals Apples einzige Option. Seine Entscheidungen orientierten sich an der gerechten Sache, nicht an den Kosten. Und Apples Belegschaft war seiner Meinung. Wer gern bei Apple arbeitete, der wusste zu schätzen, dass Jobs seine Leute immer wieder zu Schritten drängte, die noch nie jemand unternommen hatte. Damit schlugen sie einen Kurs ein, der in nur vier Jahren zur Einführung des Macintosh führte – eines Betriebssystems, das die PC-Welt vollständig revolutionierte. Zum ersten Mal war ein PC so leicht zu bedienen, dass das jeder konnte. Microsoft sah sich gezwungen, nachzuziehen. Knapp vier Jahre nach der Vorstellung des Mac brachte Microsoft Windows 2.0 heraus – die erste Windows-Version, die so ähnlich aussah und zu bedienen war, wie viele das heute noch kennen. Diese Software sollte bewirken, dass jeder PC wie ein Macintosh funktionierte.

Richten wir uns nicht zugrunde, tut es ein anderer

»So praktisch wie ein Stift«, hieß es in der Werbung. »Sie drücken auf den Knopf, wir übernehmen den Rest.« Das bringt George Eastmans Vision, als seine Firma Eastman Kodak die ersten Kameras für die breite Masse einführte, recht gut auf den Punkt. Das war am Ende des 19. Jahrhunderts, und Fotos wurden damals nahezu ausschließlich von Profis und ernsthaften Hobbyfotografen gemacht. Normalbürger konnten nicht einfach Familien- oder Urlaubsbilder knipsen. Dazu waren die Apparate viel zu schwer und unhandlich. Und die zur Entwicklung der Fotoplatten benötigten Chemikalien waren hochgiftig. Fotografieren war eine komplizierte, teure Angelegenheit. Doch Eastman war besessen von dem Gedanken, es so einfach zu machen, dass jeder fotografieren konnte. Zunächst machte er Fortschritte bei der Beschichtung der Fotoplatten. Sein großer Durchbruch kam aber, als er eine Methode erfand, wie sich die schweren Platten durch einen Nitrozellulosekunststoff ersetzen ließen – das Zelluloid. Es wurde ursprünglich zur Herstellung der Halterungen künstlicher Gebisse verwendet. Uns ist es in seiner moderneren Funktion vertrauter: als Film.

Nachdem Kodak die Fotografie massentauglich gemacht hatte, entwickelte es sich zu einem der größten Unternehmen weltweit und George Eastman wurde einer der reichsten Männer der Welt. Nach seinem Tod im Jahr 1932 trieb das Unternehmen sein Anliegen weiter voran. Stets auf der Suche nach Wegen, es dem Durchschnittsbürger zu erleichtern, seine Erinnerungen festzuhalten, führte Kodak 1935 den ersten kommerziell erfolgreichen Farbfilm für den Massenvertrieb ein. Damit ebnete das Unternehmen den Weg für Farbfilme im Kino und für zu Hause. Außerdem erfand Kodak den Karusselldiaprojektor, der es einfacher und bequemer machte, Urlaubs-, Hochzeits- oder sonstige Bilder vorzuführen, mit denen man Freunde und Familie beglücken konnte. Anfang der 1960er-Jahre entwickelte Kodak die Filmpatrone, die das Fotografieren noch einfacher und praktischer machte. Menschen, die bisher Probleme damit gehabt oder sich gescheut hatten, den Film auf eine Spule in der Kamera einzufädeln, mussten nur noch die Filmpatrone auf der Kamerarückseite einlegen, und schon konnten sie nach Herzenslust drauflos knipsen. 1975 brachte Kodaks Forschungs- und Entwicklungsabteilung dann etwas wirklich Spektakuläres hervor: die erste Digitalkamera. Da gab es aber ein Problem …

Die Digitalisierung war ein folgerichtiger nächster Schritt für das Unternehmen, um seine gerechte Sache voranzubringen. Das Problem dabei war nur, dass die Erfindung der digitalen Fotografie das Geschäftsmodell des Unternehmens unmittelbar infrage stellte. Kodak verdiente an jedem Teilschritt des Fotografieprozesses. Das Unternehmen stellte die Kameras her, die Filme, die Blitzwürfel, die Maschinen, die die Filme entwickelten, die Chemikalien, die für ihre Entwicklung benötigt wurden, und das Papier, auf das die Fotos gedruckt wurden. Jedem war klar: Die neue digitale Technologie würde das aktuelle Geschäft obsolet machen. Mit George Eastman oder einem anderen auf Unendlichkeit orientierten Manager am Ruder wäre das keine Frage gewesen. Er hätte die neue Technologie als den besseren Weg betrachtet, die Sache voranzubringen, und sich überlegt, wie man das Unternehmen neu erfinden musste. Leider stand die Sache in der Chefetage nicht mehr im Vordergrund. Dort dominierte inzwischen das auf Endlichkeit orientierte Denken. Es wurden keine Entscheidungen mehr getroffen, die der Sache dienten, sondern solche, die Kosten sparten und die Finanzsituation auf kurze Sicht verbesserten.

Als Kodaks Topmanagement die digitale Technologie erstmals zu Gesicht bekam, reagierte es zunächst ganz und gar nicht visionär, sondern befand, dass die Menschen sich bestimmt nie Bilder auf einem Bildschirm ansehen würden. Die Manager erklärten ihren Technikern, dass die Leute Papierbilder haben wollten, und das sei auch gut so. Steven Sasson, der junge Ingenieur, dem die Erfindung der Digitalkamera zugeschrieben wird, versuchte verzweifelt, seine Chefs dazu zu bringen, sich die Zukunft der Fotografie in 20 oder 30 Jahren vorzustellen. Zu seinem Entsetzen hatten sie aber kein Interesse daran, die Sache voranzutreiben, geschweige denn den Mut zu einer Entscheidung, die den Status quo radikal verändert hätte – ganz besonders nicht, da das Geschäft ja noch lief und sie persönlich recht gut daran verdienten. Sie waren nicht bereit, die Wall Street nervös zu machen oder kurze Zeit durch die Hölle zu gehen, indem sie ihr eigenes Unternehmen auf den Kopf stellten, um ihrer Sache zu dienen und Kodak ins digitale Zeitalter zu transponieren.

Folglich verabschiedeten sie sich von Eastmans Vision. Statt die nötige existenzielle Flexibilität aufzubringen, beschlossen sie, die neue Technologie so lange unter Verschluss zu halten, wie sich das Unvermeidliche abwenden ließ. »Spricht man mit Managern darüber, was in 18 oder 20 Jahren sein wird, wenn keiner von ihnen mehr im Amt sein dürfte, interessiert sie das nicht sehr«, so Sasson. »Jede verkaufte Digitalkamera machte einer Filmkamera des Geschäft kaputt, und wir wussten, wie viel wir an Filmen verdienten. Dabei war das Problem natürlich, dass sich bald kein Film mehr verkaufen lassen würde – und damit argumentierte ich.« Doch statt sich an die Spitze der digitalen Revolution zu setzen, beschloss die Geschäftsleitung von Kodak, die Augen zu verschließen, sich die Finger in die Ohren zu stecken und sich einzureden, dass schon alles gut gehen würde. Ging es ja auch … vorerst zumindest. Aber nicht für lange. Irgendwann war es vorbei. Und so ist es bei jeder endlichen Strategie.

Als der digitale Geist erst aus der Flasche war, prognostizierte Kodak, dass es rund zehn Jahre dauern werde, bis andere Unternehmen auf digitale Fotografie setzen und sie zu einem Marktfaktor machen würden. Und so kam es. Zehn Jahre nach der Erfindung der Digitalkamera präsentierte der japanische Kamerahersteller Nikon eine SLR-Kamera, die Verwendern die Möglichkeit eröffnete, einen externen digitalen Prozessor anzuschließen (der von Kodak hergestellt worden war, weil dort die Patente lagen). Mit Fuji war es aber ein weit kleinerer japanischer Filmproduzent, der 1988 – genau 100 Jahre, nachdem Eastman die erste massenmarkttaugliche Filmkamera vorgestellt hatte – die erste voll digitale Kamera auf den Markt brachte. Nikon tat sich später mit Fuji zusammen, und gemeinsam entwickelten die beiden Unternehmen Neuerungen und optimierten die Technologie. Rund zehn Jahre später stellte der japanische Elektronikhersteller Sharp das erste Mobiltelefon vor. Und weitere zehn Jahre später – Mitte bis Ende der 2000er-Jahre – setzen sich digitale Kameras und Handys mit eingebauten Kameras durch.

Kodak hielt viele der ersten Patente auf digitale Technik und verdiente daran Milliarden. Das vermittelte fälschlicherweise den Eindruck, dass es dem Unternehmen gut ging. Die endlich orientierten Manager glaubten irrtümlich, eine solide Bilanz sei gleichzusetzen mit einem starken Unternehmen. Das stimmt aber nicht – zumindest nicht im Kontext des unendlichen Spiels. Als Kodaks Patente 2007 ausliefen, versiegten die Geldflüsse. Fünf Jahre später war Kodak konkursreif.

Der Konkurs ist oft ein suizidaler Akt. Betrachtet man rückblickend die Entscheidungen, die einst erfolgreiche Unternehmen auf den Weg in den Konkurs brachten, offenbart sich eine beunruhigend hohe Zahl von Managern, die vom endlichen Spiel besessen waren. Ohne gerechte Sache klammern sie sich verzweifelt an Geschäftsmodelle, die ihnen möglicherweise zu ihrem Erfolg verholfen hatten, sich langfristig aber nicht bewähren konnten. Meist waren es gar nicht die »Marktbedingungen« oder die »neue Technologie« oder einer der anderen Gründe, die gewöhnlich an der Börse als Erklärungen für den Niedergang eines Unternehmens strapaziert werden. Das Problem war vielmehr das mangelnde Vermögen der Spitzenmanager, die nötige existenzielle Flexibilität zu zeigen. Mit ihrer gerechten Sache gaben sie ihre Fähigkeit auf, flexibel zu reagieren. Man könnte das auch als »existenzielle Unbeweglichkeit« bezeichnen. Irgendwann ist in jeder Organisation Flexibilität gefragt. Das passiert nicht unbedingt während der Amtszeit eines bestimmten CEOs, doch er trägt dennoch die Verantwortung dafür, sein Unternehmen so aufzustellen, dass es existenzielle Flexibilität an den Tag legen kann, wenn es denn – womöglich erst unter seinem Nachfolger – nötig werden sollte. Das bedeutet, dass man sich an der gerechten Sache orientieren und eine Kultur pflegen muss, die reich an vertrauensvollen Teams ist.

Der erste Satz der am 19. Januar 2019 in der *New York Times* veröffentlichen Meldung über den Konkurs von Kodak bringt das genau auf den Punkt: »Der 131 Jahre alte Filmpionier Eastman Kodak, der jahrelang mit der Anpassung an eine immer stärker digitalisierte Welt zu kämpfen hatte, beantragte am Donnerstag Gläubigerschutz.« Eine Erklärung von Finanzchefin Antoinette McCorvey machte deutlich, welches sehr auf Endlichkeit ausgerichtete Spiel die Kodak-Führung spielte: »Seit 2008 wirken sich Umstrukturierungskosten und Rezessionskräfte trotz aller Anstrengungen von Kodak kontinuierlich negativ auf die Liquiditätsposition des Unternehmens aus.« Das Management eines einst großartigen unendlichkeitsorientierten Unternehmens hatte sich von seiner moralischen Verpflichtung verabschiedet, Eastmans gerechte Sache voranzutreiben, und sich stattdessen eher endlichkeitsorientierten Ziele verpflichtet gefühlt.[3] Sie ließen zu, dass die Zukunft des Unternehmens von den Marktkräften bestimmt wurde, nicht von einer Leidenschaft für die Vision. Das kam das ganze Unternehmen, die Belegschaft, die Stadt Rochester und die Aktionäre teuer zu stehen.

Dieser Tage ist Kodak nur mehr ein Schatten seiner selbst. Als Kodak die Digitalkamera erfand, beschäftigte das Unternehmen etwa 120.000 Mitarbeiter. Heute sind es rund 6.000. Kodak stellt zwar weiterhin Filme und alle Produkte her, die für ihre Entwicklung benötigt werden, jedoch beliefert überwiegend einen einzigen Markt. Genau – den für professionelle Fotografen.

Ohne Orientierung an einer gerechten Sache mangelte es der Kodak-Führung an Vision oder Courage, das Richtige für den langfristigen Erfolg des Unternehmens zu tun. Sie konnte lediglich auf ihre Umwelt reagieren. George Eastman war buchstäblich der Erfinder der Massenmarktfotografie. Bei Kodak arbeiteten Pioniere aus allen Branchensegmenten. Es lag nur an der endlichkeitsorientierten Mentalität, dass dieses einst große Unternehmen von der von ihm selbst erfundenen visionären Technologie aus der Bahn geworfen wurde.

Elftes Kapitel

MUT ZUR FÜHRUNG

Im Foyer der Unternehmenszentrale hing ein großes Schild, auf dem die gerechte Sache zu lesen war: *Menschen auf ihrem Weg zu besserer Gesundheit unterstützen.* Daran glaubten die Topmanager des Unternehmens. Für sie bestand die Mission ihrer Organisation nicht nur darin, Geld zu verdienen. Sie wollen durch ihr Unternehmen etwas bewegen. Regelmäßig trafen sie mit Vertretern von Unternehmen aus dem Gesundheitswesen, Krankenhausrepräsentanten und Ärzten zusammen, um zu überlegen, wie man gemeinsam mehr für die Patienten erreichen konnte. Doch am Ende vieler solcher Sitzungen wies irgendjemand prompt auf den Pferdefuß hin: »Aber verkaufen Sie in Ihren Geschäften nicht Zigaretten?«[1]

Im Februar 2014 gab CVS Caremark bekannt, dass künftig in seinen über 2.800 Filialen keine Tabakprodukte mehr vertrieben würden. Durch diese Entscheidung würden dem Unternehmen Umsätze in Höhe von 2 Milliarden US-Dollar entgehen. Sie wurde dennoch getroffen – und zwar ganz ohne Druck von der Konkurrenz. Auch öffentlich war dieser Schritt nicht lautstark gefordert worden. Es gab weder einen Skandal noch eine Online-Kampagne, die diesen Entschluss erzwungen hätten.

In der breiten Öffentlichkeit stieß die Meldung auf überwältigende Zustimmung. Die Wall Street und ihre Experten waren nicht so begeistert. »Im Wunderland kann man so vielleicht Geld verdienen«, meinte dazu Jim Cramer, einer der Finanzkommentatoren von CNBC, »aber die Wall Street ist kein Wunderland. [Die Wall Street wird nicht] sagen: ›Wissen Sie was? Ich kaufe CVS, weil das so brave Bürger sind.‹«[2] Und Cramer hatte noch mehr zu sagen: »Ich ... denke da an den Gewinn pro Aktie. Und der ist für CVS gerade gesunken.«

Andere externe Stimmen äußerten sich ähnlich und werteten die Entscheidung als Vorteil für die Konkurrenten von CVS. Ein Vertriebs- und Marketingberater aus Illinois wies darauf hin, dass sich dieser Schritt in 700 Päckchen Zigaretten pro Woche und Filiale übersetzte, die künftig von einem anderen Einzelhändler verkauft würden, und fügte hinzu, dass »Einzelhändler wissen: Wer den erwachsenen Tabakkonsumenten in seinen Laden holt, erzielt dadurch zusätzliche Umsätze durch weitere Artikel, die er bei dieser Gelegenheit kauft.«[3] Durch die Linse des endlichen beziehungsweise unendlichen Spiels betrachtet, komme ich nicht umhin, diese Reaktionen auf die Entscheidung von CVS als Endlichkeitsorientierung in Reinkultur zu bewerten. Wäre die Wirtschaft ein endliches Spiel und die Zukunft leicht zu prognostizieren, hätten die Experten vollkommen recht. Doch wie sich zeigt, ist das Spiel unendlich und die Zukunft eher unvorhersehbar.

Es kam nämlich so: Die 700 Päckchen Zigaretten pro Woche und Geschäft verkaufte auch kein anderer. Sie fielen einfach flach. Insgesamt war der Zigarettenabsatz sogar rückläufig. Eine von CVS in Auftrag gegebene unabhängige Studie über die Auswirkungen dieser Entscheidung belegte, dass der Zigarettenabsatz insgesamt bei allen Einzelhändlern in den US-amerikanischen Bundesstaaten, in denen CVS einen Marktanteil von mindestens 15 Prozent hielt, um 1 Prozent zurückging.[4] In diesen Bundesstaaten kaufte der durchschnittliche Raucher fünf Päckchen Zigaretten weniger, was sich über acht Monate auf eine Gesamtzahl von 95 Millionen Päckchen summierte. Dagegen nahm die Zahl der verkauften Nikotinpflaster in dem Zeitraum unmittelbar nach dem CVS-Beschluss, Zigaretten aus dem Sortiment zu nehmen, um 4 Prozent zu. Das spricht dafür, dass die Entscheidung von CVS Raucher dazu animierte, sich das Rauchen abzugewöhnen. Was nun den entgangenen Umsatz anbelangt, so wurden andere engagierte Anbieter, die zuvor keine Geschäfte mit CVS machen wollten, auf das Unternehmen aufmerksam. Akteure wie Irwin Naturals und New Chapter, die ihre Vitamine und Nahrungsergänzungsmittel bei Whole Foods und in anderen Fachgeschäften vertrieben, erklärten sich daraufhin bereit, sie auch über CVS anzubieten.[5] CVS konnte seinen Kunden so eine größere Auswahl an hochwertigen Marken offerieren und sich selbst neue Ertragsquellen erschließen. Ein Unternehmen, dessen erklärtes Anliegen es ist, Menschen dabei zu helfen, gesünder zu leben, traf die mutige Entscheidung, sich an seine Grundsätze zu halten. Dadurch trug es nicht nur dazu bei, dass die Amerikaner ein bisschen gesünder wurden, sondern konnte auch den Gesamtumsatz seiner Apothekenniederlassungen positiv beeinflussen.

Zur Kursentwicklung der CVS-Aktie haben natürlich noch viele andere Faktoren beigetragen (so hat das Unternehmen kurz nach der Entscheidung seinen Namen in CVS Health geändert). Doch auch in diesem Fall gilt wieder: Im unendlichen Spiel lässt sich die finanzielle Gesundheit unmöglich taggenau messen. Sie baut sich nach und nach auf, um im Zeitverlauf eindrucksvolle Ergebnisse zu erzielen. Wie Jim Cramer so treffend formulierte, kauft die Wall Street kein Unternehmen, weil es seine staatsbürgerlichen Pflichten erfüllt. Kunden und Beschäftigte berücksichtigen das bei ihren Kaufentscheidungen aber sehr wohl. Mehr treue Kunden und loyale Mitarbeiter übersetzen sich in mehr Unternehmenserfolg. Und je erfolgreicher ein Unternehmen, desto mehr profitieren gewöhnlich die Aktionäre. Oder sehe ich das falsch?

Tatsächlich gab der Aktienkurs von CVS, wie Cramer und andere Analysten prophezeit hatten, am Tag nach der Bekanntgabe der Entscheidung um 1 Prozent nach – von 66,11 auf 65,44 US-Dollar pro Aktie –, um sich bereits am nächsten Tag wieder zu erholen.[6] Eineinhalb Jahre nach der Ankündigung des Plans und acht Monate nach seiner Umsetzung knackte die Aktie die Marke von 113,65 US-Dollar pro Aktie. Der Kurs hatte sich damit in diesem Zeitraum verdoppelt. Für das Unternehmen war das ein Rekordhoch. Und wie verhielt es sich mit dem »Goldstandard« unter den Finanzkennzahlen für Aktiengesellschaften, der Jim Cramer solche Kopfschmerzen bereitet hatte – dem Gewinn pro Aktie? Vor der Ankündigung im Dezember 2013 lag dieser für CVS bei 1,04 US-Dollar, danach fiel er auf 0,95 US-Dollar. Bereits im Folgequartal kletterte er wieder auf 1,06 US-Dollar und stieg dann im Lauf der nächsten drei Jahre um 70 Prozent – auf durchschnittlich 1,77 US-Dollar.[7]

Eine auf Unendlichkeit orientierte Einstellung kann einen Topmanager in einer von endlichem Denken geprägten Welt durchaus den Job kosten. Der Druck zu einer endlichkeitsorientierten Haltung, unter dem wir alle heute stehen, ist ungeheuer groß. Für die allermeisten hängt jede Chance zur Karriereentwicklung heutzutage in irgendeiner Form davon ab, wie gut wir uns im endlichen Spiel machen. Hinzu kommen das unablässige Getrommle der Analystengemeinschaft, die Forderungen von Private-Equity- oder Venture-Capital-Firmen, die Verknüpfung der Vergütungspakete für Manager mit der Entwicklung des Aktienkurses statt mit der Entwicklung des Unternehmens (was erstaunlicherweise nicht immer dasselbe ist), unsere Egos und der Druck, unter den sich viele von uns selbst setzen, weil wir unser Selbstwertgefühl davon abhängig machen, wie wir uns im endlichen Spiel schlagen. Prompt zerschlägt sich schnell jede vage Hoffnung darauf, dass wir anders spielen könnten als mit endlicher Mentalität. Sich dem Druck der endlichkeitsorientierten Spieler um uns herum zu beugen, ist die leichte, zweckmäßige Wahl.

Aus diesem Grund erfordert es Mut, sich eine auf Unendlichkeit ausgerichtete Einstellung anzueignen.

Der Mut zur Führung ist eine Bereitschaft, Risiken einzugehen zum Wohle einer unbekannten Zukunft. Und diese Risiken sind ausgesprochen real. Schließlich ist es viel einfacher, sich auf einen Monat, ein Quartal oder ein Jahr zu konzentrieren, als Entscheidungen mit Blick auf die ferne Zukunft zu treffen. Solche Entscheidungen können sich für uns auf kurze Sicht als kostspielig erweisen. Sie können uns Geld kosten oder auch unseren Job. Es braucht Mut zur Führung, um sich nach einem Standard zu richten, der höher ist als das Gesetz – nach einem ethischen Standard nämlich. Geraten wir unter Druck, gegen diesen Moralkodex zu verstoßen, braucht es Mut zur Führung, um den Mund aufzumachen und diejenigen, die uns dazu bringen wollen, darauf hinzuweisen, was sie da tun. Und es braucht Mut, ihnen unsere Hilfe anzubieten, damit sie die Dinge wieder ins Lot bringen können. Es braucht Mut zur Führung, Entscheidungen zu treffen, die den üblichen geschäftlichen Gepflogenheiten zuwiderlaufen, und es braucht Mut zur Führung, um den Druck von außen zu ignorieren – von Parteien, die nicht in unsere Sache investieren oder nicht daran glauben.

Im unendlichen Spiel ist Mut nicht nur eine Frage der Handlungsweise. Auch Führungskräfte mit endlicher Mentalität können Risiken eingehen. Im Kontext von Führung mit einer auf Unendlichkeit ausgerichteten Einstellung ist Mut die Bereitschaft, unsere Weltsicht komplett zu verändern. Es ist der Mut, den erklärten Unternehmenszweck eines Milton Friedman zurückzuweisen und eine alternative Definition heranzuziehen. Haben wir den Mut, unsere Haltung zu ändern – weg von einer endlichen und hin zu einer eher unendlichen Betrachtungsweise –, so erscheinen viele unserer Entscheidungen (wie die von CVS, keine Zigaretten mehr zu verkaufen) Menschen mit einer traditionelleren Weltanschauung oft sehr kühn. Doch für alle, die die Welt inzwischen durch die Linse der Unendlichkeit betrachten, liegt eine solche Entscheidung auf der Hand, wenn ich das so sagen darf.

Woher nehmen wir aber den Mut, unsere Haltung zu ändern?

1. Wir können auf eine lebensverändernde Erfahrung warten, die uns in unseren Grundfesten erschüttert und unsere bisherige Weltsicht infrage stellt.

2. Oder wir suchen uns eine gerechte Sache, die uns inspiriert. Wir umgeben uns mit anderen, die unser Anliegen teilen – mit Menschen, denen wir vertrauen und die uns vertrauen. Wir finden einen würdigen Mitstreiter, mit dem wir uns messen können und der uns zu stetiger Verbesserung animiert. Und wir halten uns immer wieder vor Augen, dass wir der Sache stärker verpflichtet sind als einem bestimmten Kurs oder der Strategie, die wir gerade verfolgen.

Die erste Methode ist absolut legitim, und tatsächlich verdanken viele unserer herausragenden Leitfiguren ihre auf Unendlichkeit ausgerichtete Einstellung einer solchen Erfahrung. Sei es eine Tragödie, eine Chance oder höhere Gewalt, irgendetwas versetzt ihnen – oftmals unvermittelt – einen Stoß, und plötzlich sehen sie Welt mit ganz anderen Augen. Allerdings erinnert das natürlich ein bisschen an Glücksspiel. … Ich würde keinem empfehlen, seine Tage künftig damit zuzubringen, auf so ein Ereignis zu warten.

Die zweite Methode ermöglicht uns mehr gezielte Einflussnahme. Wir brauchen dafür nur ein bisschen Vertrauen, etwas Disziplin und die Bereitschaft zu üben. So eine Umstellung fühlt sich für viele ausgesprochen radikal an. Doch von den Gefühlen einmal abgesehen, wirkt sie sich tatsächlich auf unsere Entscheidungen und Handlungen aus. Wer die Welt nach wie vor durch die Linse der Endlichkeit betrachtet, dem mag unser Vorgehen idealistisch, naiv oder sogar dumm erscheinen. Doch wer von den gleichen Grundsätzen überzeugt ist wie wir, der findet sie mutig. Und für alle Akteure da draußen, die mit einer auf Unendlichkeit ausgerichteten Mentalität antreten, sind solche mutigen Entscheidungen die einzige Option.

Die Macht einer Mission

»Sie erklärte mir, ich könne nicht zulassen, dass unsere Fluggesellschaft pleiteging, weil das auf ihr Leben als alleinerziehende berufstätige Mutter verheerende Auswirkungen hätte«, erinnert er sich.[8]

Doug Parker wurde am 1. September 2001 zum neuen CEO von America West Airlines ernannt. Zehn Tage später kam der 11. September. Viele Unternehmen litten unter seinen Folgen, doch die Luftfahrtbranche wurde besonders stark gebeutelt. In den USA gingen die Passagierzahlen in den zwei Folgejahren auf ein Niveau zurück, wie es zuletzt im Zweiten Weltkrieg verzeichnet worden war. Unternehmen wie United und US Airways beantragten Konkurs. Und für eine kleinere regionale Fluggesellschaft wie America West, die nicht über solche Umsatzpolster verfügte wie die größeren Mitbewerber, schien ein kompletter Zusammenbruch unvermeidlich.

Parker zählte zu den ersten, die sich beim neu eingerichteten Air Transportation Stabilization Board (ATSB) um einen Staatskredit bewarben. Diese Abteilung des Finanzministeriums stellte der Luftfahrtbranche nach dem 11. September Kreditmittel in Höhe von 10 Milliarden US-Dollar zur Verfügung. Das Bewerbungsgespräch lief aber nicht gut. Auf dem Rückflug in einer America-West-Maschine beschlich Parker die Verzweiflung. »Es sah düster aus«, weiß er noch. »Als frisch gebackener CEO von America West würde ich die kürzeste, unrühmlichste CEO-Karriere in der Geschichte für mich verbuchen.« Weil er sich von den Geschehnissen des Tages ablenken wollte, ging er in die Bordküche, um sich mit den Flugbegleitern zu unterhalten. Dort lernte er Mary kennen. Sie war eine hervorragende Mitarbeiterin, und ihr Job bedeutete ihr alles. Es war nicht ihre Schuld, dass sie für eine Gesellschaft arbeitete, die nicht stark genug war, um den Bereinigungsprozess in der Branche zu überleben. »Ihre einzige Hoffnung, eine schwerwiegende persönliche Krise zu vermeiden«, erzählt Parker, »war, dass die Menschen, für die sie arbeitete, einen Weg fanden, das Unternehmen über Wasser zu halten.«

Vor seiner Begegnung mit Mary war es für Parker eine unternehmerische Angelegenheit gewesen, einen Zusammenbruch zu vermeiden, bei der es darum ging, dass die Zahlen passten. Es war eine Frage des Ressourcenmanagements. Nachdem er Mary kennengelernt hatte, wurde es für ihn zu einer persönlichen Mission. Es ging dabei auch um den Willen. »Diese Hingabe zu einer Mission, die größer war als wir selbst, trieb uns zu Leistungen, zu denen wir sonst vermutlich nicht fähig gewesen wären, wenn wir nur in eigener Sache gehandelt hätten«, erklärte Parker. Mit neuer Leidenschaft kämpften der neue CEO und sein Team um den Staatskredit, der auf dem schicksalhaften Rückflug noch so unerreichbar schien – und zwar mit Erfolg. Um das Unternehmen zu stärken und ihm ein wettbewerbsfähigeres Routennetz zu verschaffen, führte Parker America West 2005 in eine Fusion mit US Airways und 2013 mit American Airlines. »Damit war das Ziel erreicht«, erzählt er stolz. »American ist die größte Airline der Welt. Unser Team ist endlich sicher.«

Doch ganz zufrieden war Parker noch nicht. »Anfang 2016 stellte ich plötzlich den Sinn meiner Arbeit infrage. Wir hatten viel erreicht, und ich hatte genug zu tun, fühlte mich aber nicht wirklich erfüllt. Arbeitete ich nur für Geld? Oder ging es mir ums Prestige?« Solche Fragen stellte er sich. »Keine dieser Fragen hätte ich für mich gern bejaht.« Parker dachte darüber nach, das Unternehmen zu verlassen. Sich etwas anderes zu suchen, das »meinem Wunsch, mich für eine Sache einzusetzen, die größer war als ich selbst, besser entsprechen würde«, wie er es formulierte. Das ist bei sehr erfolgreichen Menschen gar nicht selten. Auf dem Gipfel ihrer Karriere gründen sie Stiftungen oder verteilen ihr Vermögen an gemeinnützige Organisationen und arbeiten, weil sie etwas zurückgeben und einen philanthropischeren Beitrag leisten möchten. Doch Sinnhaftigkeit finden wir nicht erst nach Beendigung einer erfolgreichen Karriere.

Parkers Bedürfnis, Mary und ihren Kollegen zu helfen, war zwar ungeheuer inspirierend, doch vom Konzept her ein »Moonshot« – mit definiertem Endpunkt. Als Parker sein Ziel erreicht hatte, machte er sich erneut auf die Suche. Er war auf den Geschmack gekommen, denn nun wusste er, wie es sich anfühlte, wenn man von einem Anliegen getrieben wird, das größer ist als man selbst. In ihm hatte das die Leidenschaft ausgelöst, das Unternehmen zu beispiellosem Erfolg zu führen – nicht für sich selbst, sondern für andere. Und dieses Gefühl fehlte ihm.

Da hörte Parker einen Vortrag von Bob Chapman, dem CEO des Produktionsunternehmens Barry-Wehlmiller. Chapman (über den ich übrigens in *Gute Chefs essen zuletzt* ausführlich geschrieben habe) ist ein wortgewaltiger Verfechter der Vorstellung, dass für die besten Chefs und die besten Unternehmen die Menschen wichtiger sind als die Zahlen. Weil sein Unternehmen mit seinen Erfolgen beständig alle Erwartungen übertrifft, ist er mit seiner Menschen-gehen-vor-Gewinn-Philosophie bei Bekehrten und Skeptikern ein gleichermaßen gefragter Referent. Bei einem dieser Vorträge wurde Parker plötzlich klar: Er wusste zwar, wie Höchstleistung aussah, aber nicht, wie sich der richtige Kontext dafür darstellte. Seinen Leuten sichere Arbeitsplätze und höhere Bezahlung zu verschaffen, mochte ein wesentlicher Meilenstein auf seinem Weg sein, doch es war nicht die gerechte Sache, die ihn bis ans Ende seiner Tage inspirieren konnte. »Wir mussten ein Umfeld schaffen, in dem die Menschen gut aufgehoben waren! In dem sie für ihre herausragenden Leistungen anerkannt und gewürdigt wurden, in dem sich ihre Vorgesetzten um sie kümmerten und in dem sie am Abend erfüllt nach Hause fuhren. Das war die neue, größere Mission, nach der ich gesucht hatte«, berichtet Parker begeistert von seinem neuen unendlichen Anliegen.

Was passiert, wenn der CEO der größten Fluggesellschaft der Welt den Mut hat, die Art und Weise zu verändern, wie er führt – und nicht mehr endlich denkt, sondern unendlich?

Wie so viele Unternehmen, bei denen Zahlen vor Menschen gehen, hatte auch American Airlines in der Vergangenheit Vertrauensprobleme mit seinen Mitarbeitern gehabt. Lange vor Doug Parkers Eintritt in das Unternehmen hatten seine Vorgänger den Gewerkschaften maßgebliche Zugeständnisse abgerungen unter dem Vorwand, »das Unternehmen vor dem Konkurs zu bewahren«. Gleichzeitig erhielten aber die sieben Spitzenmanager Garantien auf Bonuszahlungen, die ihr Gehalt verdoppeln würden – nur, um sie noch ein paar Jahre bei der Stange zu halten. Als wäre das nicht schlimm genug, wurden 41 Millionen US-Dollar abgezwackt, um die Ruhestandsgelder der obersten 45 Manager zu sichern. Für das Fußvolk wurden keine solchen Vorkehrungen getroffen.

Der dadurch ausgelöste Skandal führte letztlich zum Rücktritt von CEO Donald Carty.[9] In seiner Abschiedsrede äußerte dieser die Hoffnung, sein Nachfolger würde eine »neue Kultur der Zusammenarbeit, des Teamgeistes und des Vertrauens« aufbauen. Gerard Arpey und Tim Horton gelang das aber trotz anderslautender öffentlicher Zusicherungen nicht. Die Vertrauensverletzungen hielten an und möglicherweise bröckelte die Moral weiter. Solange eine neue Führung nicht bereit war, ein paar unbequeme Entscheidungen zu treffen und Opfer zu bringen, um zu demonstrieren, dass sie auch wirklich vertrauenswürdig war, würde sich nichts ändern. Parker begriff: Großartige Proklamationen, wie anders künftig alles werden sollte, würden wenig bewegen. Ihm war klar, dass er und sein

Team den Mut aufbringen mussten, zu zeigen, dass sich wirklich etwas änderte. Und das taten sie.

Der erste maßgebliche Schritt kam 2015, als neue Verträge mit den Piloten und Flugbegleitern ausgehandelt wurden, die dadurch zu den bestbezahlten der Branche avancierten. Ein Jahr darauf schlossen Delta und United dann ebenfalls neue Verträge mit ihren Piloten und Flugbegleitern, die American bei den Flugbegleitern um 5 Prozent und bei den Piloten um 8 Prozent überboten. Da die zynische Kultur noch nicht gänzlich ausgemerzt war, gingen nun viele American-Mitarbeiter fälschlicherweise davon aus, dass ihr Management damit gerechnet und die schlechteren Konditionen in aller Eile für die nächsten fünf Jahre festgeschrieben hatte.

»Wer sagt, dass er jemandem vertraut, gibt nur ein Lippenbekenntnis ab«, weiß Parker. »Echtes Vertrauen setzt voraus, nach seinen Worten zu handeln.«[10] Viele andere Führungsteams hätten einfach mit den Achseln gezuckt und versprochen, das Thema bei der nächsten Tarifverhandlung auf den Tisch zu bringen. »Vertrag ist schließlich Vertrag«, hätten sie sagen können. Doch Vertrauen entsteht nicht durch Druck oder Zwang, Vertrauen baut sich auf, wenn jemand so handelt, wie es seinen Werten entspricht – vor allem dann, wenn man es am wenigsten erwartet. Vertrauen kommt auf, wenn wir das Richtige tun – obwohl wir das nicht müssten. Dass ihre Mitarbeiter noch drei oder vier Jahre lang schlechter verdienen sollten als der Branchendurchschnitt, »fühlte sich für die neue American einfach nicht richtig an und entsprach nicht unserer Auffassung von unseren Pflichten«, wie es in einer gemeinsamen Erklärung von Parker und Unternehmenspräsident Robert Isom hieß.[11]

Das Topmanagement beschloss, die Gehälter aller Flugbegleiter und Piloten noch während der Vertragslaufzeit um 5 beziehungsweise 8 Prozent anzuheben – ohne Gegenleistung. Die Entscheidung würde das Unternehmen über die nächsten drei Jahre mehr als 900 Millionen US-Dollar kosten. Die Manager wussten, dass die Wall Street davon alles andere als begeistert sein würde. Und sie hatten recht.

Als American den Schritt am 27. April 2017 ankündigte, reagierte die Wall Street erwartungsgemäß mit Missbilligung. Der Analyst Kevin Crissey, der für Citi auf die Luftfahrtbranche spezialisiert war, schrieb seinen Kunden: »Das ist frustrierend. Die Arbeitnehmer werden wieder einmal zuerst bedient. Die Aktionäre müssen sich mit dem begnügen, was übrig bleibt.«[12] Ein Brief einer Analystengruppe von J.P. Morgan tutete ins selbe Horn. »Wir finden es bedenklich, dass AAL knapp 1 Milliarde US-Dollar auf seine Arbeitnehmergruppen überträgt«, heißt es darin gleich eingangs. »Wir verstehen durchaus, dass American am ›Aufbau einer Vertrauensbasis‹ mit der Interessengruppe seiner Arbeitnehmer interessiert ist«, wird in dem Brief erläutert, »doch diese letzte Vereinbarung geht unseres Erachtens zu weit. ... Wir sehen die Lösung für höhere Maßstäbe in der Lohnentwicklung nicht darin, diesen hinterherzulaufen. Manchmal hat man eben das Glück, dass man die eigenen Zusagen zum richtigen Zeitpunkt gemacht hat.«[13] Damit wollten sie vermutlich sagen, dass diese »zwar möglicherweise unfair, aber für uns vorteilhaft« sind. Glücklicherweise hatte das Topmanagement von American Airlines den Mut, eine Entscheidung zu treffen, die das eigene Unternehmen stärker machte – ungeachtet der jährlichen Bonusstrukturen eines Herrn Crissey und des Teams von J.P. Morgan.

Leider hat die endlichkeitsorientierte Einstellung von Leuten wie Crissey oder den J.P. Morgan-Analysten aber Einfluss auf den Markt. Bei American ging man davon aus, dass die Aktie 5 Prozent an Wert verlieren würde. Am Tag nach der Ankündigung rutschte der Kurs sogar um 9 Prozent ab. Die gute Nachricht ist aber: Kurzfristiges Denken hat oft nur kurzfristige Auswirkungen. Keine zwei Wochen später hatte die Aktie ihren Ausgangswert bereits wieder erreicht. Am Jahresende lag sie um mehr als 20 Prozent im Plus. Dennoch argumentierten an der Wall Street viele, American wäre noch rentabler, wenn es seinen Beschäftigten die Gehaltserhöhungen nicht gewährt hätte. Darin zeigt sich wieder einmal die Tendenz der Börse, den Ressourcen mehr Bedeutung beizumessen als dem Willen. Wer nicht über einen bestimmten Punkt hinaus denkt, erkennt nicht, dass sich eine Investition in die Mitarbeiter für ein Unternehmen letztlich auszahlt. (Ebenso übersehen die Kritiker, dass es ihre Vorlage war, die den Aktienkurs überhaupt erst purzeln ließ.)

Der CEO einer großen Aktiengesellschaft hat mir einmal erklärt, dass die Börsenanalysten in aller Regel für ein kurzfristig orientiertes Publikum schreiben. Deshalb beschränken sie sich auf Themen, die deren Interessen entgegenkommen – auf endliche Ziele also. Nach all dem kurzfristigen Analystengeschnatter gefragt, räumte Parker ein, dass es schwer sei, es komplett zu ignorieren. Wir »müssen daran arbeiten. Man lässt sich leicht hineinziehen«, meinte er.[14] Positiv zu werten ist, dass sich Parker, sein Team und der Verwaltungsrat nach Kräften bemühen, nicht so stark auf das Störfeuer zu reagieren und sich weiter auf die lange Sicht zu konzentrieren. »Wir müssen uns um unsere Leute kümmern, damit sie sich um unsere Kunden kümmern können«, sagt Parker. »So schaffen wir Wert für unsere Aktionäre.«

American Airlines steht noch am Anfang seines neuen Kurses. Weil sie heute (anders als zuvor) eher langfristig planen, erregen sie erwartungsgemäß die Aufmerksamkeit längerfristig orientierter Investoren – solcher Investoren, die nicht so auf kurzfristige Schwankungen achten. Dazu gehört Ted Weschler. Weschler ist einer der vier Anlageverwalter, die Warren Buffetts Holding Berkshire Hathaway managen – ein für sein langfristiges Engagement bekanntes Unternehmen, das nur selten Anlagen abstößt. (Wie sich zeigt, haben langfristige Aktionäre wie Berkshire Hathaway eigene Analysten und lassen sich vom 24-Stunden-Finanznachrichtenzyklus in aller Regel nicht aus der Ruhe bringen.)

Buffett – das Orakel von Omaha, einer der erfolgreichsten Investoren in der Geschichte und einer der reichsten Männer der Welt, der in Finanzkreisen weltweit verehrt wird – hat einst geschrieben, dass Fluggesellschaften zu den schlechtesten potenziellen Anlageobjekten gehören. Wie er 2007 in einem Brief an die Aktionäre von Berkshire Hathaway erklärte: »Am schlechtesten sind Unternehmen, die rasch wachsen, viel Kapital brauchen, um Wachstum zu ermöglichen, und dann wenig oder gar kein Geld verdienen. Fluggesellschaften zum Beispiel. In dieser Branche gibt es seit den Tagen der Gebrüder Wright schon keine nachhaltigen Wettbewerbsvorteile mehr. Wäre damals in Kitty Hawk ein weitsichtiger Kapitalist dabei gewesen, hätte er seinen Nachfahren einen großen Gefallen tun können, wenn er Orville abgeschossen hätte.«[15] Bemerkenswert ist dabei, dass Berkshire Hathaway zum Erscheinungszeitpunkt dieses Buches der größte Einzelaktionär von American Airlines war. Als Doug Parker Berkshire Hathaway über seine Absicht informierte, seinen Flugbegleitern und Piloten noch während der Vertragslaufzeit die Gehälter zu erhöhen, gab Weschler Parker grünes Licht. Es entbehrt nicht einer gewissen Ironie, dass dieselben endlichkeitsorientierten Geister, die sich über Parkers Führungsansatz beschweren, vermutlich trotzdem in American investieren, wenn sie glauben, dass sich das lohnt.

Es verlangt keinen Mut, weiter zu kurz zu denken

CVS ließ sich in seinen unternehmerischen Entscheidungen von seiner gerechten Sache leiten und ging als erster Anbieter das Risiko ein, Zigaretten aus dem Sortiment zu nehmen. Das sollte anderen diesen Schritt eigentlich erleichtern. Dennoch finden sich zum Zeitpunkt der Drucklegung dieses Buches bei den beiden größten Konkurrenten, Walgreens und Rite Aid, nach wie vor Zigaretten in den Regalen. Doch im Zweifel für den Angeklagten: Walgreens und Rite Aid sind zwar beide Apotheken, aber vielleicht verfolgen sie ja ein ganz anderes Anliegen als CVS und haben deshalb nicht denselben Kurs eingeschlagen. Womöglich decken sich ihre Entscheidungen mit ihrer erklärten Mission. Um ganz sicherzugehen, habe ich das geprüft.

Im Abschnitt »About us« der Website von Walgreens Boots Alliance (dem Unternehmen, zu dem Walgreens Apotheken gehören) steht, die Mission sei, »den Menschen weltweit zu helfen, gesünder und glücklicher zu leben«.[16] Weiter heißt es dort: »Walgreens Boots Alliance nimmt sein Ziel ernst, Impulse für eine gesündere, glücklichere Welt zu geben, wie es unseren zentralen Werten entspricht.« Bei diesen steht an erster Stelle: »Vertrauen: Respekt, Integrität und Aufrichtigkeit leiten uns in unserem Handeln dazu an, das Richtige zu tun.« Auf die Frage, ob man dem Beispiel von CVS folgen wolle, veröffentlichte Walgreens eine Erklärung, aus der unter anderem die »aktive Entscheidung« hervorging, »die Fläche und Sichtbarkeit von Tabakprodukten in manchen unserer Filialen zu verringern, da wir Kunden unterstützen möchten, die künftig nicht mehr rauchen wollen.«[17] Hut ab, Walgreens.

Der Geschäftsführer von Walgreens Boots Alliance James Skinner antwortete auf dieselbe Frage: »Wir überprüfen das regelmäßig und es könnte durchaus sein, dass wir unsere Entscheidung noch revidieren.«[18] Ist das nicht genau das Gegenteil von Mut oder Überzeugung? Was könnte denn passieren, dass Skinner solche Angst davor hat, eine Entscheidung zu treffen, die sich mit dem eigentlichen erklärten Zweck des Unternehmens deckt?

Der US-Behörde Centers for Disease Control (CDC) zufolge ist Rauchen die häufigste vermeidbare Todesursache in den Vereinigten Staaten.[19] Die Zahl der Menschen, die jedes Jahr einer mit dem Rauchen in Verbindung gebrachten Krankheit erliegen, ist höher als die all jener zusammen, die HIV, Drogenmissbrauch, Alkoholmissbrauch, Autounfällen und mit Waffen begangenen Gewaltdelikten zum Opfer fallen. Zigaretten töten *jedes Jahr* 480.000 Menschen. Das sind 80.000 mehr als die Gesamtzahl amerikanischer Soldaten, die im *ganzen* Zweiten Weltkrieg starben. Auch die wirtschaftlichen Kosten sind exorbitant. Die gesamten durch das Rauchen verursachten Erkrankungen kosten die amerikanischen Steuerzahler *jedes Jahr* mehr als 300 Milliarden US-Dollar.[20] Das Space-Shuttle-Programm der NASA – darin enthalten der Bau von sechs Raumfähren (von denen fünf ins All geflogen sind) – verschlang dagegen nur 196 Milliarden an US-Steuergeldern, und zwar über einen Zeitraum von mehr als 30 Jahren (im Schnitt 6,5 Milliarden US-Dollar pro Jahr). Die gesamten *jährlichen* Gesundheitsaufwendungen im Zusammenhang mit dem Rauchen kosten das Land fast fünfzig Mal so viel wie die Weltraummissionen!

Wenn eine Ölgesellschaft für die durch eine Ölkatastrophe oder auch nur eine lecke Pipeline verursachten Kosten verantwortlich gemacht wird, oder ein Autohersteller, wenn herstellungsbedingte Mängel an Fahrzeugen zu Verletzungen führen, sollten dann nicht auch Tabakunternehmen und die Läden, die ihre Produkte verkaufen, für diese 300 Milliarden US-Dollar an jährlichen Kosten in die Haftung genommen werden? Erinnern Sie sich an die fehlerhafte Kausalitätswahrnehmung aus dem Abschnitt über bröckelnde Moral? *Natürlich* trägt eine Apotheke, die Menschen zu besserer Gesundheit verhelfen soll, aber ein suchtauslösendes und krebserregendes Produkt wie Zigaretten vertreibt, *zumindest zum Teil* die Verantwortung für die gesundheitlichen Probleme, die ihre Kunden dadurch erleiden – oder?

Es gibt sie, die eine, beste Methode, um all die Todesfälle zu verhindern und das Geld zurückzufordern, das wir aufgrund von Erkrankungen verlieren, die durch Rauchen entstehen: Sie besteht darin, Raucher dabei zu unterstützen, Nichtraucher zu werden. Die meisten Raucher *wollen* das auch. Fast 70 Prozent aller Raucher, von denen viele in Apotheken einkaufen, möchten nach eigenen Angaben aufhören.[21] Das ist aber nicht so leicht, und offensichtlich haben viele damit Probleme. Deshalb ist es nicht besonders hilfreich, ihnen gleich neben dem Zigarettenregal ein Anti-Smoking-Programm anzubieten. Das ist, als würde man die Donuts gleich neben den Diätratgebern platzieren. Der Verbraucher hat dann die Wahl zwischen einem Artikel, der seine Sucht befriedigt und einen Impulskauf auslöst, und einem anderen, der Disziplin und harte Arbeit erfordert. Wer den Betroffenen *wirklich* helfen möchte, würde ihnen die schwere Entscheidung doch etwas leichter machen, indem er den Impulsauslöser entfernt … auch wenn das seinen Preis hat. *Das* ist Mut zur Führung!

Lehnen sich die Leiter von Organisationen so weit aus dem Fenster, für diese Organisationen ganz offiziell eine gerechte Sache oder einen Zweck zu benennen, dann sollten sie auf jeden Fall *wirklich* an diese Sache glauben. Sonst hat so eine Erklärung doch gar keinen Sinn. Sie müssen wirklich überzeugt sein, dass ihr Unternehmen einem höheren Zweck dient als der Gewinnerzielung. Einer solchen Sache ist nur gedient, wenn die Beteiligten die nötigen Maßnahmen ergreifen, um sie voranzubringen. Wozu sollte man sich sonst überhaupt erst ein Anliegen auf die Fahne – oder die Website – schreiben?

Immer mehr Menschen wollen nach eigenen Angaben für eine Organisation arbeiten, die einer Sache dient – vor allem Millennials und Angehörige der Generation Z. Doch ohne engagierte, auf Unendlichkeit ausgerichtete Manager, die bereit sind, die akzeptierten Normen der Arbeitswelt infrage zu stellen, sind solche Bekenntnisse nur Marketingaktionen mit Wohlfühleffekt – Dinge, die ein Unternehmen beispielsweise sagt, um sich bei Personengruppen inner- und außerhalb der Organisation beliebt zu machen, die aber niemand wirklich glaubt oder gar selbst beherzigt. Vielleicht hat der Druck, dass die Zahlen stimmen müssen, auf Unternehmenslenker ähnliche Auswirkungen wie auf die Seminarteilnehmer in Princeton. Wenn die Manager von Unternehmen kein echtes Interesse daran haben, sich eine auf Unendlichkeit ausgerichtete Denkweise anzueignen, oder zumindest für die Vorstellung offen sind, dass sie den Stein der Weisen womöglich noch nicht gefunden haben, könnten sie wenigstens den Mut haben, ihre wahren Absichten offenzulegen, und alles von ihren Websites und aus ihrem Werbematerial streichen, was nach Sinn oder Anliegen klingt, aber offensichtlich nur eine leere Floskel ist. Ehrlichkeit in Bezug auf ihre kurzfristigen Absichten würde dem entsprechen, was Walgreens in der Auflistung seiner Werte als integres Verhalten zum Aufbau von Vertrauen bezeichnet. Doch leider … erfordert auch das etwas Mut.

Nachdem sich CVS offiziell aus dem Zigarettengeschäft verabschiedet hatte, reagierte mit Rite Aid auch die dritte große amerikanische Apothekenkette auf die Frage, ob das Unternehmen nachziehen wolle. Das hätte zumindest dem erklärten Unternehmenszweck entsprochen. Der erste Satz des Abschnitts »Our Story« auf der Website des Pharmahändlers lautet nämlich: »Wir bei Rite Aid haben ein persönliches Interesse an Ihrer Gesundheit und Ihrem Wohlbefinden. Aus diesem Grund bieten wir die Produkte und Leistungen an, die Sie, unser geschätzter Kunde, brauchen, um ein gesünderes, glückliches Leben zu führen.«[22] Doch auf die Frage, ob man plane, dem CVS-Beispiel zu folgen und künftig keine Zigaretten mehr in den Unternehmensfilialen anzubieten, veröffentlichte Rite Aid eine Erklärung, die von Milton Friedman stammen könnte: »Rite Aid bietet eine breite Palette von Produkten an, darunter auch Tabakprodukte, die gemäß nationalen, bundesstaatlichen und lokalen Rechtsvorschriften verkauft werden dürfen.«[23]

Denken Sie darüber kurz nach. Beantwortet ein Unternehmen eine ethische Frage (oder verteidigt eine unethische Entscheidung), indem es sich darauf beruft, dass sein Vorgehen nicht ungesetzlich ist, so ist das, als würde Sie Ihr langjähriger Lebensgefährte/Ihre langjährige Lebensgefährtin in flagranti erwischen, und Sie sagen nur:

»Wieso? Wir sind ja nicht verheiratet. Ich verstoße gegen kein Gesetz. Es ist mir gesetzlich erlaubt, mit jemand anderem zu schlafen, wenn ich das möchte.« Legal mag eine solche Handlungsweise sein – doch es ist kaum die Reaktion, die dazu angetan ist, Vertrauen aufzubauen oder wiederherzustellen.

Verhalten sich Unternehmen und ihre Führungskräfte mutig und integer, indem sie Ehrlichkeit und Charakterstärke beweisen, so werden sie dafür häufig mit dem Entgegenkommen und dem Vertrauen ihrer Kunden und Mitarbeiter belohnt. Am Tag nach der Ankündigung, dass CVS Zigaretten flächendeckend aus dem Sortiment nehmen würde, klingelte das Telefon auf Maryalyce Saenz' Schreibtisch. Es war ihre Mutter. Den Tränen nahe, erklärte sie ihrer Tochter, wie stolz sie sei, dass diese für ein Unternehmen wie CVS arbeite.[24] Maryalyces Vater war Raucher, was jahrelang zu Familienzwist geführt hatte. »Ein wirklich mutiger Schritt«, erklärte Maryalyce. »Ich bin an diesem Tag sehr stolz zur Arbeit gekommen. Ich glaube, insgesamt betrachtet war das der Tag, an dem ich mich hinsetzte und dachte: ›Hier bin ich richtig.‹« Solche Gefühle haben Beschäftigte und Kunden sicherlich nicht, wenn sich ein Unternehmen lediglich an geltendes Recht hält.

Es ist schwer, den Mut aufzubringen, das unendliche Spiel zu erkennen – in einem Unternehmen einen heroischeren Sinn zu sehen als die Gewinnerzielung, selbst wenn das bei den endlich orientierten Akteuren im Umfeld unpopulär ist. Echter Mut zur Führung hängt die Messlatte für das Unternehmen und sein Management weit höher, als die Grenzen des Gesetzes vorgeben. Von Integrität kann man erst sprechen, wenn eine Organisation auf einem höheren Niveau arbeitet als von nationalen, bundesstaatlichen und lokalen Gesetzen vorgeschrieben. Genau das bedeutet Integrität übrigens *wirklich* – das unbeirrbare Festhalten an einem Kodex besonders moralischer oder künstlerischer Werte: nicht korrumpierbar zu sein. Das Streben nach einer gerechten Sache ist im Grunde nichts anderes als ein Weg der Integrität. Es bedeutet, dass Worte und Taten in Einklang stehen müssen. Es bedeutet aber auch, dass es Zeiten gibt, in denen die Führung all die Stimmen ignorieren muss, die das Unternehmen auffordern, den Interessen derjenigen zu dienen, die womöglich gar nicht an die Sache glauben.

Integrität bedeutet mehr als nur »das Richtige zu tun«. Integrität bedeutet, zu handeln, bevor es zum öffentlichen Aufschrei oder zum Skandal kommt. Wissen Manager, dass etwas ethisch nicht Einwandfreies vor sich geht, handeln aber erst nach dem Aufschrei, dann ist das nicht Integrität, sondern Schadensbegrenzung. »Sie warten darauf, dass ihnen die öffentliche Meinung sagt, was zu tun ist«, so Rosabeth Moss Kanter, Professorin an der Harvard Business School über die heutigen Entscheidungsprozesse von CEOs. »Mut ist bei CEOs Mangelware.«[25]

Gabelungen und Kreuzungen

Der Mensch ist chaotisch und unvollkommen. Den perfekten auf Unendlichkeit orientierten CEO gibt es nicht – und bestimmt auch keine perfekte auf Unendlichkeit ausgerichtete Organisation. In der Realität können auch die weitblickenden Unternehmen auf endliche Abwege geraten. Passiert das, braucht es Mut zur Führung, um zu erkennen, dass die Organisation von ihrer Sache abgekommen ist, und um sie wieder auf Kurs zu bringen.

Besonders häufig kommt das leider vor, wenn eine Organisation sehr erfolgreich ist. Der auf Unendlichkeit ausgerichtete Spieler erkennt, dass sich ein Unternehmen noch immer auf der Spitze des Eisbergs befindet, ganz gleich wie viel Erfolg im herkömmlichen Sinne ihm bereits beschieden war. Der endlichkeitsorientierte Spieler geht dagegen häufig in die Defensive, um sich seine Pole Position zu bewahren. Es bedarf einer mutigen Führung, um auch dann im unendlichen Spiel zu bleiben, wenn man ganz oben angekommen ist. Um zu begreifen, dass die Sache – ungeachtet dessen, wie erfolgreich sie bisher verfolgt wurde – unendlich ist. Leider ist die Versuchung groß, sich zur Endlichkeit bekehren zu lassen.

So gab es beispielsweise eine Zeit, in der Disney von seinem zeitlosen Anliegen abkam und sich eher endlich orientierten Zielen widmete wie der globalen Marktbeherrschung, der Steigerung des Shareholder Value und der Bereicherung jener, die das alles durch ihre Entscheidungen möglich gemacht hatten. 1993 kaufte Disney Miramax Films. Das Studio hat später »Familienfilme« wie Quentin Tarantinos Krimi *Pulp Fiction* oder Danny Boyles schwarze Komödie über schottische Junkies, *Trainspotting*, produziert und eine Neuauflage von Francis Ford Coppolas surrealer Vietnamkriegerfahrung *Apocalypse Now Redux*. Unter Disneys Plattenlabel Hollywood Records kamen wir in den Genuss von »familienfreundlichen« Aufnahmen der Hard-Core-Punk-Band Suicide Machines und der Heavy-Metal-Band World War III.

Jedes Mal, wenn ein neuer CEO sein Amt antritt, steht er am Scheideweg. Wie wird er das Unternehmen führen? Als Mike Duke bei Walmart und Steve Ballmer bei Microsoft das Ruder übernahmen, entschieden sich beide, mit ihren Unternehmen einen auf Endlichkeit ausgerichteten Weg einzuschlagen. Wären die Unternehmen auf diesem Weg geblieben, wären sie vielleicht längst aus dem Spiel. Die CEOs, die die beiden ablösten – Doug McMillon bei Walmart und Satya Nadella bei Microsoft – trafen ebenfalls eine Entscheidung: alles zu tun, um ihr jeweiliges Unternehmen wieder auf Kurs in die Unendlichkeit zu bringen. Und wenngleich sie noch viele Herausforderungen bewältigen müssen, scheinen beide wirklich entschlossen, sich federführend in den Dienst einer Sache zu stellen – nicht nur ein Unternehmen zu leiten.

Maßgebliche Ereignisse wie ein Börsengang oder ein Führungswechsel können eine Organisation ebenfalls dazu zwingen, sich für den einen oder anderen Weg zu entscheiden. Es muss aber gar keinen konkreten Anlass geben, um eine Organisation von einem auf Unendlichkeit ausgerichteten auf einen endlichen Weg zu bringen. Solche Abwege oder Abzweigungen vom unendlichen Pfad sind sogar die Norm. Menschen weichen ständig von ihrem Weg ab. Wie oft verstoßen wir gegen die Regeln einer gesunden Lebensführung oder vergessen unsere guten Vorsätze? Weil Unternehmen von Menschen geführt werden, ist so etwas daher durchaus zu erwarten. Die Ursachen dafür sind in Organisationen immer wieder dieselben. Dazu kommt es, wenn sich Manager mehr für ihre persönlichen endlichen Ziele interessieren als für das unendliche Spiel und die Organisation mitziehen.

Am Scheideweg stehen Organisationen auch dann, wenn ihre Topmanager anfangen, an ihre eigenen Mythen zu glauben – dass nämlich der Erfolg eines Unternehmens unter ihrer Führung gänzlich ihrer eigenen Genialität zu verdanken ist und nicht der Genialität ihrer Mitarbeiter, inspiriert von der Sache, für die sich die Manager stark machen. Solche Führungskräfte fixieren sich zu häufig auf persönlichen Ruhm und Ehre, auf ihr Vermögen und ihr Vermächtnis – auf Kosten des Unternehmens und der Sache. Dadurch koppelt sich das Management von den Mitarbeitern ab und das Vertrauen bricht. Leidet dann unvermeidlich irgendwann die Leistung, sind sie schnell mit Schuldzuweisungen bei der Hand, statt nachzuforschen, was das Unternehmen überhaupt erst auf neue Wege geführt hat. Um das Problem zu »beheben«, setzen solche Manager ihr Vertrauen nicht mehr in ihre Leute, sondern in den Prozess. Die Strukturen werden starrer, und häufig wird den an vorderster Front Tätigen die Entscheidungsbefugnis entzogen. Es kann aber nicht gut sein, wenn der Schiffskapitän, der eigentlich an Deck auf den Horizont zu navigieren sollte, im Bauch des Schiffes am Motor herumschraubt, um mehr Tempo zu machen.

Facebook ist ein Unternehmen, das früher weiter dachte, aber jetzt offenbar einen auf endlichere Ziele ausgerichteten Kurs einschlägt. Das 2004 gegründete Unternehmen entstand mit dem klar formulierten Anliegen, »den Menschen die Möglichkeit zu geben, Gemeinschaften zu bilden, und die Welt näher zusammenzubringen«.[26] Heute jedoch ist Facebook in Skandale verwickelt, die alles andere bewirken als »die Welt näher zusammenzubringen«. Dem Unternehmen wurden Verstöße gegen den Schutz von Nutzerdaten vorgeworfen, die Aufzeichnung unseres Online-Verhaltens (selbst wenn wir gar nicht auf Facebook waren), zu lasches Vorgehen gegen Scheinkonten oder Fake News, die über ihren Dienst verbreitet wurden, sowie die Nutzung aller von dem Unternehmen erfassten Daten direkt zum Verkauf oder zur Maximierung der eigenen Werbeeinnahmen. Ob Mark Zuckerberg das gemeint hat, als er davon sprach, »Menschen zu befähigen«? Das bezweifle ich. Ist Facebook von seinem einst inspirierenden Kurs auf die Unendlichkeit abgekommen, weil seine Führungsmannschaft unter dem übermäßigen Druck steht, auf die endlichen Erwartungen der Wall Street einzugehen? Oder weil verstärkt auf ein Geschäftsmodell gesetzt wird, das auf Werbeumsätzen beruht, statt existenzielle Flexibilität zu beweisen und das Unternehmen komplett umzugestalten? Oder weil die Spitzenmanager den Kontakt zur gerechten Sache verloren und vergessen haben, wem sie eigentlich verpflichtet sind, damit das Spiel weitergehen kann? Ist Überheblichkeit am Werk? Verhält sich Facebook heute allen Beteiligten gegenüber korrekt, dann oft auf öffentlichen Druck oder auf einen Skandal hin – selten infolge einer proaktiven Entscheidung zum Schutz derjenigen, denen das Unternehmen eigentlich dienen sollte, und zur Förderung der guten Sache. Auf den Skandal um Cambridge Analytica reagierte Facebook beispielsweise erst, nachdem er öffentlich geworden war. Dabei war man dort bereits über die unethischen Praktiken informiert, bevor der Rest der Welt davon erfuhr. Ganz gleich welche Konstellation es war, die Facebook vom Kurs abgebracht hat – fest steht, dass das Unternehmen heute mit einer stärker endlichkeitsorientierten Haltung antritt als früher. Dass ein Unternehmen groß und finanzkräftig ist, bewahrt es nicht unbedingt vor dem Untergang. Geld kann das Unvermeidliche in diesem endlosen Spiel aber sicherlich hinauszögern. Und es bietet der Führungsmannschaft die Möglichkeit, das Schiff wieder auf Kurs zu bringen. Fragt sich nur, ob sie das auch tut. Mit ein bisschen Mut zur Führung kann sie das Vertrauen der Menschen zurückgewinnen, die ihr ursprünglich zum Erfolg verholfen haben, bevor es zu spät ist.

Wie Unternehmen wie Microsoft, Walmart und Disney beweisen, können sie es sich leisten, eine Zeitlang vom Kurs abzukommen. Sie stehen dann aber vor der Herausforderung, wieder auf ihren ursprünglichen Weg in die Unendlichkeit zurückzufinden. Finanzkräftige Unternehmen können auch längere Zeit auf Abwege geraten. Aber irgendwann geht allen das Geld aus – manchen später, manchen früher. Ungeachtet der Unternehmensgröße sind die Elemente der auf Unendlichkeit orientierten Führung, für die ich in diesem Buch plädiere, die beste Methode, den Weg in die Unendlichkeit fortzusetzen. Wer am unendlichen Spiel teilnehmen will, braucht keine Checkliste, sondern die richtige Einstellung.

Mut zur Führung aufbringen

In meinem Leben bin ich der einzige gemeinsame Faktor aller meiner gescheiterten Beziehungen. Ebenso gilt: Der gemeinsame Faktor aller Konflikte und Rückschläge, mit denen sich endlichkeitsorientierte Führungskräfte konfrontiert sehen, ist ihr eigenes zu kurzes Denken. Das zuzugeben, erfordert Mut. Und noch mehr Mut braucht es, um sich aktiv für eine neue Sicht der Dinge zu öffnen – vor allem in dem Bewusstsein, dass viele unserer Entscheidungen falsch sind. Tatsächlich die nötigen Schritte zu unternehmen, um eine Organisationskultur fitzumachen für die Unendlichkeit, ist eine Vorstellung, die vielen Angst einjagt. Und nicht zu Unrecht. Schließlich kann es durchaus peinlich, ja, regelrecht demütigend sein einzuräumen, dass wir Teil des Problems sind. Doch es stärkt und inspiriert uns, wenn wir beschließen, Teil der Lösung zu sein. Kaum jemand bringt allein den Mut auf, sich mental von Endlichkeit auf Unendlichkeit umzustellen. Wir müssen Gleichgesinnte finden, die unser Gefühl der Verantwortung und unsere Überzeugung teilen, dass es Zeit ist für Veränderungen – und unseren Wunsch, gemeinsam darauf hinzuarbeiten. In jedem angesprochenen Fallbeispiel, das den Mut zur Führung demonstrieren soll, wurden die schweren Entscheidungen nicht von großartigen Frauen und Männern getroffen, sondern von Partnerschaften, die dieses Attribut verdienen. Von großartigen Teams. Von großartigen Menschen, die mit viel Vertrauen und einem gemeinsamen Anliegen zusammenstanden.

Mutige Führungspersönlichkeiten sind stark, weil sie wissen, dass sie nicht alle Antworten kennen und nicht die absolute Kontrolle ausüben. Sie haben aber einander, und sie haben eine gerechte Sache, die ihnen Orientierung gibt. Es sind die schwachen Führer, die den Weg des geringsten Widerstands wählen. Die glauben, alle Antworten zu kennen, und die versuchen, sämtliche Variablen zu kontrollieren. Es erfordert weniger Stärke, am Jahresende Entlassungen anzukündigen, um durch rasche Zahlenkosmetik willkürliche Vorgaben einzuhalten, als andere Optionen auszutesten, die sich vielleicht noch nicht bewährt haben. Beweisen Manager Mut zur Führung, spiegelt sich dieser Mut bald auch in den Menschen wider, die in ihren Organisationen tätig sind. Wie Kinder, die ihren Eltern nacheifern, folgen auch Mitarbeiter dem Vorbild ihrer Vorgesetzten. Führungskräfte, die sich selbst wichtiger nehmen als das Team, bringen eine Kultur hervor, in der die Beschäftigten dem eigenen Fortkommen Vorrang geben vor dem Wohl des Unternehmens. Mut zur Führung bringt Mut zur Führung hervor.

NACHWORT

Unser Leben ist endlich, aber das Leben an sich ist unendlich. Wir sind die endlichen Spieler im unendlichen Spiel des Lebens. Wir kommen und gehen, wir werden geboren und sterben, und das Leben geht dennoch weiter – mit oder ohne uns. Es gibt noch andere Spieler, manche davon unsere Rivalen. Wir gewinnen und verlieren, können aber am nächsten Tag wieder antreten (so lange, bis wir nicht mehr in der Lage sind, im Spiel zu bleiben). Und ganz gleich, wie viel Geld wir verdienen, wie viel Macht wir auf uns vereinen oder wie oft wir befördert werden – im Spiel des Lebens wird keiner von uns je zum Sieger gekürt.

In allen anderen Spielen haben wir zwei Möglichkeiten: Wir können uns zwar die Spielregeln nicht aussuchen, doch entscheiden, ob wir mitspielen wollen und wie wir spielen. Im Spiel des Lebens ist das etwas anders. In diesem Spiel haben wir nur eine Möglichkeit. Sobald wir geboren werden, sind wir im Spiel. Wir können dann nur noch entscheiden, ob wir uns dabei mental auf Endlichkeit oder auf Unendlichkeit ausrichten.

Leben wir unser Leben mit einer auf Endlichkeit orientierten Einstellung, heißt das, wir verfolgen in erster Linie das Ziel, reicher zu werden oder schneller Karriere zu machen als andere. Mit einer unendlichen Mentalität zu leben, bedeutet, dass wir den Drang haben, eine Sache voranzubringen, die uns wichtiger ist als wir selbst. Alle, die unsere Vision teilen, sehen wir als Partner in der Sache und versuchen, vertrauensvolle Beziehungen zu ihnen aufzubauen, damit wir zusammen für unser aller Wohl arbeiten können. Wir freuen uns über unsere Erfolge. Und im Zuge unserer Karriere bemühen wir uns, anderen um uns herum zum Aufstieg zu verhelfen. Wer so lebt, führt ein Leben im Dienste anderer.

Sie wissen ja: Im Leben spielen wir in verschiedenen unendlichen Spielen. Unser beruflicher Werdegang ist nur eines davon. Auch als Eltern und Freunde, als Schüler oder Kreative werden wir nie zum Sieger erklärt. Wir können aber entscheiden, mit welcher Einstellung wir an all diese Dinge herangehen. Ein auf Endlichkeit ausgerichteter Ansatz in der Kindererziehung bedeutet, alles in unserer Macht Stehende zu tun, damit unsere Kinder nicht nur das Beste von allem bekommen, sondern überall die Besten sind. Ein scheinbar angemessener Standard dafür »wird unseren Kindern helfen, in ihrem Leben Herausragendes zu leisten.« Zeichnet sich unsere Spielweise aber in erster Linie durch eine auf endliche Ziele ausgerichtete Einstellung aus, so kann das zur Folge haben, dass die Moral bröckelt oder dass es uns mehr um den Status unseres Kindes in der Hierarchie geht und weniger darum, ob es wirklich etwas lernt oder sich persönlich weiterentwickelt. Ein Extrembeispiel dafür gibt uns die klinische Psychologin und *New York Times*-Bestsellerautorin Dr. Wendy Mogel. Sie erzählt von einem Vater, der sich bei einer Tagung zu Wort meldete, auf der sie referierte, um ihr mitzuteilen, dass er »eine Auseinandersetzung mit dem Kinderarzt über den Apgar-Wert seines Sohnes hatte … und diese für sich entschied.« Der Apgar-Wert ist das Ergebnis eines Tests, der in den ersten fünf Minuten nach der Geburt eines Kindes durchgeführt wird, um dessen Vitalität zu bestimmen. Das bedeutet im Grunde, wie Dr. Mogel erklärt, »wenn ein Neugeborenes blau und schlaff ist, kriegt es eine eins, ist es rosig und prall, kriegt es eine fünf.« Überlegen Sie mal: Dem Vater war es offenbar wichtiger, »zu gewinnen« und seinem Neugeborenen einen höheren Wert zu sichern, als sich über die gesundheitliche Verfassung seines Kindes zu informieren. Denken Sie dann 18 Jahre in die Zukunft und stellen Sie sich vor, was ein solcher Vater wohl alles unternimmt, um seinem Kind die besten Noten zu sichern, damit es auf die beste Schule gehen kann – von den Auswirkungen auf die Persönlichkeitsentwicklung des Kindes ganz zu schweigen.

Als Eltern auf Unendlichkeit fokussiert zu sein bedeutet dagegen, unseren Kindern zu helfen, ihre Fähigkeiten zu entdecken, sie anzuleiten, ihre eigenen Leidenschaften zu finden, und sie zu ermutigen, ihren eigenen Weg einzuschlagen. Es bedeutet, unseren Kindern beizubringen, was es heißt, anderen zu dienen, sie zu lehren, wie man Freunde findet und mit anderen gut zusammenspielt. Es bedeutet, Kindern zu vermitteln, dass sie auch nach dem Schulabschluss weiter lernen werden, ihr Leben lang … und dass sie sich dabei nicht an einem Lehrplan oder an Noten orientieren können. Es bedeutet, Kindern beizubringen, wie sie selbst ein auf Unendlichkeit ausgerichtetes Leben führen können.

Wer so lebt, der denkt bei seinen Entscheidungen auch an die Auswirkungen zweiter und dritter Ordnung. Das bedeutet, auch Wahlentscheidungen aus einem anderen Blickwinkel zu betrachten. Es bedeutet, Verantwortung für spätere Folgen der Entscheidungen zu übernehmen, die wir heute treffen.

Und wie in jedem unendlichen Spiel ist auch im Spiel des Lebens das Ziel nicht, zu gewinnen, sondern dafür zu sorgen, dass das Spiel immer weitergeht.

Im unendlichen Spiel des Lebens haben wir nur eine Wahl. Wofür entscheiden Sie sich?

■ ■ ■

Hat Sie das Buch inspiriert? Dann geben Sie es bitte an jemanden weiter, den Sie gern inspirieren möchten.

DANK

Ideen entwickeln sich. Sie lassen sich nicht einschalten wie eine Lampe. Sie sind auch kein Zufall. Ideen haben wir zu Fragen, die wir uns stellen, oder zu Problemen, mit denen wir kämpfen. Und Aha-Momente stellen sich erst ein, wenn wir nachgelesen, beobachtet, zugehört und mit anderen gesprochen haben – alles Dinge, die dazu beitragen, uns zu inspirieren und in eine Richtung zu dirigieren, sodass unsere Ideen Form annehmen können. Für *Das unendliche Spiel* galt das auf jeden Fall.

Die Saat für dieses Buch wurde vor Jahren ausgebracht, als mir mein Freund Brian Collins ein Exemplar von James Carses Buch *Endliche und unendliche Spiele* in die Hand drückte (vielen Dank an Dr. Carse für dieses zauberhafte Bändchen). Ich freundete mich mit der Idee an, und das beeinflusste meine Weltanschauung. Später habe ich das Buch dutzendfach an andere weitergegeben, die die alternative Perspektive zu würdigen wissen würden, wie ich glaubte. Einer davon war Andy Hohen von RAND Corp. Andy und ich führten lange Gespräche darüber, inwiefern das Konzept vom unendlichen Spiel eine neue Linse war, durch die sich Weltpolitik und Militärstrategie betrachten ließen. David Shedd, seines Zeichens ein großer Denker, der viele Jahre lang im Staatsdienst tätig war, forderte mich durch unbequeme Fragen, die mein Denken prägten. Ich hatte das Glück, von Brigadegeneral (a. D.) Blane Holt, USAF, und Mike Ryan, SES, zur EuCom-Konferenz nach Deutschland eingeladen zu werden, wo ich mich über Ideen dazu austauschen konnte, wie Amerikas Rolle in der Welt nach dem Kalten Krieg unter unendlichen Aspekten besser zu verstehen war. Dann regte mich Seth Godin auf einer Unternehmerkonferenz in New York durch seinen Vortrag dazu an, von meinem Skript abzuweichen und etwas ganz Neues auszuprobieren. Damals wendete ich das Konzept von der unendlichen Mentalität erstmals auf wirtschaftliche Zusammenhänge an. Es wurde klar, dass wir mehr brauchten als eine neue Linse, durch die sich die Welt betrachten ließ. Wir mussten begreifen, was Führung in einer Welt bedeutet, in der die meisten von uns, wenn nicht gar wir alle, an dem einen oder anderen unendlichen Spiel beteiligt waren.

Als die Idee Formen annahm, musste ich sie auf die Probe stellen. Ein paar Vorreiter gingen das Risiko ein, mich meine noch in der Entwicklung befindlichen Gedanken live an einem Publikum ausprobieren zu lassen. So durfte ich bei Bob Patton von EY auf dem Strategic Growth Forum seiner Firma in Palm Springs, Kalifornien, darüber sprechen. TED gab mir in New York ein Forum. Und auch bei Google durfte ich mit Sparringspartnern diskutieren. Bei William Morris Endeavor sollte ich das Managementteam mit meinen Ausführungen dazu, was unendlichkeitsorientierte Führung bedeutet, aus der Reserve locken. Langsam, aber sicher nahmen die Vorstellungen davon, wie Führung im unendlichen Spiel auszusehen hatte, konkretere Gestalt an. Vielen Dank allen – und es waren viele –, die sich selbst mit mir auseinandergesetzt und mir Gelegenheit gegeben haben, das Konzept an anderen auszutesten.

Als ich die Idee schließlich meinem Verleger Adrian Zackheim vorlegte, lächelte er wie gewohnt und meinte: »Das veröffentliche ich.« Meinen herzlichsten Dank dafür, Adrian, dass du auch diesmal wieder auf eine meiner verrückten Ideen gesetzt hast, wie die Welt meiner Ansicht nach funktionieren könnte. Und dann begann die eigentliche Arbeit an diesem Buch.

Ein Buch zu schreiben, das ist eine Mischung aus Recherchen und dem Verfassen von Texten, die besprochen und diskutiert und schließlich ausgefeilt und umformuliert werden. Dabei kommen alle Gefühle ins Spiel ... wirklich ALLE. Und der eine Mensch, der mich auf Schritt und Tritt durch diesen emotionalen Aufruhr begleitete, ist Jenn Hallam. Meine Gefährtin der ersten Stunde, du hast mich angespornt, meine Ideen immer überzeugender und klarer zu formulieren. Ohne dich hätte ich dieses Buch nie schreiben können. Danke, Jenn ... mehr, als ich sagen kann.

Während ich mich in meine Schriftstellerhöhle zurückzog, kümmerte sich mein Team um alles, was liegen blieb. Sara Toborowsky, Kim Harrison, Lori Jackson, Melissa Williams, Molly Strong, Monique Helstrom, Laila Soussi und dem Rest der Mannschaft herzlichen Dank dafür, dass ihr so geduldig mit mir wart und euch meiner angenommen habt – und auch aller Dinge, die in diesen Monaten sonst noch anfielen.

Mein besonderer Dank gilt Tom Staggs für die vielen Stunden, die er opferte, um die Ideen und dieses Buch überzeugender zu machen. Ich schätze deinen Rat und deine Freundschaft ungeheuer. Vielen Dank auch an Generalleutnant (a. D.) George Flynn, USMC, der mir die ganze Zeit über treu zur Seite stand, bei den Gedankenspielen in der Entwurfsphase ebenso wie durch die Lektüre des fertigen Manuskripts: Danke dafür. Auch Tom Gardner und dem Team von Motley Fool möchte ich danken, weil sie ihr enormes Wissen mit mir teilten. Herzlichen Dank an Adam Grant, meinen würdigen Mitstreiter und Freund. Deine herausragenden Leistungen spornen mich dazu an, besser zu werden. Und meinem Partner in der Sache Bob Chapman möchte ich zurufen: Unsere Fackel brennt mit jedem Tag heller.

Vielen Dank auch dem gesamten Team von STRIVE Morocco. Dass ich mit euch in der Wüste war, hat mich dazu angeregt, zum ersten Mal darüber zu sprechen, was es bedeutet, ein unendliches Leben zu führen (was vielleicht auch damit zu tun hatte, wie ich mich fühlte, nachdem ich zuvor den Hügel hinaufgeritten war).

Vielen Dank auch den Menschen, die mich an ihren Gedanken und Geschichten teilhaben ließen, durch die dieses Buch lebendiger wurde: Angela Ahrendts, Christine Betts, Chief Jack Cauley, Officer Jake Coyle und all die wundervollen Menschen, die ich beim CRPD kennengelernt habe, Sasha Cohen, John Couch, Hauptmann (a. D.) Rich Diviny, USN, Carl Elsener, Jeff Immelt, Curtis Martin, Steve Mitchell, Alan Mulally, Doug Parker, Joe Rohde, Maj. William Swenson, USA, und Lauryn Sargent und Scott Thompson. Ein besonders herzliches Dankeschön an Kip Tindell – nicht nur für deine Geschichten, sondern dafür, dass du an mich geglaubt und mir Mut gemacht hast.

Danke auch allen, die für mich da waren und mich herausgefordert und angetrieben haben: Sara Blakely, Linda Boff, General (a. D.) Kevin Chilton, USAF, Oberst Mike Drowley, USAF, Elise Eberwine, Al Guido, Brian Grazer, David Kotkin, Hauptmann Maureen Krebs, USMC, Jamil Mahoud, Kapitän C.K. Morgan, USN vom HSM-51 (der nicht wissen kann, dass sein Dankesbrief meine Gliederung komplett auf den Kopf stellte), Generalmajor (a. D.) David Robinson, USAF, General (a. D.) Lori Robinson, USAF, Craig Russell, Jen Waldman, Kevin Warren, Mike Wirth – aus tiefstem Herzen.

Auch den Offizieren jedes Rangs bei United States Air Force, Army, Coast Guard, Navy und Marine Corps vielen Dank für die Bewährungsproben.

Der größte Dank gilt aber meinen Lesern und all jenen, die sich mir im Kampf um die gerechte Sache angeschlossen haben. Es ist mir eine Ehre, ihnen allen zu Diensten zu sein bei unserer gemeinsamen Arbeit am Aufbau einer Welt, in der die allermeisten Menschen morgens inspiriert aufwachen, sich an ihrem Arbeitsplatz sicher fühlen und am Abend erfüllt nach Hause kommen. Möge die Inspiration nicht nachlassen!

ANMERKUNGEN

Einleitung und Erstes Kapitel: Endliche und unendliche Spiele

1. The Fog of War: Eleven Lessons from the Life of Robert S. McNamara, Regie: Errol Morris (Los Angeles: Sony Pictures, 2003), www.errolmorris.com/film/fow_transcript.html.

2. Janet Guyon, »British Airways Takes a Flier«, 27. September 1999, archive.fortune.com/magazines/fortune/fortune_archive/1999/09/27/ 266152/index.htm.

3. Daniel Eran Dilger, »Microsoft Abandons Zune Media Players in Defeat by Apple's iPod«, 14. März 2011, Apple Insider, appleinsider.com/articles/11/03/14/microsoft_abandons_zune_media_players_in_ipod_defeat.

4. Jonathan Ringen, »How Lego Became the Apple of Toys«, Fast Company, 8. Januar 2015, www.fastcompany.com/3040223/when-it-clicks-it-clicks.

5. Rick Wartzman, *The End of Loyalty: The Rise and Fall of Good Jobs in America* (New York: PublicAffairs, 2017), S. 20–21.

6. Epoch Times-Mitarbeiter, »Staying True to Values: Interview with Carl Elsener Jr., Victorinox CEO«, Epoch Times, 8. August 2016, www.theepochtimes.com/staying-true-to-values-interview-with-carl-elsener-jr-victorinox-ceo_2132648.html.

7. *The Fog of War: Eleven Lessons from the Life of Robert S. McNamara*, Regie: Errol Morris (Los Angeles: Sony Pictures, 2003), www.errolmorris.com/film/fow_transcript.html.

8. Tim Beyers, »Too Zune for Hype«, Motley Fool, 20. November 2006, www.fool.com/investing/value/2006/11/30/too-zune-for-hype.aspx; und Dan Frommer, »Apple iPod Still Obliterating Microsoft Zune«, *Business Insider*, 12. Juli 2010, www.businessinsider.com/through-may-apples-ipod-had-76-of-the-us-mp3-player-market-while-microsofts-zune-had-1-according-to-npd-gro-2010-7.

9. Meg Prater, »9 Brands that Survive Without a Traditional Marketing Budget«, HubSpot, 17. Juli 2017, blog.hubspot.com/marketing/brands-without-traditional-marketing-budget.

10. Rachel Rosmarin, »Apple's Profit Soars on iPod Sales«, *Forbes*, 19. Juli 2006, www.forbes.com/2006/07/19/apple-ipod-earnings_cx_rr_0719apple.html#4e7d9a357f6c.

11. Jay Yarrow, »Here's What Steve Ballmer Thought about the iPhone Five Years Ago«, *Business Insider*, 29. Juni 2012, http://www.businessinsider.com/heres-what-steve-ballmer-thought-about-the-iphone-five-years-ago-2012-6.

12. Kurt Eichenwald, »Microsoft's Lost Decade«, *Vanity Fair*, August 2012, www.vanityfair.com/news/business/2012/08/microsoft-lost-mojo-steve-ballmer.

13. Mary Jo Foley, »For Steve Ballmer, a Lasting Touch on Microsoft«, *Fortune*, 10. Dezember 2013, fortune.com/2013/12/10/for-steve-ballmer-a-lasting-touch-on-microsoft.

14. https://www.microsoft.com/de-de/about

15. Matt Weinberger, »How Microsoft CEO Satya Nadella Did What Steve Ballmer and Bill Gates Couldn't«, *Business Insider*, 30. Januar 2016, www.businessinsider.com/satya-nadella-achieved-one-microsoft-vision-2016-1.

16. Kurt Eichenwald, »Microsoft's Lost Decade«, *Vanity Fair*, 24. Juli 2012, www.vanityfair.com/news/business/2012/08/microsoft-lost-mojo-steve-ballmer.

17. Stéphane Garelli, »Why You Will Probably Live Longer Than Most Big Companies«, IMD, Dezember 2016, www.imd.org/research-knowledge/articles/why-you-will-probably-live-longer-than-most-big-companies, www.mckinsey.com/business-functions/strategy-and-corporate-finance/our-insights/reflections-on-corporate-longevity.

18. Kim Gittleson, »Can a Company Live Forever?«, BBC News, 19. Januar 2012, www.bbc.com/news/business-16611040.

19. Simon Sinek, *Gute Chefs essen zuletzt: Warum manche Teams funktionieren – und andere nicht. Redline Verlag 2017.*

Zweites Kapitel: Eine gerechte Sache

1. Volker Wagener, »Leningrad: The City That Refused to Starve in WWII«, DW.com, 9. August 2016, p.dw.com/p/1JxPh.

2. Carolyn Fry, *Seeds: A Natural History* (Chicago: University of Chicago Press, 2016), S. 30–31.

3. Jules Janick, »Nikolai Ivanovich Wawilow: Plant Geographer, Geneticist, Martyr of Science«, *HortScience* 50, no. 6 (June 1, 2015): S. 772–76.

4. Gary Paul Nabhan, Where Our Food Comes From: Retracing Nikolay Wawilow's Quest to End Famine (Washington, D.C.: Shearwater, 2009), S. 10.

5. https://de.wikisource.org/wiki/Unabhängigkeitserklärung_der_Vereinigten_Staaten_von_Amerika

6. Michael Major, »The Wawilow Collection Connection«, Crop Trust, 19. März 2018, www.croptrust.org/blog/Wawilow-collection-connection.

7. »Irvine California Jobs«, Vizio, careers.vizio.com/go/Irvine-California-Jobs/4346100.

8. https://de.wikisource.org/wiki/Unabhängigkeitserklärung_der_Vereinigten_Staaten_von_Amerika

Drittes Kapitel: Gute Sache oder schlechte Sache – das ist hier die Frage

1. US-Präsident John F. Kennedy, Mondrede, Rice University, Houston, Texas, 12. September 1962, NASA, er.jsc.nasa.gov/seh/ricetalk.htm.

2. Jim Collins, *Good to Great: Why Some Companies Make the Leap ... and Others Don't* (New York: HarperCollins, 2001), und Jim Collins und Jerry I. Porras, *Built to Last: Successful Habits of Visionary Companies* (New York: HarperCollins, 2004).
3. Das Zitat stammt aus dem Gespräch des Autors mit Jeff Immelt. Wir müssten noch weiter zurückgehen, um festzustellen, of das Thema Townhall Meetings ebenfalls von ihm stammt. Ich befürchte allerdings, dass dem nicht so war.
4. Garmin, »About Us«, »Our Vision«, www.garmin.com/en-US/company/about.
5. Das Urlaubsbeispiel ist aus dem Buch des Vertriebscoaches Jack Daly abgeleitet.
6. Eric Paley, »Venture Capital Is a Hell of a Drug«, Tech Crunch, 16. September 2016, techcrunch.com/2016/09/16/venture-capital-is-a-hell-of-a-drug.
7. Robert J. Samuelson, »Capitalism's Tough Love: The Real Lessons from the Fall of Sears and GE«, *The Washington Post,* 13. Januar 2019, www.washingtonpost.com/opinions/capitalisms-tough-love-the-real-lessons-from-the-fall-of-sears-and-ge/2019/01/13/fef2d576-15df-11e9-803c-4ef28312c8b9_story.html.
8. Roger L. Martin, »M&A: The One Thing You Need to Get Right«, *Harvard Business Review,* Juni 2016, hbr.org/2016/06/ma-the-one-thing-you-need-to-get-right.

Viertes Kapitel: Die Hüter der Sache

1. Barbara Farfan, »Overview of Walmart's History and Mission Statement«, The Balance Small Business, 25. Juli 2018, www.thebalancesmb.com/history-of-walmart-and-mission-statement-4139760.
2. »Mike Duke Elected New Chief Executive Officer of Wal-Mart Stores, Inc.«, Walmart, 21. November 2008, corporate.walmart.com/_news_/news-archive/investors/mike-duke-elected-new-chief-executive-officer-of-wal-mart-stores-inc-1229111.
3. Josh Eidelson, »The Great Walmart Walkout«, *The Nation,* 19. Dezember 2012, www.thenation.com/article/great-walmart-walkout.

4. Simon Sinek, »Why Too Many Successions Don't Succeed«, *Huffington Post*, 27. Dezember 2008, www.huffingtonpost.com/simon-sinek/why-too-many-successions_b_146700.html.

5. Aus einem Gespräch mit General Lori Robinson.

6. »What Jack Welch Taught This CFO about Leadership«, Spend Culture Stories Podcast, 2018, soundcloud.com/spendculture/what-it-was-like-to-work-with-jack-welch-michael-dinkins.

7. »Doug McMillon Elected New Chief Executive Officer of Wal-Mart Stores, Inc.«, Walmart, 25. November 2013, corporate.walmart.com/_news_/news-archive/2013/11/25/doug-mcmillon-elected-new-chief-executive-officer-of-wal-mart-stores-inc.

Fünftes Kapitel: Unternehmensverantwortung – neu definiert

1. Milton Friedman, »A Friedman Doctrine—The Social Responsibility of Business Is to Increase Its Profits«. *The New York Times Magazine*, 13. September 1970, www.nytimes.com/1970/09/13/archives/a-friedman-doctrine-the-social-responsibility-of-business-is-to.html.

2. Friedman, »A Friedman Doctrine«.

3. Adam Smith, *Der Wohlstand der Nationen* (München: dtv, 2009), S. 558.

4. Siehe Seite 17

5. Zitiert in Bryce G. Hoffman, *American Icon: Alan Mulally and the Fight to Save Ford Motor Company* (New York: Crown Publishing, 2012), S. 398.

6. Caroline Fohlin, »A Brief History of Investment Banking from Medieval Times to the Present«, aus: *The Oxford Handbook of Banking and Financial History*, Hrsg. Youssef Cassis et al. (Oxford: Oxford University Press, 2014).

7. Ein Hinweis von Tom Staggs.

8. Michael Levitin, »The Triumph of Occupy Wall Street«, The Atlantic, 10. Juni 2015. www.theatlantic.com/politics/archive/2015/06/the-triumph-of-occupy-wall-street/395408/; und Ray Sanchez, »Occupy Wall Street: 5 Years Later«, CNN.com, 16. September 2016, www.cnn.com/2016/09/16/us/occupy-wall-street-protest-movements/index.html.

9. Abschrift eines Interviews mit Vo Nguyen Giap, Viet-Ninh-Kommandeur, *People's Century*, »Guerrilla Wars (1956–1989)«, Staffel 1, Folge 24, produziert von BBC und WGBH Boston, 1973, www.pbs.org/wgbh/peoplescentury/episodes/guerrillawars/giaptranscript.html.

Sechstes Kapitel: Der Wille und die Mittel

1. Diane Cardwell, »Spreading His Gospel of Warm and Fuzzy«, *The New York Times*, 23. April 2010, www.nytimes.com/2010/04/25/nyregion/25meyer-ready.html.
2. Andrés Cardenal, »Higher Wages Could Pay Off for Wal-Mart Employees, Customers, and Investors«, Motley Fool, 20. Januar 2016, www.fool.com/investing/general/2016/01/20/higher-wages-could-pay-off-for-wal-mart-employees.aspx.
3. Zac Hall, »Retail Chief Angela Ahrendts Talks ›Today at Apple‹ and More in Video Interview«, 9to5Mac, 17. Mai 2017, 9to5mac.com/2017/05/17/angela-ahrendts-today-at-apple-video.
4. Don Reisinger, »Here's How Apple's Retail Chief Keeps Employees Happy«, *Fortune*, 28. Januar 2016, fortune.com/2016/01/28/apple-retail-ahrendts-employees.
5. »Zahllose Studien belegen, dass wir uns mehr engagieren, wenn wir etwas aus Leidenschaft tun, nicht wegen einer externen Belohnung wie einer Trophäe.« Jonathan Fader, PhD, »Should We Give Our Kids Participation Trophies?«, Psychology Today, 7. November 2014, www.psychologytoday.com/us/blog/the-new-you/201806/should-we-give-our-kids-participation-trophies.
6. Interview des Autors mit Kip Tindell.

Siebtes Kapitel: Vertrauen im Team

1. Angus Chen, »Invisibilia: How Learning to Be Vulnerable Can Make Life Safer«, *NPR*, 17. Juni 2016, www.npr.org/sections/health-shots/2016/06/17/482203447/invisibilia-how-learning-to-be-vulnerable-can-make-life-safer.
2. Chen, »Invisibilia«.

3. Robin J. Ely und Debra Meyerson, »Unmasking Manly Men«, *Harvard Business Review*, Juli–August 2008, hbr.org/2008/07/unmasking-manly-men.
4. Diskussionsrunde der IACP-Konferenz in San Diego, 2016
5. Q & A session of the IACP conference in San Diego, 2016.
6. Persönliches Gespräch mit Navy SEAL Welch.
7. Bryce G. Hoffman, American Icon: Alan Mulally and the Fight to Save Ford (New York: Crown Publishing, 2012), S. 110–125.
8. Hoffman, *American Icon*, S. 121.
9. Interview des Autors mit Alan Mulally.
10. Diese Formel stammt aus einem Interview mit Generalleutnant George Flynn, USMC (i. R.).

Achtes Kapitel: Wenn die Moral bröckelt

1. Michael Corkery, »Wells Fargo Fined $185 Million for Fraudulently Opening Accounts«, *The New York Times*, 8. September 2016, www.nytimes.com/2016/09/09/business/dealbook/wells-fargo-fined-for-years-of-harm-to-customers.html.
2. Chris Arnold, »Former Wells Fargo Employees Describe Toxic Sales Culture, Even at HQ«, NPR, 4. Oktober 2016, www.npr.org/2016/10/04/496508361/former-wells-fargo-employees-describe-toxic-sales-culture-even-at-hq.
3. Arnold, »Former Wells Fargo Employees Describe Toxic Sales Culture«.
4. »Wells Fargo Workers Created Fake Accounts«, Video, CNN Business, 10. April 2017, money.cnn.com/2017/04/10/investing/wells-fargo-board-investigation-fake-accounts/index.html.
5. Matt Egan, »Wells Fargo Claws Back $75 Million from Former CEO and Top Exec«, CNN Business, 10. April 2017, money.cnn.com/2017/04/10/investing/wells-fargo-board-investigation-fake-accounts/index.html; und Independent Directors of the Board of Wells Fargo & Company, »Sales Practices Investigation Report«, 10. April 2017, www.documentcloud.org/documents/3549238-Wells-Fargo-Sales-Practice-Investigation-Board.html.

6. Matt Egan, »Feds Knew of 700 Wells Fargo Whistleblower Cases in 2010«, CNN Business, 19. April 2017, money.cnn.com/2017/04/19/investing/wells-fargo-regulator-whistleblower-2010-occ/index.html? iid= EL.

7. Independent Directors of the Board of Wells Fargo & Company, »Sales Practices Investigation Report«, 10. April 2017, S. 55, www.documentcloud.org/documents/3549238-Wells-Fargo-Sales-Practice-Investigation-Board.html.

8. Independent Directors of the Board of Wells Fargo & Company, »Sales Practices Investigation Report«, 13, 8, 46, www.documentcloud.org/documents/3549238-Wells-Fargo-Sales-Practice-Investigation-Board.html.

9. Julia Horowitz, »Wells Fargo to Pay $2.09 Billion Fine in Mortgage Settlement«, CNN Business, 1. August 2018, money.cnn.com/2018/08/01/investing/wells-fargo-settlement-mortgage-loans/index.html.

10. Emily Glazer, »Wells Fargo to Refund $80 Million to Auto-Loan Customers for Improper Insurance Practices«, *The Wall Street Journal*, 8. Juli 2017, www.wsj.com/articles/wells-fargo-to-refund-80-million-to-auto-loan-customers-for-improper-insurance-practices-1501252927.

11. »U.S. Probing Wells Fargo's Wholesale Banking Unit: WSJ«, Reuters, 6. September 2018, www.reuters.com/article/us-wells-fargo-probe/u-s-probing-wells-fargos-wholesale-banking-unit-wsj-idUSKCN1LM28O.

12. Wells Fargo & Company Annual Report 2016, 37, 88.3B.

13. Matt Krantz, »Wells Fargo CEO Stumpf Retires with $134M«, *USA Today*, 13. Oktober 2016, www.usatoday.com/story/money/markets/2016/10/12/wells-fargo-ceo-retires-under-fire/91964778/.

14. Mark Maremont, »EpiPen Maker Mylan Tied Executive Pay to Aggressive Profit Targets«, *The Wall Street Journal*, 1. September 2016, www.wsj.com/articles/epipen-maker-mylan-tied-executive-pay-to-aggressive-profit-targets-1472722204; Aimee Picchi, »Mylan Boosted EpiPen's Price Amid Bonus Target for Execs«, *CBS News*, 1. September 2016, www.cbsnews.com/news/mylan-boosted-epipens-price-amid-bonus-target-for-execs; und Gretchen Morgenson, »EpiPen Price Rises Could Mean More Riches for Mylan Executives«, *The New York Times*, 1. September 2016, www.nytimes.

com/2016/09/04/business/at-mylan-lets-pretend-is-more-than-a-game.html.

15. Morgenson, »EpiPen Price Rises Could Mean More Riches for Mylan Executives«.

16. »CEO at Center of EpiPen Price Hike Controversy Is Sen. Joe Manchin's Daughter«, *The Washington Post*, 24. August 2016, www.washingtonpost.com/news/powerpost/wp/2016/08/24/ceo-at-center-of-epipen-price-hike-controversy-is-sen-joe-manchins-daughter/?utm_term=.7f474849840b; und Matt Egan, »How EpiPen Came to Symbolize Corporate Greed«, CNN Business, 29. August 2016, money.cnn.com/2016/08/29/investing/epipen-price-rise-history/index.html.

17. Danielle Wiener- Bronner, »Mylan CEO: You Can't Build a Company in a Quarter«, CNN Business, 4. Juni 2018, money.cnn.com/2018/06/04/news/companies/heather-bresch-boss-files/index.html.

18. »Mylan Agrees to Pay $465 Million to Resolve False Claims Act Liability for Underpaying EpiPen Rebates«, U.S. Department of Justice, Office of Public Affairs, 17. August 2017, www.justice.gov/opa/pr/mylan-agrees-pay-465-million-resolve-false-claims-act-liability-underpaying-epipen-rebates.

19. Ann E. Tenbrunsel und David M. Messick, »Ethical Fading: The Role of Self- Deception in Unethical Behavior«, *Social Justice Research 17*, Nr. 2 (Juni 2004): S. 223–36.

20. Tenbrunsel und Messick, »Ethical Fading«, S. 228–29.

21. Matt Egan, »Elizabeth Warren to Wells Fargo CEO: ›You Should Be Fired‹«, CNN Business, 3. Oktober 2017, money.cnn.com/2017/10/03/investing/wells-fargo-hearing-ceo; und »Wells Fargo Statement Regarding Board Investigation into the Community Bank's Retail Sales Practices«, Business Wire, 10. April 2017, www.businesswire.com/news/home/20170410005754/en/Wells-Fargo-Statement-Board-Investigation-Community-Bank%E2%80%99s.

22. »Dr. Leonard Wong Discusses a Culture of Dishonesty in the Army«, STEM-Talk, Folge 29, Florida Institute for Human & Machine Cognition, 17. Januar 2017, www.ihmc.us/stemtalk/episode-29-2.

23. Leonard Wong und Stephen J. Gerras, »Lying to Ourselves: Dishonesty in the Army Profession«, U.S. Army War College Strategic Studies Institute (Carlisle Barracks, PA: U.S. Army War College Press, 2015), ssi.armywarcollege.edu/pdffiles/pub1250.pdf.
24. Wong und Gerras, »Lying to Ourselves«.
25. Tim Nudd, »Ad of the Day: Patagonia«, Adweek, 28. November 2011, www.adweek.com/brand-marketing/ad-day-patagonia-136745/.
26. Monte Burke, »The Greenest Companies in Fly Fishing«, FlyFisherman.com, 1. Februar 2016, www.flyfisherman.com/conservation/greenest-companies-in-fly-fishing/Chouinard.
27. Katya Margolin, »Could Patagonia's Alternative Leadership Model Unleash the Best in Your People?«, Virgin, 7. Oktober 2016, www.virgin.com/entrepreneur/could-patagonias-alternative-leadership-model-unleash-best-your-people.
28. Patagonia, »Sustainability Mission/Vision«, https://www.patagonia.com/sustainability.html.
29. Patagonia, »Don't Buy This Jacket, Black Friday and the New York Times«, 25. November 2011, www.patagonia.com/blog/2011/11/dont-buy-this-jacket-black-friday-and-the-new-york-times.
30. Gillian B. White, »All Your Clothes Are Made with Exploited Labor«, The Atlantic, 2. Juni 2015, www.theatlantic.com/business/archive/2015/06/patagonia-labor-clothing-factory-exploitation/394658.
31. Margolin, »Could Patagonia's Alternative Leadership Model Unleash the Best in Your People?«
32. »Three Guides for Going B—and Why It Matters«, Patagonia.com, 27. August 2018, www.patagonia.com/blog/2018/08/three-guides-for-going-b-and-why-it-matters.
33. Jeff Beer, »How Patagonia Grows Every Time It Amplifies Its Social Mission«, Fast Company, 21. Februar 2018, www.fastcompany.com/40525452/how-patagonia-grows-every-time-it-amplifies-its-social-mission.

34. »Clothing Company Tells Customers to Buy Less«, PBS NewsHour, 21. August 2015, www.pbs.org/newshour/extra/daily-videos/clothing-company-tells-consumers-to-buy-less.

Neuntes Kapitel: Ein würdiger Mitstreiter

1. Gwen Knapp, »Evert vs. Navratilova—What a Rivalry Should Be«, *San Francisco Chronicle*, 19. Juni 2005, www.sfgate.com/sports/knapp/article/Evert-vs-Navratilova-what-a-rivalry-should-be-2661371.php.
2. »Countless studies have shown that we're more committed to an activity when we do it out of passion, rather than an external reward such as a trophy«. Jonathan Fader, PhD, »Should We Give Our Kids Participation Trophies?«, *Psychology Today*, 7. November 2014, www.psychologytoday.com/us/blog/the-new-you/201806/should-we-give-our-kids-participation-trophies.
3. Bryce G. Hoffman, *American Icon: Alan Mulally and the Fight to Save Ford* (New York: Crown Publishing, 2012), S. 109; und Sarah Miller Caldicott, »Why Ford's Alan Mulally Is an Innovation CEO for the Record Books«, *Forbes*, 25. Juni 2014, www.forbes.com/sites/sarahcaldicott/2014/06/25/why-fords-alan-mulally-is-an-innovation-ceo-for-the-record-books/#6b2caf297c04.
4. Hoffman, *American Icon*, S.127.
5. Hoffman, *American Icon*, S. 97–98.
6. Hoffman, *American Icon*, S. 139.
7. Bill Murphy Jr., »37 Years Ago, Steve Jobs Ran Apple's Most Amazing Ad. Here's the Story (It's Almost Been Forgotten)«, Inc.com, 23. August 2018, www.inc.com/bill-murphy-jr/37-years-ago-steve-jobs-ran-apples-most-amazing-ad-heres-story-its-almost-been-forgotten.html.
8. Murphy Jr., »37 Years Ago, Steve Jobs Ran Apple's Most Amazing Ad«.
9. John Douglas, *Mindhunter: Inside the FBI's Elite Serial Crime Unit* (New York: Pocket Books, 1996), S. 56.

Zehntes Kapitel: Existenzielle Flexibilität

1. Neal Gabler, *Walt Disney: The Triumph of the American Imagination* (New York: Vintage, 2007), S. 10.

2. Gabler, *Walt Disney*, S. 492.

3. Tendayi Viki, »On the Fifth Anniversary of Kodak's Bankruptcy, How Can Large Companies Sustain Innovation?«, *Forbes*, 19. Januar 2017, www.forbes.com/sites/tendayiviki/2017/01/19/on-the-fifth-anniversary-of-kodaks-bankruptcy-how-can-large-companies-sustain-innovation/#5eb918e46280.

Elftes Kapitel: Mut zur Führung

1. Larry Merlo, »The Good and the Growth in Quitting«, TED Talk, Wake Forest University, YouTube-Video, 15:24, April 2015, www.youtube.com/watch?v= aM2ZtpqwYQs.

2. Jeff Morganteen, »Cramer: CVS' Tobacco Move Won't Fly on Wall Street«, CNBC, 5. Februar 2015, www.cnbc.com/2014/02/05/cramer-cvs-tobacco-move-wont-fly-on-wall-street.html.

3. »CVS' Tobacco Exit Draws Reaction, Applause«, *Convenience Store News*, 6. Februar 2014, csnews.com/cvs-tobacco-exit-draws-reaction-applause.

4. »We Quit Tobacco, Here's What Happened Next«, Thought Leadership, Pressemitteilung des CVS Health Research Institute, 1. September 2015, cvshealth.com/thought-leadership/cvs-health-research-institute/we-quit-tobacco-heres-what-happened-next.

5. Brian Berk, »CVS Pharmacy Unveils the 'Next Evolution of the Customer Experience«, Drug Store News, 19. April 2017, www.drugstorenews.com/beauty/cvs-pharmacy-unveils-next-evolution-customer-experience.

6. Andrew Meola, »Rite Aid (RAD) and Walgreen (WAG) Rise on CVS Caremark (CVS) Tobacco Announcement«, TheStreet, 5. Februar 2014, www.thestreet.com/story/12311827/1/rite-aid-rad-and-walgreen-wag-rise-on-cvs-caremark-cvs-tobacco-announcement.html.

7. CVS Health Corporation Revenue & Earnings Per Share (EPS), Nasdaq, Daten zum Stand vom 2. April 2019, www.nasdaq.com/symbol/cvs/revenue-eps.

8. Interview des Autors mit Doug Parker.

9. Edward Wong, »Under Fire for Perks, Chief Quits American Airlines«, *The New York Times*, 25. April 2003, www.nytimes.com/2003/04/25/business/under-fire-for-perks-chief-quits-american-airlines.html.

10. Interview des Autors mit Doug Parker.
11. »A Letter to American Employees from Doug Parker and Robert Isom on Team Member Pay«, American Airlines Newsroom, 26. April 2017, news.aa.com/news/news-details/2017/A-letter-to-American-employees-from-Doug-Parker-and-Robert-Isom-on-team-member-pay/default.aspx.
12. »The Case Against 'Maximizing Shareholder Value'« NPR, 6. Mai 2017, www.npr.org/2017/05/06/527139988/the-case-against-maximizing-shareholder-value.
13. John Biers, »American Airlines Defends Pay Increase As Shares Tumble«, Yahoo Finance, 27. April 2017, finance.yahoo.com/news/american-airlines-boosts-employee-pay-earnings-fall-130526168.html.
14. Gespräch des Autors mit Doug Parker, 3. Mai 2019.
15. Zitiert in Adam Levine-Weinberg, »7 Ways Warren Buffett Blasted the Airline Industry—Before Investing Billions There, Motley Fool, 5. März 2017, www.fool.com/investing/2017/03/05/7-ways-warren-buffett-blasted-the-airline-industry.aspx.
16. Walgreens Boots Alliance, »About us«, »Vision, Purpose and Values«, www.walgreensbootsalliance.com/about/vision-purpose-values.
17. Ronnie Cohen, »When CVS Stopped Selling Cigarettes, Some Customers Quit Smoking«, Reuters, Health News, 20. März 2017, www.reuters.com/article/us-health-pharmacies-cigarettes/when-cvs-stopped-selling-cigarettes-some-customers-quit-smoking-idUSKBN16R2HY.
18. Lisa Schencker, »Why Is Walgreens Still Selling Cigarettes? Shareholders Want to Know«, *Chicago Tribune*, 26. Januar 2017, www.chicagotribune.com/business/ct-walgreens-selling-cigarettes-0127-biz-20170126-story.html.
19. »Health Effects of Cigarette Smoking«, Centers for Disease Control and Prevention, www.cdc.gov/tobacco/data_statistics/fact_sheets/health_effects/effects_cig_smoking/index.htm.
20. »Economic Trends in Tobacco«, Centers for Disease Control and Prevention, www.cdc.gov/tobacco/data_statistics/fact_sheets/economics/econ_facts/index.htm.

21. Centers for Disease Control Prevention (CDC), »Quitting Smoking Among Adults—United States, 2001–2010«, MMWR. *Morbidity and Mortality Weekly Report 60,* Nr. 44 (11. November 2011): 1513–19, www.ncbi.nlm.nih.gov/pubmed?term=22071589; https://www.cdc.gov/tobacco/data_statistics/fact_sheets/cessation/quitting/index.htm

22. Rite Aid, »About Us«, »Our Story«, www.riteaid.com/about-us/our-story.

23. Paul Edward Parker, »Rite Aid Responds to CVS Decision to Stop Selling Tobacco«, *Providence Journal,* 6. Februar 2014, www.providencejournal.com/breaking-news/content/20140206-rite-aid-responds-to-cvs-decision-to-stop-selling-tobacco.ece.

24. CVS Health, CVS Purpose Short, YouTube, 9. Oktober 2017, www.youtube.com/watch?v= Geq6HuItPN4.

25. Steve Lohr und Landon Thomas Jr., »The Case Some Executives Made for Sticking with Trump«, *The New York Times,* 17. August 2017, www.nytimes.com/2017/08/17/business/dealbook/as-executives-retreated-lone-voices-offered-support-for-trump.html.

26. de-de.facebook.com/legal/terms

INDEX